国家级一流本科专业建设点项目

航空航天翻译论丛

主　编　文　军　李　蒙

副主编　方　红　王晨爽　武光军　邢　力　郑　薇

北京航空航天大学出版社

内容简介

本文集共收录与航空航天翻译及科技翻译相关的论文20篇，其内容大致分为以下几个方面：一是航空航天翻译总论，涉及其对象、类型与价值、航空航天汉译本及航空航天翻译研究的总体概况；二是航空航天翻译的案例研究，论文作者运用不同的理论与模式，对航空航天翻译的不同类型及案例进行了探讨，如航空航天汉英口译、航空航天影视字幕翻译，案例如《中国的航天》《中华人民共和国民用航空法》等；三是航空航天翻译教学研究，本文集收录了与翻译专业本科、翻译硕士等相关的论文，对其培养进行了多维度的研究。本书适合外语专业教师、翻译方向学生阅读和使用。

图书在版编目(CIP)数据

航空航天翻译论丛 / 文军，李蒙主编. -- 北京 ：北京航空航天大学出版社，2024.8

ISBN 978-7-5124-4391-4

Ⅰ. ①航… Ⅱ. ①文… ②李… Ⅲ. ①航空工程—英语—翻译—文集 ②航天工程—英语—翻译—文集 Ⅳ. ①V-53

中国国家版本馆CIP数据核字(2024)第088712号

航空航天翻译论丛

主　编　文　军　李　蒙

副主编　方　红　王晨爽　武光军　邢　力　郑　薇

策划编辑　蔡　喆

责任编辑　蔡　喆

*

北京航空航天大学出版社出版发行

北京市海淀区学院路37号(邮编100191)　http://www.buaapress.com.cn

发行部电话：(010)82317024　传真：(010)82328026

读者信箱：goodtextbook@126.com　邮购电话：(010)82316936

北京富资园科技发展有限公司印装　各地书店经销

*

开本：710×1 000　1/16　印张：14　字数：298千字

2024年8月第1版　2024年8月第1次印刷

ISBN 978-7-5124-4391-4　定价：49.00元

前　言

任何研究，都与研究对象的现状与发展密切相关。中国航空航天事业的迅猛发展，促进了相关领域、相关学科的研究，也促进了航空航天翻译的繁荣。

自 1910 年高鲁翻译出版了《空中航行术》开始，百余年来，航空航天翻译从无到有，逐渐发展到一个新的阶段：从翻译方式看，航空航天翻译包括笔译，属于口译的视译、交替传译、同声传译等，还包括机器翻译＋译后编辑等几乎所有翻译方式。从翻译内容看，“笔译”主要包含学术论文、技术文本、实验报告、可行性报告、政府白皮书等。航空航天口译（交传、同传等）话题多种多样，其语篇涉及的领域广泛，如航空管理、航空安全、航空减排、商用飞机、载人航天、对地观测、探月工程、北斗导航、航天科普等。其材料涉及多场景、多类别，既有新闻发布会的主持介绍，也有国际会议上的正式发言；既有专业研讨会上的学术报告，也有行业论坛上的发展展望；既有机构介绍也有新闻动态。

与丰富多彩的航空航天翻译实践相比，对之的研究应该说相对薄弱，因此我们选编了这本《航空航天翻译论坛》，意在聚焦航空航天翻译，探讨其特点与规律。本文集共收录与航空航天翻译及科技翻译相关的论文 20 篇，其内容大致分为以下几个方面：一是航空航天翻译总论，涉及其对象、类型与价值、航空航天汉译本及航空航天翻译研究的总体概况；二是航空航天翻译的案例研究，论文作者运用不同的理论与模式，对航空航天翻译的不同类型及案例进行了探讨，如航空航天汉英口译、航空航天影视字幕翻译，案例如《中国的航天》《中华人民共和国民用航空法》等；三是航空航天翻译教学研究，本文集收录了与翻译专业本科、翻译硕士等相关的论文，对其培养进行了多维度的研究。

当然，这本文集的研究，只是初步的努力，航空航天翻译领域还有诸多值得进一步探究的课题，期待有更多的同仁参与。

目 录

航空航天翻译研究：对象、类型与价值[①]

文　军[②]　王　亚[②]

摘　要：航空航天翻译研究具有独特的对象，其类型包含笔译、口译、影视翻译、商贸翻译、新闻编译、法律翻译等，种类多样、内容丰富；对之的研究，可以从翻译环境研究、翻译史研究、术语研究、文本研究、文类研究、翻译工具研究等多方面展开。航空航天翻译研究具有明显的社会价值、学科价值和教学价值。

关键词：航空航天；翻译；类型；价值

Aeronautical and Astronautical Translation Studies: Research Objects, Perspectives and Significance

Abstract: Aeronautical and Astronautical Translation Studies, with its distinctive research objects, covers a wide range of genres, such as translation, interpreting, audiovisual translation, business and trade translation, news transediting, legal translation etc. It can be approached from various angles, such as translation environment, translation history, terminology, textual analysis, text typology as well as translation tools and technologies. Such studies are of social, academic and pedagogical significance.

Keywords: aeronautics and astronautics; translation, genres; significance

经过几十年的发展，我国的应用翻译研究硕果累累：除有数千篇论文发表，还有数十种论著出版。学术专著中，以黄忠廉、方梦之、李亚舒等著的《应用翻译学》(2013)、方梦之教授的《应用翻译研究：原理、策略与技巧》(2019)最具全面性和代表

---

① 基金项目：国家级一流本科翻译专业建设点项目部分成果；国家社科基金重点项目"基于数据库的汉语古诗英译史研究"(22AYY004)部分成果。

② 作者简介：文军，博士，北京航空航天大学教授、博士生导师，研究领域：翻译学、外语教学；王亚，北京航空航天大学博士研究生，研究领域：翻译学。

性：两部著作从应用翻译的特点与原理、应用翻译的理论体系与范畴、翻译策略的理据和特点、翻译语境论、翻译思维论等方面构建了应用翻译学的研究体系，既是对过往研究的概括与凝练，也是对应用翻译学的开疆拓土，为其发展奠定了坚实的基础。

我们认为，充分运用应用翻译学的成果，将之拓展到航空航天的翻译与研究中，有助于深入探讨其翻译特点与问题，也有助于拓展应用翻译学的研究领域和研究视角。

1　航空航天翻译的对象与类型

关于"对象"，《现代汉语词典》有以下定义："对象：行动或思考时作为目标的人或物"(1996:320)。航空航天是人类扩展大气层和宇宙空间的产物，经过近百年的快速发展，已经成为21世纪最为活跃和具有影响的科学和技术领域，该领域取得的重大成就标志着人类文明的高度发展，也表征着一个国家科学技术的先进水平(谢础，贾玉红，2008)。因此，航空航天翻译研究"作为目标的人或物"是与航空航天翻译场域相关的活动、事件、过程和产品。

关于类型，《现代汉语词典》的定义如下："具有共同特征的事物所形成的种类"(1996:766)。据此定义，航空航天翻译可以分为与实践相关的航空航天翻译和与理论相关的航空航天翻译研究两种类型。

从翻译方式看，航空航天翻译包括笔译，属于口译的视译、交替传译、同声传译等，还包括机器翻译＋译后编辑等几乎所有翻译方式。

从翻译内容看，"笔译"主要包含学术论文、技术文本、实验报告、可行性报告、政府白皮书等。比如，迄今为止中国国务院新闻办公室已在2000年、2006年、2011年、2016年和2021年发布了5部《中国的航天》白皮书。这些白皮书旨在向国内外介绍中国政府发展航天的宗旨、原则、现状、目标和国际合作等内容，不仅是政府的官方文件，还是塑造国家形象的重要工具。这类翻译是航空航天翻译的主体，知识广泛、专业化程度高，因此，要求"译者要有强烈的语境意识和对所译文本的专业意识。这样，才能牢记所译内容的特殊性，使译文从文体、词语、句子结构、语篇到格式，以及语言规范等都符合专业表达习惯"(方梦之，2019:289)。

航空航天口译(交传、同传等)话题多种多样，其语篇涉及的领域广泛，如航空管理、航空安全、航空减排、商用飞机、载人航天、对地观测、探月工程、北斗导航、航天科普等。其材料涉及多场景、多类别，既有新闻发布会的主持介绍，也有国际会议上的正式发言；既有专业研讨会上的学术报告，也有行业论坛上的发展展望；既有机构介绍，也有新闻动态。

随着中国航空航天的发展，口译需求不断涌现。典型的应用场景包括：航空市场开拓、经贸往来、商务合同谈判、技术交流、技术培训与讲座、售后保障等。作为科技口译领域的一个重要分支,航空航天科技口译要求译员具备广博的航空航天知识,并能正确理解和运用专业术语,熟悉相关技术要求,从而准确传达信息。同时,该领域的国际合作往往涉及多个国家和多方机构,出现不同语言的情况较为普遍。此外,该领域经常涉及敏感的科学技术和商业机密,口译员需要严守保密要求,确保会议和交流过程中的信息安全。

航空航天翻译还包括以下类型。

1.1 航空航天新闻翻译

随着中国航空航天事业的发展,相关活动日益增多,与之相关的新闻报道等也成为常态。除时常见诸报刊、网站等的笔译新闻外,新闻口译也颇为频繁。以载人航天为例:30 多年来,中国执行了多次载人飞行任务。每次执行任务之前,中国载人航天工程办公室都会举行例行新闻发布会,发布飞行任务的相关资讯,并回答记者提问。多年来,神舟载人飞行任务新闻发布会已成为中国对外宣传航天事业发展的重要窗口。发布会上,发言人通常会用汉语回答记者的提问,然后由译员现场将发言内容口译成英语,以便外语听众更清楚地了解会议发布的信息。因此,载人航天飞行任务例行记者会上的汉英口译质量如何,不仅关系到信息传递的完整性和准确性,还直接影响我国航天事业对外宣传的效果。

1.2 航空航天法律翻译

在航空航天发展历程中,国际上产生了一系列针对航空、太空、外太空的法律文本,这些文本航空航天的发展起到了规范、引导的作用,如美国的《1958 年联邦航空法》、俄罗斯的《联邦航空法》、英国的《民用航空法》《国际航空法》《国际空间法:联合国文书》《中华人民共和国民用航空法》等。此外,还有不少属于法规的文件,如《美国民航局飞行标准监察员手册》《客舱装载货物运输》《美国民航局航空器审定、安全监督与责任法案》航空公司《客舱清洁规范》《飞机防疫清洁消毒指南》《民用航空机场运行最低标准制定与实施准则》等。这些文本都有相应的翻译,有的还不止一种译本。与此同时,法学界也翻译引进了一些航空航天法律相关的名著,如《科隆空间法》(第一卷.外层空间),《外空安全国际法保障研究》《外层空间法前沿问题研究》等。

1.3 航空航天商贸翻译

航空航天领域存在大量的商贸行为,涉及的领域众多(方梦之,2019:299),如营销、金融、会计、审计、税收、结算、物流、人力资源管理、知识产权、电子商务等;就文本样式而言,有商务书信、合同书、说明书、外贸运输单证、保险单、专利说明书、标准、广告等。涉及领域广、文体跨度大、具有一定的专业性是航空航天商务文本的主要特征,其翻译随时都在进行,如《飞机经营租赁协议》《航天器材料的选择规范》《航空物流》《机场经济和财务》等。

1.4 航空航天影视翻译

航空航天影视翻译包括电影、电视剧、互联网媒介等，航空航天题材的故事片、纪录片、新闻专题片等。影视翻译主要包含“为影视文本增添口语翻译”(Revoicing)即配音翻译，“为影视文本插入文字翻译”(Captioning)即字幕翻译。配音翻译主要包括配音(Dubbing)、叠加配音翻译(Voice-over)、同声传译(Simultaneous interpretation of film)、解说(Free commentary)、粉丝配音(Fandubbing)、口述影像(Audiodescription)。字幕翻译主要包括常规字幕(Subtitle)、歌剧字幕(Surtitling)、基于复述的实时字幕(Respeaking)、听障者字幕(Subtitling for the deaf and hard of hearing)、粉丝字幕(Fansubbing)。除字幕翻译，对视听翻译技术，如字幕提取、译前编辑、打轴、译后编辑、字幕上传等也值得研究。这方面的语料如：纪录片《你好，火星》、“Planes That Changed the World”；新闻专题片“神州十四号载人航天任务”、“NASA's SpaceX Crew-5”，CCTV 神州飞船系列节目；故事片《中国机长》《流浪地球》《萨利机长》《地心引力》，等。

1.5 航空航天文学翻译

就航空航天文学翻译而言，在英译汉方面，航空航天文学翻译主要体现在两个方面：一是描述战争的航空航天文学翻译，描述第二次世界大战的《大黄蜂奇航》，《飞行战犬》，但数量不多；另一个航空航天文学翻译的重要领域是科幻翻译，数量较大，如英国威尔斯科幻小说集、《月球上的第一批来客》；加拿大作家的“星辰舞”系列科幻作品；美国科幻作家的《火星三部曲》系列，等等。在汉译英方面，目前我国航空航天文学翻译主要集中在科幻翻译方面。21 世纪后，中国科幻文学的外译空前活跃，特别是《三体》通过美籍华人刘宇昆的译介于 2015 年获得世界科幻文学的最高奖项——第 73 届“雨果奖”之最佳长篇小说奖，郝景芳的《北京折叠》同样通过刘宇昆的译介于 2016 年获得第 74 届“雨果奖”之最佳中短篇小说奖，中国科幻文学对外译介也进入了一个空前繁荣的时期，在海外拥有了较大的读者群，并达到了较好的传播效果。

2 航空航天翻译研究的类型

依据方梦之教授的分类(2019:78)，航空航天翻译研究可视为应用翻译学的一支，其研究内容相对比较完整，可涉及宏观、中观、微观和特殊研究。我们可将之定义为：航空航天翻译研究是研究航空航天翻译及相关问题的学科，隶属于应用翻译学，其下包含不同的类型。可以重点开展以下种类的研究。

2.1 翻译环境研究

这里的“翻译环境”,主要指与翻译活动密切相关的社会、经济、文化因素,以及这些因素与航空航天翻译之间的互动关系。从20世纪初我国开始翻译引进航空类图书,到新中国成立后开始大量引进,再到改革开放后航空航天的迅猛发展,尤其是航空领域占据世界前沿,翻译功不可没:翻译的繁荣,与航空航天领域的发展息息相关。对翻译环境与翻译关系的研究,有助于深入分析某一领域与外部各种要素间的促进与制约关系,深入阐释某一具体行业或领域翻译发生、发展的规律。我们还可进一步探究这些因素与航空航天翻译各种类型的关系,如翻译环境与影视翻译、新闻翻译的关系等。

2.2 航空航天翻译史研究

新中国成立以后,我国的航空航天事业从无到有,发展迅猛。以“东方红一号”成功发射、“神舟五号载人飞船”成功发射、“嫦娥一号”成功发射、“天宫一号”成功发射为代表的中国航天事业,以大商业飞机为代表的中国航空事业成就卓著,其发展体现了我国的科技水平,同时对于现代科学技术的各个领域提出了新的发展要求,从而促进和推动整个科学技术的发展。

科学技术的发展离不开交流与合作,航空航天的发展也不例外。在中国航空航天发展史上,这种交流与合作很大程度上与翻译相关,概括起来,大致经历了两个阶段:早期的翻译引进、后期的翻译引进与输出并举。

最早的与航空航天有关的翻译引进活动始于1903—1907年期间中国掀起的“凡尔纳热”,其中的航空航天科幻小说翻译包括鲁迅的《月界旅行》、商务印书馆出版社的《环游月球》以及谢祺的《飞行记》等。1910年高鲁翻译出版了《空中航行术》,标志着中国航空航天科技书籍和资料汉译的开端。而在译出方面,随着我国航空航天事业的飞速发展,近些年的科技新闻、政府白皮书等都有大量航空航天方面的信息对外发布,及时而系统的向全世界展现了中国在此领域的发展现状和巨大成就。

据《民国总书目》和《全国总书目》统计,1910—1978年,我国共翻译出版了航空航天翻译著作270部,出版数量最多的年份是1956年和1958年,均为26本;而在许多年份中,航空航天类汉译本的数量都出现了0本的情况。航空航天类汉译本中,最早的译本是由商务印书馆出版、高鲁翻译的《空中航行术》。该书于1910年3月出版,主要介绍了空中航行的基本方法。随后则是在1929年时,由中国工程学会出版,程瀛章和钱昌祚共同翻译的参考工具书类书籍《工程名词草案——航空工程》。两年后出版了2本汉译本,分别是由训练总监部负责翻译编撰,军用图书社出版的《日本飞机驾驶教育暂行规则》,该书由以及由军政部航空署翻译、编者刊出版的《飞机驾驶术教范草案》。自此年开始,虽然我国译自国外的航空航天类书籍在数量上仍不多,但是断代的情况逐渐减少。

在航空航天翻译史研究中，我们可以聚焦以下问题：航空航天翻译的发展史、它与社会语境的关系、译者研究等，重点挖掘其发展规律、突出特点等。

2.3 术语研究

术语一直是应用翻译研究的热点。黄忠廉等认为，“术语是专业领域用于表达或定义科学概念的语言单位，自身具有一系列特殊性。术语翻译旨在用译语再现原语术语所承载的科学信息，实现科技的跨文化交流，因此术语翻译讲究结果的准确性，及双语术语的极似”(2013：117)。对术语翻译的研究，可从多方面展开，如《科学技术翻译术语概论》是系统地论述科学术语翻译的理论性专著，对有关科学术语翻译各方面的问题做了系统的研究和探讨。它涉及：科学术语的结构类型，科学术语与中国学术的关系，科学术语总的分类，用具体例子说明科学术语翻译的标准和原则，标准结构的汉语科学术语的翻译方法，汉语四字格科学术语的特殊翻译方法，科学术语翻译应处理的几对矛盾，固定的科学术语的审定和翻译，科学术语的命名等问题，中外科学术语翻译的举例研究，科学术语翻译工作者的特殊困难分析，深入阐述了科学术语从知识和语言角度来看的独特性，科学术语的翻译与语言发展的关系和前景，现今术语的热门问题，等等(张彦著，2008：121)。再如我们曾选取《英汉俄航空航天词典》中的英汉术语 27685 条，并按直译、意译、拆译、还原、释译、音意兼译、象译、创造新词、音译、形译等十类等十种翻译方法进行归类和统计分析，并进一步对这十类翻译方法进行举例分析(文军、李培甲，2011)。

2.4 文本研究

总体而言，航空航天的领域宽广、翻译多种多样。从翻译的主题看，航空航天话语以科技语言为主，其一般特点有七个方面：无人称、语气正式、陈述客观准确、语言规范、文体质朴、逻辑性强和专业术语性强(冯志杰，1998：6-7)，与之相关的科技论文等翻译是航空航天翻译的主体。除科技语言外，航空航天文本还包含了从日常生活到文学的各类话语，其研究立足文本的共时研究、同时突显航空航天的场域；研究的翻译方向包含外译汉和汉译外；研究内容可以是翻译策略与技巧，也可以从不同理论视角对特定文本进行探讨。

2.5 文类研究

文本类中有类，体中有体(方梦之，2019：289)。航空航天文本包含了学术论文、科普文章、新闻报道、法律文本、产品说明书、实验报告、技术合同、物流单证、商务合同等。可以说，航空航天文本包含了信息型、表情型、感染型各种功能的文本。对之，我们可以依据不同的文类或不同文类的不同功能进行研究，重点围绕研究对象的特殊性，从文体、词语、句子结构、语篇等方面展开分析与阐释。

2.6 口译研究

航空航天口译研究涉及的对象广泛、题材多样。我们可以针对口译的技巧和训练方法如记忆、笔记、数字等进行研究，也可对语言转换、跨文化交流、对外宣传、译前准备和现场应急对策等方面进行研究。如有学者选取2023年神舟十六号载人飞行任务新闻发布会现场口译及美国国家航天局(NASA)Space X Crew-7飞行任务发布会为研究语料，利用AntConc和WordSmith等语料库研究工具分析两篇语料的标准化类符/形符比、词汇密度、平均词长和高频词汇等词汇特征指标，具体研究航天汉英口译的词汇特征。

2.7 翻译工具研究

翻译工具是指为方便译员翻译活动而开发的工具，可以实现译员在线翻译、译员交流、翻译资源分享、翻译服务等功能。译员所需的软件工具可分为通用软件与专用软件两种。前者包括文字处理软件、光学字符识别软件、文件格式转换软件、桌面排版系统、电子词典、搜索引擎、语料库软件等；后者则包括翻译记忆软件、术语管理软件、术语提取软件、双语语句对齐软件、本地化软件、字幕翻译软件、机器翻译软件、翻译质量管理工具、翻译管理软件等(黄忠廉等，2013：262)。

翻译工具在翻译(包括航空航天翻译)中的广泛运用，尤其是ChatGPT的运用，为翻译研究带来了新的研究领域和研究问题。已有研究如《大数据时代译者的搜索能力探究》(王华树、张成智，2018)、《翻译工具的比较与选择》(袁媛，2017)、《图书馆科技查新翻译工具的正确有效使用》(杨巍，2017)、《四种在线翻译词典的比较与应用》(何赟，2017)、《计算机辅助翻译工具测评框架初探》(高志军，2013)、《翻译教学与翻译技术并重的项目型翻译能力培养课程模式》(任大玲，2013)、《ChatGPT时代机器翻译译后编辑能力模式培养研究》(王律、王湘玲，2023)等。

3 航空航天翻译研究的价值

航空航天翻译研究具有多方面的价值。下面分别从社会文化价值、学科价值和教学价值三方面加以阐述。

3.1 社会文化价值

可以说，翻译在社会价值的各个方面——经济价值、精神文化价值、科技发展价值等——都有非常充分的表现。从历史发展的角度看，翻译与人类的进步密不可分。

国际译联曾组织过一个项目，最后出版了《历史上的翻译家》一书。该书从历史发展的恢宏角度，论述了从人类最早有了书写系统开始，翻译就为“字母表的创制”“各国语言的发展”“国家文学的产生”“知识的传播”等做出了卓越的贡献（Jean Delisle，1995），有人甚至认为，一个社会是否先进可以用它的翻译作品来衡量（文军，2003）。

而在当今社会，翻译更是扮演着人类社会推进器的角色。翻译有助于国家的发展，在中国也同样如此。翻译促进了中国社会的进步、科技的发展。如邹振环《影响中国近代社会的一百种译作》(1996)中，就论及了地理、数学、物理、解剖学、法律、光学、逻辑学等对近代中国许多行业和学科的诞生与发展。就航空航天领域而言，翻译不仅帮助我们引进、掌握了国外相关学科的理论、方法与技术，同时也使我国在此领域的辉煌发展推传到全世界，丰富了“中国故事”。

3.2　学科价值

近代以来，中国多种学科的建立得益于翻译，方梦之教授认为：“我国近代以来，无论是思想变革还是社会运动，还是创立学科，无不以社科翻译和科技翻译为先导”（方梦之，2019：19）。如范梦栩（2019）专门探讨了社会学著作的汉译，认为“晚清至民国，国内有识之士纷纷通过翻译引进西学，希望解决国家面临的危机。该时期内，社会学逐渐走入中国学术的中心地带，对近现代中国社会的发展变迁产生了重大影响。社会学著作汉译至今已有一百多年的历史，是中国社会学发展的驱动力之一”。正是社会学著作的汉译，使中国的社会学学科得以建立并逐渐发展。

社会学的汉译只是我国诸多学科学术引进、学科建立的个案之一，中国的不少学科，从自然科学到人文社科，都可以寻找到“译入—学科建立—发展—本地化”的轨迹。这一个案给我们的启示之一是，在“翻译学科”的研究上其实还大有可为：从某一学科翻译的源头开始，梳理其学术翻译的轨迹，展示其发展史，对于我们更深刻地理解翻译的学术价值和学科价值大有裨益。我国高等学校序列有不少依据行业领域或学科设立的学校，如交通大学、石油大学、化工大学、农业大学、林业大学、地质大学、矿业大学、民族大学、美术学院、音乐学院等，它们所涉及的行业或学科翻译都有独特的发展历程，具有独特的翻译问题。对之进行研究，足可形成“学科（领域、行业）翻译学”，对应用翻译学形成有力的补充和支撑。

3.3　教学价值

将人类文明演进过程中所积淀的文化知识转化为学校课程，并使这些课程内容有效地帮助学生的发展，始终是学校课程发展的一项重要任务（文军，2004）。应用翻译课程所涉及的内容几乎无所不包：政治、经济、文化、社会、科技、贸易等，在拓宽知识面、提高翻译能力的同时，翻译课程还能够提高学生对相关领域的兴趣，使学生发挥主观能动性，并使兴趣、爱好发展成追求——这种发展可能与某一科技专业有关，也可能与文学翻译有关。我国20世纪不少文豪都曾是翻译家，在当代科技发展史上，不少著名科学家都曾主译或编译了许多重要的科学文献并对翻译发表过许多重要的见解。如张香桐、汪遒、刘东生、严济慈、钱三强、钱临照等。他们在翻译上的成就，被誉为翻译家毫不过分(李亚舒等，2000：550)。

将航空航天翻译及研究的内容凝聚为翻译课程及教材，在新文科建设的背景下尤其具有重要价值：它们可以将航空航天的学科内容与翻译策略等融为一体，鼓励学生理论与实践相结合，提升学生的综合翻译能力。有鉴于此，我们迄今编写了《航空航天英汉翻译教程》《航空航天汉英翻译教程》《航空航天口译教程》《航空航天影视翻译教程》等，其他种类的教材正在筹划之中。除教材编写，我们还可从课程设置、课程计划、教学测试、师资素质、学生习得和教学管理等方面对航空航天教学的全过程进行探讨。

以上对航空航天翻译及研究的对象及类型进行了简要的阐述，论述了其社会价值、学科价值和教学价值。航空航天翻译研究方兴未艾，对之进行系统研究，有助于挖掘此领域翻译的特殊性，拓展应用翻译学的研究范畴。

参考文献

[1] DELISLE JEAN, WOODSWORTH JUDITH. Translators Through History[M]. John Benjamins Publishing Company, 1995.
[2] 方梦之. 应用翻译研究：原理、策略与技巧(修订版)[M]. 上海：上海外语教育出版社，2019.
[3] 冯志杰，汉英科技翻译指要，北京：中国对外翻译出版公司. 1998：6-7.
[4] 高志军. 计算机辅助翻译工具测评框架初探[J]. 中国翻译，2013(5).
[5] 范梦栩. 社会学著作汉译史(1895－1949)——研究述评与展望[J]. 山东外语教学，2019(5).
[6] 黄忠廉，方梦之，李亚舒. 应用翻译学[M]. 北京：国防工业出版社，2013.
[7] 李亚舒，黎难秋. 中国科学翻译史[M]. 长沙：湖南教育出版社，2000.
[8] 任大玲. 翻译教学与翻译技术并重的项目型翻译能力培养课程模式[J]. 外语电化教学，2013(3).
[9] 王华树、张成智. 大数据时代译者的搜索能力探究[J]. 中国科技翻译，2018(6).
[10] 王律，王湘玲. ChatGPT 时代机器翻译译后编辑能力模式培养研究[J]. 外语电化教学，2023(4)
[11] 文军. 论翻译课程的价值与功能[J]. 中国翻译，2004(3).
[12] 文军，李培甲. 航空航天英语术语翻译研究[J]. 广东外语外贸大学学报，2011(3).
[13] 谢础，贾玉红. 航空航天技术概论[M]. 北京：北京航空航天大学出版社，2008.
[14] 杨巍. 图书馆科技 查新翻译工具的正确有效使用[J]. 上海翻译，2017(5).
[15] 袁媛. 翻译工具的比较与选择[J]. 中国科技翻译，2017(1).
[16] 张彦. 科学术语翻译概论[M]. 杭州：浙江大学出版社，2008：121.
[17] 中国社会科学院语言研究所词典编辑室编. 现代汉语词典[M]. 北京：商务印书馆，1996.

基于《总书目》的航空航天类汉译本研究(1910—1978)[①]

邬　丽[②]　陈晓璐[②]

摘　要：本文以《民国时期总书目》和《全国总书目》为基础，整理统计1910年至1978年出版的航空航天类汉译文本，并基于译者、译本基本信息和译本内容三个不同向度，探索分析数据背后隐含的信息，观察我国航空航天事业发展。

关键词：航空航天类汉译本；《民国时期总书目》；《全国总书目》

A Study on Chinese Translations of AerospaceTexts Based on *General Bibliography*（1910—1978）

Abstract: Based on the General Bibliography of the Republic of China and the National Bibliography, this paper collates and statistics the Chinese translated aerospace texts published from 1910 to 1978. Based on the translators, the basic information of the translation and the content of the translation, this paper explores and analyzes the hidden information behind the data, and observes the development of China's aerospace industry.

Keywords: Chinese translation of aerospace; *the General Bibliography of the Republic of China*; *the National Bibliography*

1 引　言

航空航天探索是人类历史上最复杂的系统工程之一，发展航空航天事业不仅能

---

① 基金项目：北京市共建项目专项资助。

② 作者简介：邬丽，北京航空航天大学博士研究生，研究方向：翻译学；陈晓璐，北京航空航天大学硕士研究生，研究方向：翻译理论与实践。

够探索宇宙，让人们有机会深入了解宇宙和地球的奥秘，也是一个国家综合国力的直接体现。航空航天事业的发展为国家安全和发展做出了贡献。航天技术是国家安全和发展的重要支撑，它可以为国家提供情报、监测、预警等能力，也能够为国家的基础设施建设、环境保护、资源开发等提供支持。它还推动了一系列科技创新和发展，如计算机技术、通信技术、材料技术、控制技术等。航天科技的发展也为人类提供了更多解决复杂问题的方法和工具。可以说，航空航天的发展将会见证一个国家不断崛起的征程。

经过半个世纪的不懈努力，中国的航空航天工业走出了一条具有中国特色的发展之路，取得了举世瞩目的成就。当今的中国航空工业逐步形成了专业门类齐全，科研、试验、生产配套完整，具备研制生产当代先进航空装备能力的高科技工业体系。中国航天工业建成了一批具有世界先进水平的研制和试验基地，形成了独立自主的、完整的航天科技工业体系(金壮龙，2006)。但是我们如今的成就并不是一蹴而就的。

追溯航空航天发展的历史，古代中国人飞往蓝天的幻想延续了数千年之久，中国早期的航空航天活动和航空航天技艺发明，也曾有过许多光辉的成就。但由于近代列强的相继入侵，中国航空航天事业的发展举步维艰，也因为这个灰暗的时期，导致近代中国航空航天事业的空白，同时也为新中国时期中国航空航天事业的厚积薄发奠定了基础。回顾历史，我们可以发现有许多有志之士在中国危难之际回国，期望通过自己所学帮助中国渡过难关。这些有志之士中不乏有许多航空航天学家。自那时开始，他们就已经开始在为中国的航空航天事业发展挥洒热血，不仅为中国带回许多新的技术与材料，更是带回了珍贵的书本，翻译出了一批又一批航空航天类书籍。

回顾历史才能更好地展望未来，本文基于《民国时期总书目》和《全国总书目》两个语料库，统计出了自 1910 开始我国译自国外的航空航天类书籍，意从翻译的角度研究我国历史上航空航天类汉译本的发展历程。通过研究这些汉译本的译者情况、出版年份以及译自国家等，我们能够进一步探索历史上航空航天类书籍的翻译实践情况。一方面可以为翻译学的研究提供一些新的视角，另一方面也可以进一步扩展航空航天事业的历史探索领域。

2　文献来源

本文统计的航空航天类汉译本的文本信息主要来自以下两个部分：

①《民国时期总书目》中“交通运输”部分整理出的航空航天类汉译本；

② 1949 年至 1978 年期间《全国总书目》中收集到的航空航天类汉译本出版书籍，其中 1949—1954 年一册，1966—1969 年一册，1959 年分上下两册，其他年份均每年一册。1949 年至 1955 年由新华书店总店编印，自 1956 年开始，由中华书局负责编辑出版。

这两类来源内容丰富翔实，尽管编纂体例略有不同，但是每一个条目基本都包含原作者、原作国籍、译者、年份和出版商等完整信息，有多个译者和译本的文献篇目信息，也都一一列出。

《民国总书目》由北京图书馆于1978年着手编辑，1992年全部定稿，经历了十五个春秋。书目文献出版社于1986年开始陆续出版，1995年全部付梓。这一大型文化工程的告竣，不仅是北京图书馆的一项业绩，也是我国改革开放以来，文化界、学术界的重要建树之一（邱崇丙，1995：115）。它以北京图书馆、上海图书馆、重庆图书馆的藏书为基础，收录1911年至1949年9月间中国出版的中文图书约10万种。全书按《中文普通图书统一著录条例》著录，按《中国图书馆图书分类法》分类编排，同类图书多数按出版年月排列，多卷本或同一著者著作尽量排在一起，少数以著者或书名拼音字顺排列。《民国时期总书目》按学科分成20卷出版：如《社会科学总类》收书3526种，《政治》收书14697种，《法律》收书4368种，《军事》收书5563种，等等。其中本文涉及的文本书目则来自收书3480种的《工业技术 交通运输》部分。该部分书籍均为纸质书籍，故文本统计方式为人工查阅。

《全国总书目》由新闻出版总署信息中心和《全国总书目》编辑部根据全国所有出版单位向中国版本图书馆缴送的出版物样本编辑，是全面记录和反映我国图书出版发行历史状况的权威资料目录型检索工具书（肖希明、李书祥，2008：26）。它是国内唯一的年鉴性编年总目，自1949年以来逐年编纂，收录全国当年出版的各类图书，是出版社、图书馆、情报资料和科研教学等部门必备的工具书。分类目录是主要部分，收录汉文出版的图书。专题目录主要收录技术标准、盲文书籍、翻译图书、丛书等。附录包括当年国内报纸、杂志目录、出版家一览表、书名索引、各类图书分类统计表等。该目录所收图书款目早期按《中国人民大学图书馆图书分类法》编排，60年代起重新设计22个类目，1973年起采用《中国图书馆图书分类法》的基本大类排列。本文涉及的文本来自《全国总书目》的1949年至1978年内容，均为纸质材料，收集方式为人工查阅。

3 航空航天类文本汉译本探析

本部分将对统计到的航空航天类汉译文本进行综合叙述，主要基于三个不同的侧重点来对数据进行分类阐述：基于译者的汉译文本进行统计分类、基于译本的汉译文本分析、基于内容的汉译文本探究。通过不同的分析角度，有助于我们更全面地了解这一时期航空航天类汉译文本的全貌。

3.1 基于译者的汉译本统计分析

基于收集到的汉译文本文献，以译者为主要对象对所有译本进行归类。

在270本航空航天类汉译文本中,共有215组来自国内的不同译者或不同译者组合对航空航天类文本进行了汉译工作。其中,单人译者共有167人,两人及两人以上共同合译的译者共有39组。另外还有一类将译者署名为单位的情况我们单独列出,该类情况共有9组。具体占比情况见图1。

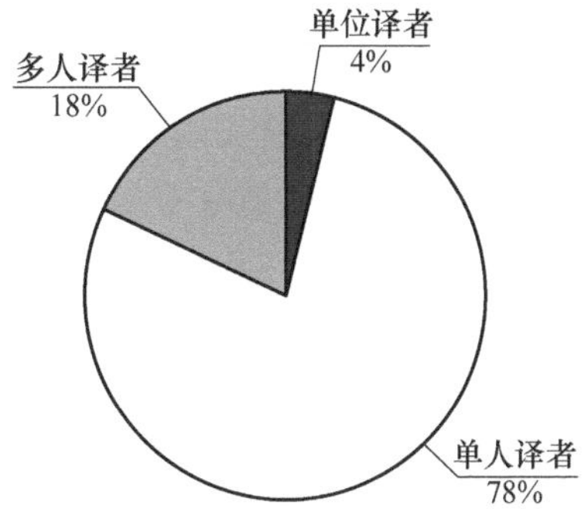

图1　不同译者组占比

9组由单位署名的译者组如表1所列。在该类署名方式中,一种译者名是以译者所在的单位——如北京航空学院、训练总监部——来进行命名的;另一种则是由译者所在的项目组来进行命名,如《惯性元件试验》翻译组、《捷联式陀螺仪设计》翻译组等。尽管该类译者命名方式或许表明了其也属于多人翻译类书籍,但不同于如"王宝龄等"的译者标明方式,以单位署名的译者方式彻底将译者作为个人的情况隐藏。署名是显示译者作用于译作文本的符号和凭证,它代表译作文本与译者之间的所属关系,是译者翻译主体地位的外在标志,也是译者获得文学声望和社会地位的一个必要条件。译作署名方式是考察译作和译者地位的重要尺度(马士奎,2006:137)。但我们发现在航空航天类书籍的翻译中,出现了该类以单位署名的方式,这或许代表了我国航空航天事业领军人的态度:愿意默默无闻地为我国航空航天事业挥洒汗水。在以单位署名的译者组中,译作数量最多的则是"北京航空学院"。北京航空学院是北京航空航天大学的前身,它承载了一代航空航天人的教育发展事业。中国的航空技术教育始于1918年创建的福州马尾海军学校内附设的飞潜学校飞机制造科。据不完全统计,1949年前,国内大学培养了约1000名航空专业人才;另外约有2500人去国外学航空,其中200～300人取得了硕士和博士学位。但是,国内培养和留学归国的航空人才远不能满足50年代国家大力发展航空技术和工业的急切需要(蒋龙,2004:57)。在这样的背景下,北京航空学院应运而生。它以培养中国航空航天人才为目标,不断深化内部发展,也将当时许多国外的航空航天类书籍带回国内,聚集校内航空航天人才之力,为航空航天教育事业献力献策。

在两人及两人以上共同合译的译者组中,娄旭辰和臧守珩两人共合译4本,成为多人译者中翻译图书数量最多的一组。娄旭辰教授于1947年入辽宁省沈阳师范专科学校英语科学习,1949年又于哈尔滨外国语专科学校学习俄语,毕业后留校工作,任沈阳东北财经学院俄语讲师，1958 年辽宁大学成立后，任教于辽宁大学外语系。多年来，娄旭辰教授坚守教学第一线，为培养学生呕心沥血；同时，在繁重的数学工作之余，笔耕不辍，著译了大量文字（辽宁大学学报，1992：02）。而两位译者中的另一位——臧守珩，因年代已久，暂未找到更多的信息。排名第二组的则是林士谔、黄俊钦两位合译的书目，共有两本。其中，林士谔先生是我国航空自动控制学科和陀螺惯导学科的奠基人，在航空陀螺仪表与惯性导航方面有较深研究。而黄俊钦先生则是林士谔先生的学生之一。我们发现在航空航天类书籍的翻译中，因为对专业知识的要求较高，所以不同专业背景的译者翻译的书目不尽相同。例如，由娄旭辰和臧守珩两人翻译的书目就是《简单的航空模型》这样的以航空模型为主要内容的书籍，而林士谔和黄俊钦两位翻译的书目则以《飞机仪表学》为主要内容。

表 1　以单位署名的译者组

译者名	数量/本
北京航空学院	3
训练总监部	2
中央观象台	1
军政部航空署	1
航空委员会	1
《八〇九》译	1
《惯性元件试验》翻译组	1
《捷联式陀螺仪设计》翻译组	1
《射流技术》编译组编译	1

表 2　个人译者及其翻译译本数量

单人译者名	数量/本
胡伯琴	8
舒伯炎	5
朱民光	5
孙治邦	4
姚士宣	4
崔济亚	3
贺耿奎	3
李学伊	3
施祖荫	3
徐舜寿	3

在排名前 10 的个人译者中，我们发现并没有任何一位是专业译者，他们均是当时航空航天领域里的专家。这表明在这一时期，专业译者并没有将注意力放在该类文本的翻译上，或者当时的译者因为专业知识的缺失，并没有能力对航空航天类这样专业知识要求较高的文本进行汉译。后来国家也逐渐意识到了这一点，开始着重培养译者的综合素质，也有许多专业类译者开始在翻译领域贡献卓著。与此同时，我们也能看到在中国近代历史上，包括在新中国成立后，翻译学的发展和建设无法与科技技术的发展速度相匹配。针对译者的培养以及翻译学的未来发展速度还需要更多业界人士探讨。

3.2　基于译本的汉译本分析

本部分将基于译本的基本信息对数据进行分析。因年代久远，有 10 本汉译本无法找到其出版年代，故此将对 260 本有明确年代信息的译本进行统计分析。从 1910

年至 1978 年期间,出版数量最多的年份是 1956 年和 1958 年,均为 26 本;而在许多年份中,航空航天类汉译本的数量都出现了 0 本的情况。航空航天类汉译本中,最早的译本是由商务印书馆出版,高鲁翻译的《空中航行术》,于 1910 年 3 月出版,该书主要就空中航行的基本方法进行介绍。随后则是在 1929 年时,由中国工程学会出版,程瀛章和钱昌祚共同翻译的参考工具书类书籍《工程名词草案——航空工程》。经过两年的空白时间,1931 年共出版了 2 本汉译本,分别是由军用图书社出版的《日本飞机驾驶教育暂行规则》,该书由训练总监部负责翻译编撰;以及由军政部航空署翻译,编者刊出版的《飞机驾驶术教范草案》。自此年开始,虽然我国译自国外的航空航天类书籍在数量上仍不多,但是断代的情况从逐渐减少。从图 2 的变化趋势中,我们可以发现在 1954 年之前,航空航天类汉译本的数量都处于较少的状态,该时期的译本数量呈现出曲折发展的特点。自 1954 年开始,航空航天类汉译本的数量开始持续攀升,并逐渐达到顶峰,但在 1959 年时,又出现猛跌的情况,并在 1965 年的时候又一次达到一个小巅峰。随后再到 1977 年,逐渐开始趋于稳定。

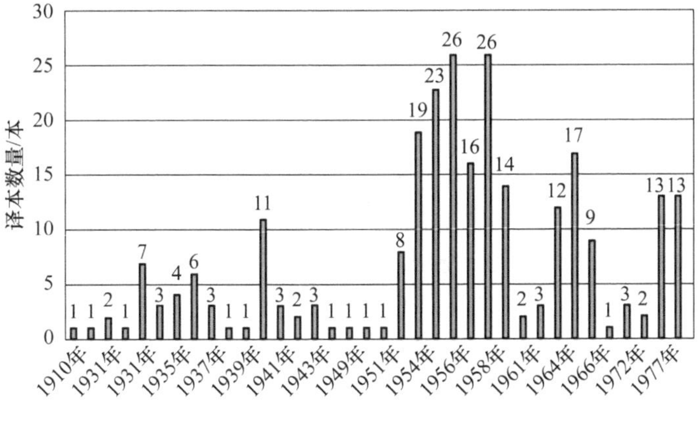

图 2 年代-译本数量柱状图

1954 年,中共中央对中国科学院党组《关于目前科学院工作的基本情况和今后的工作任务》的报告做了批示。批示阐明了科学工作在国家建设中的战略地位,提出了团结科学家和培养新生力量、建立科学研究体制及具体贯彻理论结合实际的方针等问题。这个批示是在进入大规模经济建设和向社会主义过渡的时候,中央制定的第一个系统阐明发展我国科学研究工作政策的文件。1956 年,周恩来代表中共中央作了《关于知识分子问题的报告》。报告分析世界科学技术发展的形势,肯定科学技术是关系国防、经济和文化各方面的有决定性的因素,并向全国人民提出"向现代科学进军"的任务。毛泽东在会议最后一天讲话,号召全党努力学习科学知识,同党外知识分子团结一致,为迅速赶上世界科学先进水平而奋斗。会后,全国开始出现"向科学进军"的新气象。1957 年 10 月 4 日,苏联成功发射人类第一颗人造地球卫星。这是当时最新的科学成就,引起了世界轰动,也引发了中国人对卫星的极大关注。

一个月后的 11 月 3 日，毛泽东率中国代表团前往莫斯科参加十月革命 40 周年庆祝典礼时特别指出，这一事件表明“人类进一步征服自然界的新纪元从此开始了”(冯翔慧，2021:53)。在国内一片向好的政策引导中，中国的航空航天事业也由此开始不断发展成长。国内政策的引导，将一大批国外的知识分子吸引回国，并且国内开始集合群力发展科技，在这样的背景条件下，航空航天类书目的汉译本也由此逐渐增多。除了国内政策的影响，中苏之间的关系也在极大地影响着我国航空航天事业的发展。

根据已有情况统计，已知译文国家来源的译本共有 163 本，其中译自苏联的就有 136 本。译自苏联的书籍多种多样，涵盖了航空航天领域的各个方向。例如，1953 年由苏联作家阿而拉左洛夫著、曹毅风翻译的《空气动力学》介绍了空气动力学的基础知识；1958 年由苏联作家巴普洛夫著、刘燕谋翻译的《航空设备与仪器》则对航空设备和仪器进行了大致梳理。可以说在该时期，苏联对于我国航空航天事业的发展起到了不可忽视的作用。1953 年抗美援朝结束，我国正式开始第一个五年计划，在经济和科技发展方面，我国主要以苏联协助建设的重点项目为中心，引进了许多苏联的先进技术与人才。因为当时战争结束、国内求发展，而苏联也在不断为我们提供援助，不难发现在这一历史时期，航空航天类书籍的翻译也有了一个量的巨大变化。而从 1959 年开始，中苏关系开始进一步恶化，这也导致 1959 年成为书籍翻译数量陡降的一年。随后，苏联政府突然撤走全部在华的苏联专家，撕毁几百个协定和合同，停止供应重要设备，这也致使我国的航空航天汉译本翻译进入新一轮的低迷期。随后经过国内各方面政策的调整，航空航天类汉译本的数量也在曲折中不断前行，到 1977 年开始逐渐趋于稳定。除了苏联以外，在已知译文国家来源的译本中，译自其他国家的书本数量情况如图 3 所示：美国 19 本，英国 3 本，法国、捷克、瑞士、西德和匈牙利各 1 本。美国在航空航天领域的发展在全球一直属于前位，所以我们也需要不断向美国学习先进技术。但是当时中美两国关系紧张，美国对我国的科技封锁政策，导致我们难以从美国获取相关书籍内容，故在汉译本的整体数量上无法超越来自

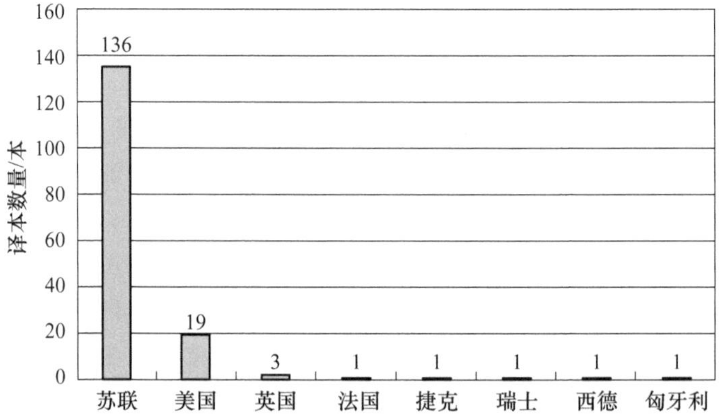

图 3 国家-译本数量柱状图

苏联的汉译本。译自美国的书籍内容也较为多样,如 1977 年由国防工业出版社出版、美国艾伦·波普著作和彭锡铭翻译的《低速风洞试验》,以及 1977 年由陆索翻译的来自美国作家歇雷登编写的《锻件设计手册》,都是从不同领域介绍航空航天科技的技术要求。

3.3 基于内容的汉译本探究

根据译本的内容以及《民国时期总书目》和《全国总书目》的分类方式,我们将航空航天类汉译本分为以下 16 类:参考工具书、飞行机原理、飞行机材料、飞行机动力、飞行机构造、飞行用具及仪器、各类型航空器、航天、航空发动机、航空飞行术、航空工程、航空设备与仪器、航空学、军事科学技术、空气动力学、普及读物。其中参考工具书和普及读物属于辅助类读物,用于航空航天类研究的辅助书籍和给大众进行科普;飞行机原理、飞行机材料、飞行机动力、飞行机构造和飞行用具及仪器则是专门用于飞行机制造的各类书籍,从原理到构造,较为全面地阐释了飞行机制造的全过程;各类型航空器类别的汉译本则是诠释了各种各样的航空器,从外形到应用,较为全面地阐释了航空器的范围;航天则是相对于航空的概念,主要包含航天原理、航天器制造等各方面内容;航空发动机、航空飞行术、航空工程、航空设备与仪器、航空学这些类别的书目,则是更为详尽地阐释各类航空起不同部分的运作原理;军事科学技术作为专列的一个分类,主要包含导弹等系列航空航天军事用品;空气动力学作为航空航天最重要的原理理论之一,对其的研究也比较多样,在两个统计书目中分别列出。

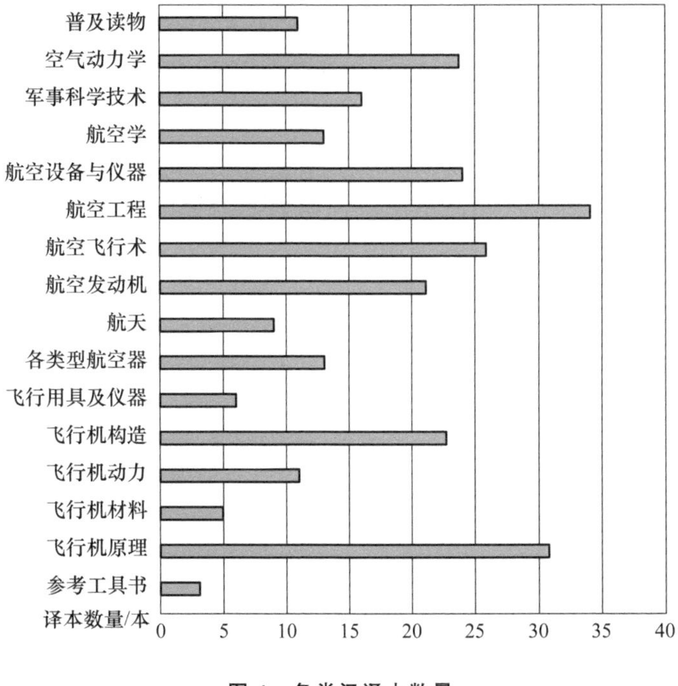

图 4 各类汉译本数量

从不同的类别命名中，我们可以发现飞行机和航空器相关的类别是较多的，而与航空相对的航天领域却总共仅有 9 本。这与我们所统计的时期是相契合的。中国的航空航天事业发展起步并不早，而且那个时候航天的发展研究还并不先进，所以国内在引进技术时，则以航空类为主。而造出一个由自己国家建造的飞机也是那时的任务之一，所以对飞行机构建的学习也会更多。

在所有类别中，最多的则是航空工程类汉译本。航空工程类所包含的文本较为多样，如 1962 年由人民交通出版社出版、苏联的巴布可夫著、王敏秀翻译的《机场勘察与设计》，苏联的勃里诺夫和费拉柯于 1955 年共同著作、由北京航空学院负责翻译的《零件机械加工》等汉译本，均归纳于航空工程一类下。所有与航空相关，但并没有指向某一特定类别飞行器的汉译本，属于该类别。其所包含的书籍形式内容多样，故在汉译本数量上也处于第一位。位列第二的是飞行机原理类汉译本。建国初期，我国航空航天类科技在各个方面都还正处于发展中阶段，而在航空航天领域中，飞行机原理的学习是一切的基础，故该类书籍翻译的数量也会较多。该类别内包括如 1955 年由阿·阿·扎布洛夫著、王德春翻译的《飞行原理》和 1957 年由苏联作者奥科洛维奇编写、李学伊翻译的《飞机构造学》等介绍飞行机基础原理的书籍。

最少的则是参考工具书，仅有 3 本，分别为 1929 年由中国工程学会出版、程瀛章和钱昌祚共同翻译的《工程名词草案——航空工程》，1937 年由中央航空学校教育处出版、舒伯炎翻译的《航空辞典》和 1940 年由中国机械工程学会出版、吕凤章翻译的《英德法华航空工程名词》，这类书籍在翻译时和直接学习国外知识时也会起到不可替代的作用。

纵观我国这个时期的航空航天类汉译本类别，可以发现该类汉译本的翻译是具有极强的目的性的。这些书籍并不是由于译者个人的兴趣，在闲暇时间的译作，而是国内航空航天事业的发展需要什么，译者就翻译什么样的书籍。实用性是其最大的特点。尽管有普及类读物的翻译，但是其数量也较小，受众也并不多。因为这一类书籍的目标读者十分明确，所以在翻译时译者会选择的翻译方式也不尽相同，值得未来进一步的探讨。

4 结 语

纵观航空航天类汉译本从 1910 年到 1978 年的出版历史，我们可以发现该类书籍的翻译出版极大地受到了国内政策的影响。并且，因为该类书籍对专业知识的要求较高，当时中国国内还缺乏一批具有航空航天类专业素质的译者，所以这个时期的航空航天类汉译本几乎都是由航空航天类专业学者翻译而成。与此同时，根据我们统计的汉译本类别，我们还可以推断出这些译本具有极强的实用性和目的性，国内的航空航天发展需要什么，译者们就翻译什么。

航空航天类汉译本的发展在一定程度上也能展现我国航空航天事业的发展:不断曲折前行。数量的变化表现了我国航空航天事业曾受到的阻碍与支持,这既与国际形势、我国政策息息相关,也与每一位心甘情愿为我国航空航天事业献力的航空航天学家密不可分。不管当时的中国是处于战火之中,还是正在蓬勃发展中,都有一批中国航空航天学家在致力于我国航空航天的发展。此外,我们也发现了在那个时期,译者的培养并没有跟上航空航天发展的速度,当时并没有专业的译者来对这些书籍进行翻译。观史鉴今,未来译者的培养方向也应与我国的各项事业发展紧密联合起来,与我国发展达到步调一致。

参考文献

[1] 北京图书馆编. 民国时期总书目[M]. 书目文献出版社. 1993.

[2] 北京图书馆版本书库编. 1970 全国总书目[M]. 中华书局, 1971.

[3] 冯翔慧.向着宇宙太空"进军"——党引领我国航空航天事业发展的历史回眸[J].中国科技产业,2021(06):53-55. DOI:10.16277/j.cnki.cn11-2502/n.2021.06.024.

[4] 国家出版事业管理局版本图书馆编. 1972 全国总书目[M]. 中华书局, 1974.

[5] 国家出版事业管理局版本图书馆编. 1973 全国总书目[M]. 中华书局, 1976.

[6] 国家出版事业管理局版本图书馆编. 1974 全国总书目[M]. 中华书局, 1977.

[7] 国家出版事业管理局版本图书馆编. 1975 全国总书目[M]. 中华书局, 1979.

[8] 国家出版事业管理局版本图书馆编. 1976 全国总书目[M]. 中华书局, 1980.

[9] 国家出版事业管理局版本图书馆编. 1977 全国总书目[M]. 中华书局, 1981.

[10] 蒋龙.北京航空学院的建立与苏联的援助[J].中国科技史料,2004(01):57-83.

[11] 金壮龙. 发展中的中国航空航天事业——在 2006 年中国国际航空航天高峰论坛上的发言[J]. 国防科技工业, 2006(11):10-11.

[12] 娄旭辰教授[J].辽宁大学学报(哲学社会科学版),1992(06):2.

[13] 马士奎.翻译主体地位的模糊化——析"文革"时期文学翻译中译者的角色[J].临沂师范学院学报,2006(05):135-141.

[14] 邱崇丙.《民国时期总书目》述评[J].北京图书馆馆刊,1995(Z1):109-115+108. DOI:10.13666/j.cnki.jnlc.1995.z1.021.

[15] 文化和旅游部出版事业管理局版本图书馆编. 全国总书目 1956[M]. 中华书局, 1957.

[16] 文化和旅游部出版事业管理局版本图书馆编. 全国总书目 1957[M]. 中华书局, 1958.

[17] 文化和旅游部出版事业管理局版本图书馆编. 全国总书目 1958[M]. 中华书局, 1959.

[18] 文化和旅游部出版事业管理局版本图书馆编. 全国总书目 1959 上册[M]. 中华书局, 1960.

[19] 文化和旅游部出版事业管理局版本图书馆编. 全国总书目 1959 下册[M]. 中华书局, 1960.

[20] 文化和旅游部出版事业管理局版本图书馆编. 全国总书目 1960[M]. 中华书局, 1961.

[21] 文化和旅游部出版事业管理局版本图书馆编. 全国总书目 1961[M]. 中华书局, 1962.

[22] 文化和旅游部出版事业管理局版本图书馆编. 全国总书目 1962[M]. 中华书局, 1963.

[23] 文化和旅游部出版事业管理局版本图书馆编. 全国总书目 1963[M]. 中华书局，1964.
[24] 文化和旅游部出版事业管理局版本图书馆编. 全国总书目 1964[M]. 中华书局，1965.
[25] 文化和旅游部出版事业管理局版本图书馆编. 全国总书目 1965[M]. 中华书局，1966.
[26] 文化和旅游部出版事业管理局版本图书馆编. 1978 全国总书目[M]. 中华书局，1982.
[27] 肖希明,李书祥.《全国总书目》与图书馆文献资源建设[J].图书馆,2008(06):26-29.
[28] 新华书店. 全国总书目 1949—1954[M]. 新华书店总店编印，1955.
[29] 新华书店. 全国总书目 1955[M]. 新华书店总店编印，1957.
[30] 中国版本图书馆编. 1966—1969 全国总书目[M]. 中华书局，1987.
[31] 中国版本图书馆编. 1971 全国总书目[M]. 中华书局，1988.
[32] 中国版本图书馆编. 1979 全国总书目[M]. 中华书局，1983.

国内航空航天翻译研究综述(1991—2022)①

杨佳琪② 滕 雄②

摘 要： 本文以CNKI(中国知网)为原始数据来源，使用高级检索功能，以“(航空+航天)*翻译”为关键词进行主题检索，借助中国知网导出文献资料，并结合统计计量的方法，从发文趋势、高发文刊物及作者、院所分布、学科分布、翻译方向及类型、研究内容、研究对象、研究主题、研究视角和研究方法等方面，对国内航空航天领域的翻译研究进行分布情况的统计和主题内容的量化分析，力求客观展现最近三十多年来国内航空航天翻译研究的基本态势，以期为国内该领域未来的发展提供一定的参考和借鉴。

关键词： 航空翻译；航天翻译；文献计量

Overview of Aerospace Translation Studies in China (1991—2022)

Abstract: This paper presents an analysis of articles and dissertations from 1991 to 2022 on the studies of aerospace translation in China from CNKI(China National Knowledge Internet) database. Statistic analysis and tools such as EndNote are employed to make a qualitative and quantitative analysis with the aim of objectively presenting the current trends in the field of aerospace translation at home over the past more than 30 years so as to provide certain references for its future development in China. Such analysis is made from multiple perspectives including trend of publication, periodicals and authors of the most publications, institution distribution, subject distribution, direction and type of translation, research content, research subject, research theme, research perspective, research

① 基金项目：北京市共建项目专项资助。

② 作者简介：杨佳琪，北京航空航天大学硕士研究生，研究方向：翻译理论与实践；滕雄，博士，北京航空航天大学助理研究员，研究方向：翻译学。

method and so on.

Keywords: aviation translation; space translation; literature metering

1 引 言

《辞海》(第七版)中"航空"的定义为"人类利用航空器在地球大气层中的飞行活动。扩大了人类活动的领域,改变了人们的时空观和战争观,对推动社会发展和科学技术进步,以及世界政治、经济、军事发展起着重要的作用";"航天"的定义为"亦称'宇航'。航天器在太空的航行活动。主要目的是探索、开发和利用太空及地球以外的天体"。航空航天对于人类发展的重要意义可见一斑。1840 年鸦片战争后,西方航空知识传入中国,首先是航空新闻和科学幻想小说,随后是外国飞行家来中国做飞行表演。1909 年 9 月,冯如造出一架飞机,9 月 21 日试飞成功,这是首架由中国人研发制造的飞机(姚峻 1998)。相比之下,我国的航天起步较晚。1956 年 2 月,著名科学家钱学森向党中央提出《建立中国国防航空工业的意见》。同年四月,中华人民共和国航空工业委员会成立,标志着中国航天事业创业的开始(百度百科)。

笔者于 2023 年 8 月查阅 CNKI(中国知网),使用高级检索功能,在主题栏输入"(航空 + 航天) * 翻译"(意为所有包含"航空"或"航天"且有关"翻译"的文献),得到文献总计 845 篇,经人工筛选后,得到与主题相关文献总计 294 篇,时间跨度为 1991 年至 2022 年(由于客观原因 2023 年的发文情况无法完整统计,为了确保统计结果的准确性,本年度的数据不包括在内)。其中包含硕士论文 184 篇,期刊论文 110 篇。在这些文章中,尚未发现系统总结、描述航空航天翻译研究现状的文章,事实上与国内科技翻译学发展现状相关的文章都是屈指可数,反映出国内翻译学界对于科技翻译学这一重要分支关注不够。鉴于此,笔者对 1991—2022 年间中国知网上发表的有关航空航天翻译的研究进行统计分析,旨在为从事该领域研究的人员及时掌握其研究动态和热点提供实证依据。

2 数据统计与分析

本节将 CNKI 上收集到的 294 篇航空航天翻译研究的相关文献的题录信息,包括发表时间、作者、作者单位、刊物名称和所属学科进行统计,使用统计计量的方法,从发文趋势、高发文刊物及高发文作者、院所分布和学科分布四个方面对近三十多年国内航空航天翻译领域的发展现状进行统计和阐释。

2.1 发文趋势描述

由图 1 可见,同中国航空航天事业的发展相比,国内航空航天翻译的相关研究起步较晚,1991 年,李中和在《中国科技翻译》上发表了名为"《英汉航空缩略语词典》中存在的两个问题"的文章,这是目前能查证到 CNKI 最早收录的有关航空航天翻译的文章,且在此之后国内相关研究一度陷入停滞,直至 2008 年才开始复苏并呈现稳步增长趋势。这很可能与 2007 年教育部批准首批 15 所高校试办翻译硕士专业学位,以及近年来 MTI 专业招生人数激增密切相关,反映出社会和翻译学界对于航空航天翻译研究乃至科技翻译研究的日益关注和重视。

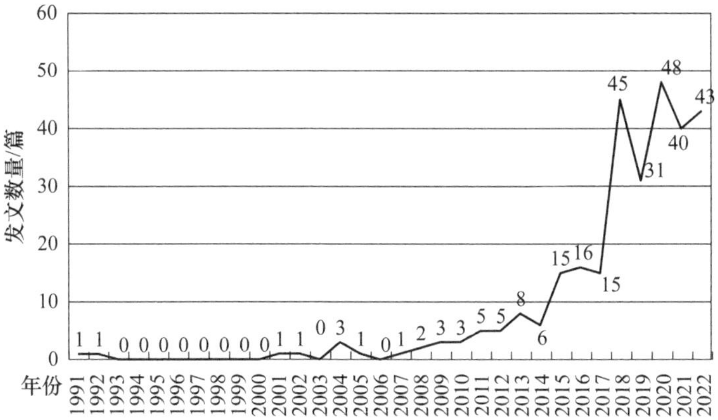

图 1 航空航天翻译研究发文趋势图

2.2 高发文刊物及高发文作者描述

表 1 和表 2 统计了 1991—2022 年间发表在 CNKI 上的 110 篇有关航空航天翻译研究的刊物和论文的发文情况。观察表 1,我们发现当前国内航空航天翻译研究发文量最高的四个刊物中,权威性及高影响力的期刊占比较小,说明当前国内航空航天翻译研究尚处于起步阶段,研究水平还不甚理想,仍存在很大的进步空间。其中发文量最多的《中国科技翻译》作为中国人文社科领域及中国科技双领域的综合类核心期刊,主要刊登科技翻译的研究成果,具有很高的权威性。笔者以 CNKI 为检索数据来源,检索主题分别设为"翻译""翻译 * 科技"进行数据采集与对比,检索区间为 1991—2022 年,将文献来源限定为《中国科技翻译》,得到的检索结果分别为 2067 篇和 668 篇,即 1991—2022 年间《中国科技翻译》上发表的航空航天翻译研究仅占其翻译研究总发文量的 0.44%,仅占其科技翻译研究总发文量的 1.3%,反映出当前国内的航空航天翻译研究亟须关注。

表 1　航空航天翻译研究高发文刊物统计

期刊全称	主办单位	复合影响因子	综合影响因子	发文数量/篇
中国科技翻译	中国科学院国际学术交流中心	1.686	0.486	9
中国民航飞行学报	中国民航飞行学院	0.333	0.174	8
海外英语	安徽科学技术出版社	暂无	暂无	8
校园英语	河北阅读传媒有限责任公司	暂无	暂无	7

表 2　航空航天翻译研究刊物高发文作者统计

作者姓名	论文数量/篇	作者机构
黄德先	4	中国民用航空飞行学院
邹卫东	4	洪都航空工业集团
黎志卓	3	中国民用航空飞行学院
朱波	3	南京航空航天大学

发文量可以反映作者的科研生产力和学术影响力，表 2 列出了航空航天翻译研究领域刊物上发文量排名前四位的学者，其中两位来自中国民用航空飞行学院，一位来自南京航空航天大学，一位来自洪都航空工业集团。由此可见，航空航天领域专业院校的师生是当前从事该领域翻译研究的主力军，但部分来自航空航天翻译实践第一线的学者通过将翻译理论与自身翻译实践的经验相结合，在该领域的研究中也获得了一席之地。

2.3　院所分布情况描述

表 3 统计了 1991—2022 年间发表在 CNKI 上的 184 篇有关航空航天翻译研究的硕士论文的院所分布情况，其中 184 篇论文全部为硕士论文，目前为止并未发现以航空航天翻译研究为主题的博士毕业论文，这在一定程度上反映出该领域高水平研究成果的缺失。观察表 3 不难发现，论文数量排名前四位的院所均为航空航天领域的专业院校，且其总和几乎占该领域硕士论文总数的一半，反映了一定的学科领域特色，但也说明包括其他理工类院校、外语类院校以及综合类大学对于航空航天翻译研究的忽视，从而反映出该领域在整个学术界尚未得到广泛关注。

表 3　航空航天翻译研究硕士论文院校分布统计

院校全称	论文数量/篇	占比/%
中国民航大学	27	14.7
南京航空航天大学	27	14.7
中国民用航空飞行学院	17	9.2

续表 3

院校全称	论文数量/篇	占比/%
郑州航空工业管理学院	11	6.0
其他	102	55.4
合计	184	100.0

2.4 学科分布情况

通过统计,笔者发现本文选取的294篇航空航天翻译研究文献均属于来自"外国语言文学"学科,其中14篇期刊论文属于"外国语言文学"与"航空航天科学与工程"的交叉学科,7篇刊物论文来自"外国语言文字"与"交通运输经济"的交叉学科,总计21篇刊物属于交叉学科,占研究对象总数的7.1%,说明语言学科对航空航天翻译研究的影响依然显著,且当前国内该研究领域的跨学科趋势还不甚明显,值得未来的研究者们关注。

3 航空航天翻译研究发展趋势分析

本节使用人工筛选和统计计量相结合的方法,对CNKI(中国知网)上收集到的294篇航空航天翻译研究的相关文献进行逐一分析和结果统计,从翻译方向和翻译类型、研究内容、研究对象、研究主题、研究视角和研究方法六个角度对近三十多年国内航空航天翻译领域的发展现状和研究动态进行全方位的统计和多角度的阐释。

3.1 翻译方向及翻译类型分布情况统计

按照翻译的活动形式,可将翻译分为笔译和口译两类,其中口译又分为交替传译和同声传译。由表4可知,当前国内有关航空航天的翻译研究中,笔译研究占据了总数的90.5%,而口译研究作为翻译研究的另一极其重要的分支,仅占8.5%,反映出国内研究者对于航空航天领域口译研究重视不够。2000年,口译在新修订的英语专业本科教学大纲中成为必修课之后,口译教学和口译实践在中国内地蓬勃兴起,口译研究亦呈旺盛趋势,但该趋势在航空航天翻译研究中体现不足,或将成为该领域未来发展的主要方向。另从语对的角度看,如表5所列,国内的航空航天翻译研究仅涉及英语、俄语和德语三个语种同汉语之间的互译,且研究英汉互译的论文数量在论文总数中占比达到了91.8%,这显然同美国强大的航空航天实力和英语的通用语地位密切相关,反映出当前研究者的研究重点和倾向。但除美国之外,包括日本、俄罗斯、印度在内的许多国家在航空航天领域同样取得了相当的成果,同样值得国内的翻译研究者给予适当关注。通过翻译、研究各国优秀的航空航天成果，才能吸纳百家之长，为中国航空航天事业的发展提供助力。此外，据表5统计，当前国内航空航天翻译研究中外译汉的比例呈现压倒性的优势，英译汉、俄译汉的占比分别为78.9%和5.4%，而汉译英、汉译俄的占比仅为12.9%和1.0%。外译中多，中译外少，对应的翻译研究就呈现出一多一少。为什么外译中多呢？主要是因为外国的科技成果更多更好，所以外译中多，研究者也更容易获得外译中的语料。

表4　航空航天翻译研究论文翻译类型分布情况

<table>
<tr><th colspan="2">翻译类型</th><th colspan="2">论文数量/篇</th><th>占比/%</th></tr>
<tr><td colspan="2">笔　译</td><td colspan="2">266</td><td>90.5</td></tr>
<tr><td rowspan="3">口　译</td><td>交替传译</td><td>5</td><td rowspan="3">25</td><td rowspan="3">8.5</td></tr>
<tr><td>同声传译</td><td>3</td></tr>
<tr><td>未明确</td><td>17</td></tr>
<tr><td colspan="2">其　他</td><td colspan="2">3</td><td>1.0</td></tr>
<tr><td colspan="2">合　计</td><td colspan="2">294</td><td>100.0</td></tr>
</table>

表5　航空航天翻译研究论文翻译方向分布情况

<table>
<tr><th>语　种</th><th>翻译方向</th><th>论文数量/篇</th><th colspan="2">占比/%</th></tr>
<tr><td rowspan="2">英汉互译</td><td>英译汉</td><td>232</td><td>78.9</td><td rowspan="2">91.8</td></tr>
<tr><td>汉译英</td><td>38</td><td>12.9</td></tr>
<tr><td rowspan="2">俄汉互译</td><td>俄译汉</td><td>16</td><td>5.4</td><td rowspan="2">6.4</td></tr>
<tr><td>汉译俄</td><td>3</td><td>1.0</td></tr>
<tr><td>德汉互译</td><td>德译汉</td><td>1</td><td colspan="2">0.3</td></tr>
<tr><td>其　他</td><td>/</td><td>4</td><td colspan="2">1.4</td></tr>
<tr><td>合　计</td><td>/</td><td>294</td><td colspan="2">99.9</td></tr>
</table>

3.2　研究内容分布分析

笔者通过文献阅读，总结出国内航空航天翻译研究的八类主要研究内容，分别为科技文本、法律法规、政府及企业报告、科普文本、演讲、讲座及会议材料、陆空通话、航空物流以及航空港区公示语。各类别文本的具体分布情况如表6所列。

表6　航空航天翻译研究论文研究内容分布情况

研究内容	论文数量/篇	占比/%
科技文本	142	48.3
法律法规	32	10.9

续表 6

研究内容	论文数量/篇	占比/%
报告	26	8.8
科普文本	21	7.1
演讲、讲座及会议材料	16	5.4
陆空通话	11	3.7
航空物流	5	1.7
公示语	4	1.4
其　他	37	12.6
合　计	294	99.9

由表 6 可知,虽然当前国内航空航天翻译研究中以传统的科技文本为研究对象的论文仍旧占比极高,约占论文总数的一半左右,但其研究对象已经呈现出了多元化的趋势。研究对象的传播媒介也不仅仅局限于书面文本,而是开始扩展到演讲、讲座及会议材料和陆空通话等以口头形式传播的文本,如黄德先(2004)从德国功能派翻译理论的观点出发,总结出民航无线电陆空通话英语标准化、程序化、语义单一化、通话内容简介的语言特点,认为在翻译中应优先考虑译文的功能特征而非对等原则;李艺烜(2019)以纽马克交际翻译理论为指导,以航天交流合作会议交替传译材料为研究对象,探讨了该理论对航天合作交流会交替传译的理论指导意义。航空法律法规相关的文本是集法律类与科技类于一体的信息类文本,航空物流相关的文本是集经济管理类与科技类于一体的信息类文本,以上述两类文本为研究对象的论文占航空航天翻译研究论文总数的 12.6%,表明当前国内航空航天翻译研究的研究对象已不仅仅局限于科技类文献,开始呈现出跨学科的趋势,如赵丽珠、张艳玲(2021)以评价理论为框架,基于自建的《中华人民共和国民用航空法》中英平行语料库,在态度、介入、级差三个维度上讨论译者主体性对法律翻译的策略和交际效果的影响;马小鸿(2023)基于《航空物流》的翻译实践,以交际翻译为理论指导,对翻译实践中遇到的一词多义、名词化、无灵句、被动句以及长句等翻译困难进行了讨论及研究。相较于传统的科技文本而言,科普类文本,演讲、讲座及会议材料因其受众范围较广,专业性有所降低,成为国内航空航天翻译研究领域的一大热点,占其论文总数的 12.5%,表明当前国内学者已不再将目光局限在服务于少数航空航天领域专业人才的文本,而开始将目光转向服务于普通读者的文本翻译研究,如张健(2019)对科普类文本《回家:重返地球》的第三章进行了翻译,并利用纽马克的交际翻译理论,从词法、句法和语篇层面对其进行了分析。

3.3　研究对象分布分析

由表 7 可知,当前航空航天领域的翻译研究仍未跳出语言研究的视角,以词、句、篇为研究对象的专门性或整体性翻译研究占据论文总数的76.5%，表明当前该领域的研究仍旧局限于语言结构词层和句层，对于修辞、逻辑等层面的翻译研究虽有所涉及，但数量明显不足，还存在很大的研究空间，如刘俊婷(2018)对中国民航出版社出版的《空中的音符》前两章进行英译，并从其完成的翻译文本中提取拟人修辞例句，分析并总结了适用于该翻译项目拟人化修辞的淡化处理办法；王圣崴(2022)以《2030年前俄罗斯联邦航空工业发展战略(草案)》为素材，针对俄语原文中的逻辑性在中文译本中如何再现这一问题进行了分析探讨。

表7　航空航天翻译研究论文研究对象分布情况

研究对象	论文数量/篇	占比/%
针对词、句、篇的整体性翻译研究	141	48.0
针对词的翻译研究	58	19.7
针对句的翻译研究	26	8.8
针对失误的翻译研究	10	3.4
其他翻译研究	59	20.1
合　计	294	100.0

3.4　研究主题分布分析

翻译界大多从学科视角对翻译研究进行分门别类，其中学界认可度最高的当属霍尔姆斯在其名作《翻译研究的名与实》(*The Name and Nature of Translation Studies*)中提出的分类标准，即将译学研究框定为翻译论研究、描写翻译研究和应用翻译研究三大分支(Holmes 1988)，图里(Toury 1995)用框架图的形式再现了霍氏的译学思想，并为学界所广泛引用。这种划分体现了译学领域间彼此吸收利用、相互作用的内在关系，对国内许多翻译学家产生了深远的影响，包括王佐良、谭载喜、王克非、谢天振、许钧等在内的多位学者都纷纷以此为基础，提出了自己关于翻译研究分类的主张。张威(2015)整合了Munday(2012)、谭载喜(2000)以及许钧、穆雷(2009)等人关于翻译研究主题的论述，将中国翻译研究的主题分为七类，即翻译实践、策略与产品，翻译理论研究，现代信息与语料加工技术，翻译历史，文本的译介与传播，译家研究，翻译教学、翻译批评、翻译市场、翻译过程等其他问题。在对1991—2022年间CNKI上发表的航空航天翻译研究的主题进行逐一分析后，本文采用张威教授关于翻译研究主题的分类，并结合选定研究对象主题的实际情况稍做调整，其具体分布情况如表8所列。

表 8 航空航天翻译研究论文研究主题分布情况

研究主题	论文数量/篇	占比/%
翻译实践、策略与产品	259	88.1
翻译教学	14	4.8
现代信息与语料加工技术	11	3.7
外宣翻译	2	0.7
翻译史	1	0.3
其　他	7	2.4
总　计	294	100.0

由表 8 可知，翻译实践、策略及产品这一翻译学领域的传统研究对象仍是目前绝大多数航空航天翻译研究的主题，占论文总数的 88.1%，反映出学界目前的研究主题不够多元、缺乏创新的现状。如宁玲等(2013)以其在校译工作中接触的实际例句为蓝本，通过例句原译和改译的对比，从词汇翻译、句子结构分析、专业知识掌握等方面，探讨科技英语翻译技巧，关注笔译工作中值得注意的问题，努力实现英语翻译流程规范化；朱波、王伟(2013)以 ICAO 术语为例，从专业概念的辨认与识别，信息资源的评估、查阅与详细说明，跨语对应词识别，术语管理以及未来在翻译中的再次使用等方面，探讨了民航专业文本中的术语翻译问题；文军、李培甲(2011)选取《英汉俄航空航天词典》中的英汉术语 27 685 条，按直译、意译、释译、音译等十种翻译方法进行了归类和统计分析，并进一步对这十类翻译方法进行了举例分析。研究主题中排在第二位的是翻译教学，占论文总数的 4.8%，反映出国内航空航天领域的专业院校已经开始关注该领域翻译人才的培养，如高鹏、朱波(2020)依托 ESP 教学内容和原则设计出 MTI 特色课程“民航英汉翻译”，并从设计方案、课程实施和课程特色等方面进行了详细叙述；梁素文(2016)基于郑州航空港经济综合试验区对应用型人才的需求，立足于应用型外语人才的培养模式，以口译教学为切入点，从教学模式、教学内容以及“双师型”等方面对地方院校的外语教学展开了讨论；邹卫东(2016)从其实际从事的航空翻译的口笔译工作中遇到的问题入手，指出培养高质量的航空技术翻译人员应该首先从了解和掌握有关航空专业知识和专业术语做起。值得一提的是，机器翻译的译后编辑成了现代信息与语料加工技术主题下的研究热点，表明机器翻译已经开始应用于航空航天翻译领域，这或将成为今后的研究重点，如陈聪聪(2022)在 Yi CAT 云翻译平台选用谷歌翻译进行预翻译并译后编辑，通过比较机器翻译输出和译后编辑译文，把技术手册中译后编辑常见问题分为词汇、句子、文体风格和符号格式，分别探讨相应译后编辑策略；杨帆(2020)就其在翻译《航空教员手册》第八章的过程中遇到的语言层面问题包括民航术语的翻译、专业概念的翻译、复杂句的翻译以及非语言层面的问题包括计算机辅助翻译的运用、机器翻译与译后编辑的应用及翻

译策略的选择进行了梳理，提出了有助于提高行业英语以及科技英语汉译水平的综合翻译方法。

同历时千载的翻译实践相比，外宣翻译与翻译史作为学术研究起步较晚，但近年来在我国翻译界的热度不断攀升，研究成果不断丰富，这一点在科技翻译研究领域尚未得到明显体现，但已有个别航空航天翻译领域的研究者开始做出尝试，如赵文(2022)以术语变体理论为视角，阐释了海峡两岸航空术语翻译的差异现象，并对差异成因进行了历时分析；刘璐(2019)借助外宣翻译理论，从“一体三维”视角解读滨州航空文化外宣翻译现状和存在的问题，对滨州外宣文本翻译和航空文化建设提出了建议。

需要注意的是，当前国内航空航天翻译研究领域在翻译理论研究和译家研究等方面仍旧处于空白状态，一方面说明当前学界尚未出现专门针对航空航天翻译的译论研究，缺乏理论创新和针对性的译论研究，未能突出理论对实践的指导意义；另一方面反映出航空航天翻译领域的专业译者紧缺，提升译员素养迫在眉睫。

3.5 研究视角分布分析

表9列出了1991—2022年间CNKI上发表的航空航天翻译研究所采取的理论视角中出现次数大于3的所有翻译理论共10种，其中以奈达的功能对等理论、纽马克的交际翻译理论、弗米尔的目的论、卡特福德的翻译转换理论以及赖斯的文本类型理论这五个翻译理论为研究视角的论文占比高，其在研究对象中的总占比达到了34.7%，反映出当前国内航空航天翻译研究的研究视角还不够多元化，仍旧局限于少数翻译理论，在理论创新方面还具有很大的发展空间。此外，所收集到的航空航天翻译研究中，无明确理论依据的论文(多为硕士毕业论文)在论文整体中的占比很高，为48.0%，这一方面说明航空航天翻译研究领域的研究者更倾向于针对具体的翻译实践和翻译材料进行有针对性的分析，另一方面也反映出该领域研究普遍缺乏理论支撑的现状，这显然不利于航空航天翻译研究的长足发展，应当引起注意。值得一提的是，笔者在数据分析的过程中发现，虽然当前国内的大多数航空航天翻译研究仍旧以信息型文本翻译中信息的准确传递和文本风格的再现为研究重心，但已有个别研究者开始从美学、文化等非传统意义上信息型文本的研究视角入手展开研究，如宋丹青(2016)在翻译美学理论的指导下，对包括规范美、结构美、逻辑美和修辞美在内的翻译审美取向在俄语科技文本《新型航空运输方案》翻译实践中的体现进行了分析；黄佳丽、姚倩(2022)在生态翻译学的多维转换与适应理论的指导下，从语言、文化和交际三个维度对民航术语汉译进行了探究。

表 9 航空航天翻译研究论文研究视角分布情况

研究视角	论文数量/篇	占比/%
功能对等理论	24	8.2
交际翻译理论	20	6.8
目的论	20	6.8
翻译转换理论	20	6.8
文本类型理论	18	6.1
关联翻译理论	7	2.4
主述位理论	6	2.0
译者主体性理论	4	1.4
框架术语学	4	1.4
释义理论	4	1.4
其他翻译理论	26	8.8
无明确理论依据	141	48.0
合　计	294	100.1

3.6 研究方法分布分析

根据研究所采用的数据收集方式和分析手段,并结合学界常用的分类方式,笔者将 1991—2022 年间 CNKI 上发表的航空航天翻译研究的研究方法划分为定性阐释、定量实证、综合法(即定性与定量相结合的研究方法)、问卷调查法和其他五类,其具体分布情况如表 10 所列。

表 10 1991—2022 航空航天翻译研究论文研究方法分布情况

研究方法	论文数量/篇	占比/%
定性阐释	259	88.1
综合法	11	3.7
定量实证	2	0.7
问卷调查	2	0.7
其　他	20	6.8
总　计	294	100.0

由表 10 可知,定性阐释这一研究方法依旧在航空航天翻译研究中占据主导,占论文总数的 88.1%。综合法和定量实证的研究方法在航空航天翻译研究领域已经开始起步,如徐嫒嫒等(2017)选取了具有行业代表性和应用性的《飞行员航空知识手册》为研究对象,对英语原文进行精准翻译和权威审校后,以原文和译文为语料,进行

对齐、词频统计等语料加工，从而建立了可供检索的英汉双语语料库；陈磊等(2022)采用定量与定性相结合的研究方法，使用 Tmxmall 平台和 CUC-Paraconc 软件对《中国的航天》白皮书中“航天”和“探测”两个高频实词的翻译开展研究，分析结果表明词汇译法随年份渐趋多样化，体现了译语的语言特征与行文习惯，不但准确地传达了源语原意，还实现了翻译的简洁性与地道性。数字人文技术作为当前翻译研究的热点话题，能够极大提高翻译研究的科学性和客观性，但当前航空航天翻译研究领域采用定量实证和综合法的研究占比仍旧很小，值得进一步拓展。此外，少数航空航天翻译研究还使用到了问卷调查和对比分析的研究方法，如张群(2022)使用问卷星发放问卷，对南航《空客 A330/A340 飞行机组操作手册》的中文译本翻译质量及读者满意度进行了调查；赵利华、申卫华(2021)以谷歌翻译、百度翻译和有道翻译作为研究对象，对比分析了机器翻译下民航类文本的汉英翻译质量，得出的结论认为三个翻译平台都有一定的局限性，但民航类文本英中翻译首选有道翻译，最好选择两种以上机器翻译作为参考。

4 结论和思考

从前述分布情况的统计和主题内容的量化分析可以看出，我国当前的航空航天翻译研究呈现出以下特征：第一，就发文情况来看，当前国内航空航天翻译研究尚处于起步阶段，研究水平还不甚理想，高水平研究成果不多，且研究单位局限于少数航空航天领域的专业院校，表明该领域在学术界尚未得到广泛关注；第二，就翻译方向和翻译类型来看，当前国内的航空航天翻译研究中外译中占据主导，且绝大多数为英译汉，对于其他语种的成果以及本国成果的外译缺乏关注，且笔译研究占据主导，口译研究重视不够；第三，就研究内容来看，传统的科技文本仍是当前国内航空航天翻译研究的重点，但其研究对象已经开始呈现出多元化、跨学科的趋势，且部分研究者已不再将目光局限在服务于少数航空航天领域专业人才的文本，开始将目光转向服务于普通读者的文本翻译研究；第四，就研究对象来看，当前航空航天领域的翻译研究仍未跳出语言研究视角，很大程度上受到语言结构词层和句层的限制，现代语言学层面的翻译研究明显欠缺；第五，就研究主题来看，翻译实践、策略及产品这一翻译学领域的传统研究对象仍是目前大多数航空航天翻译研究的主题，翻译教学及现代信息与语料加工技术开始受到关注，但在翻译理论研究和译家研究等方面仍处于空白状态，一方面说明当前国内航空航天翻译领域缺乏理论创新和针对性的译论研究，未能突出理论对实践的指导意义，同时反映出航空航天翻译领域的专业译者紧缺，提升译员素养迫在眉睫；第六，就研究视角来看，当前国内航空航天翻译研究的研究视角还不够多元，仍旧局限于少数翻译理论，在理论创新方面还具有很大的发展空间；第七，就研究方法来看，定性阐释这一研究方法依旧在航空航天翻译研究中占据主导，综合法和定量实证的研究方法已经开始起步，但占比依旧很小，这或将成为未来国内航空航天翻译研究的主要发展方向之一。

针对以上特征，笔者拟对国内航空航天翻译研究提出几点建议，以供相关研究者参考：第一，厘清发展思路，给予航空航天翻译学科应有的地位和关注；第二，重视高水平航空航天翻译人才的培养。人才培养是学科持续有力发展的保证，理应成为航空航天翻译研究领域的重点；第三，改变研究视角和研究内容固化的现状，突破传统语言研究的视角，加强航空航天翻译领域的理论创新，突出理论对于实践的指导意义；第四，合理利用工具，辩证地看待机器辅助翻译的价值，发挥译者的主观能动作用，强化相关实证研究。

参考文献

[1] JAMES S H. The name and nature of translation studies [A]. Translated ! Papers on literary translation and translation studies[C]. Amsterdam: Rodopi, 1988.

[2] J MUNDAY. 2012. Introducing translation studies: Theories and applications [J]. *Routledge*.

[3] TOURY G. 1995. Descriptive translation studies and beyond [M]. Amsterdam: John Benjamin.

[4] CHEN Congcong. A practice report of post-editing for EC Translation of Aviation Maintenance Technician Handbook [D]. Covo; Beijing: Aviation Flight Universtity of China, 2022.

[5] CHEN Lei, LI Shunming, LIU Mmeijun, PU Yi, LIU Hongjiang. A corpuse-based study on the English translation of high-frequency content words in China's Aerospace[J]. Public Communication of Science & Technology, 2022, 14(21): 37-40+44.

[6] GAO Peng, ZHU Bo. On the design of MTl course based on ESP: A case study of "E-C translation in civil aviation"[J]. Chinese Journal of ESP, 2020, (02): 63-70+94-95.

[7] HUANG Dexian. The feature of radiotelephony and its translation[J]. Chinese Science & Technology Translators Journa, 2004, l(04): 14-16+46.

[8] HUANG Jiali, YAO Qian A study on the Chinese translation of civil aviation terms from the perspective of ecological translatology[J]. Overseas English, 2022, (21): 3-5.

[9] LI Yixuan. Report on alternate interpretation of space cooperation conference under the guidance of Newmark's semantic translation theory and communicative translation theory [D]. Shanxi: Xi'an International Studies University, 2019.

[10] LIANG Suwen. A brief analysis on the training of applied interpreting talents under the requirements of airport construction [J]. Human Resource Development, 2016, (08): 241-242.

[11] LIU Junting. Approaching personifications in Chinese-to-English translation of expository texts—Taking Note in the Air (Chapters 1-2) as a case[D]. Beijing: China University of Petroleum 2018.

[12] LIU Lu. Research on the translation of Binzhou aviation culture publicity from the perspective of "three-dimensional body"[J]. Art Science and Technology, 2019, 32(13): 65+75.

[13] MA Xiaohong. A report on the E-C translation of Moving Boxes by Air (Excerpts)[D]. Sichuan: Chengdu University of Technology, 2023.

[14] NING Ling, ZHAO Bin, YANG Hai. An analysis of the strategies in aeronautical engineering translation[J]. Chinese Science & Technology Translators Journal, 2013, 26(02): 5-8.

[15] SONG Danqing. Translation practice report of New Air Transport Scheme[D]. Liaoning: Dalian University of Technology, 2016.

[16] TAN Zaixi. Translatology[M]. Wuhan: Hubei Jiaoyu Publishing House, 2000.

[17] WANG Shengwei. On the logical representation in informational text[D]. Liaoning: Dalian University of Foreign Languages, 2022.

[18] WEN Jun, LI Peijia. On the translation methods of aerospace English terms[J]. Journal of Guangdong University of Foreign Studies, 2011, 22(03): 27-31+42.

[19] XU Aiai, RAN Mengyao, CHEN Shuyuan, LI Wenxiu. On the establishment and application of civil aviation English corpus[J]. English on Campus, 2017, (44): 193-194.

[20] XU Yun, MU Lei. Chinese translation studies (1949-2009) [M]. Shanghai: Shanghai Foreign Language Education Press, 2009.

[21] YANG Fan. A report on the E-C translation of Aviation Instructor's Handbook (Chapter 8) [D]. Beijing: Civil Aviation University of China, 2020.

[22] YAO Jun. Modern aviation history of China[M]. Zhengzhou: Elephantpress, 1998.

[23] ZHANG Jian. Report on translating popular science writings under the guidance of Peter Newmark's communicative translation theory: A case study of Coming Home: Reentry and Recovery from the Space[D]. Beijing: Beijing Foreign Studies University, 2019.

[24] ZHANG Qun. A survey report on the sue of Chinese translation of civil aviation flight manuals——A case study of Airbus A330/A340 Flight Crew Operating Manual of China Southern Airlines[D]. Beijing: Civil Aviation Flight University of China, 2022.

[25] ZHANG Wei. Overview of translation studies in China: A statistical analysis of research projects funded by the National Social Science Foundation (2000-2013) [J]. Foreign Language Teaching and Research47, 2015, (01): 106-118+161.

[26] ZHAO Lihua, SHEN Weihua. Machine translation: quality comparison between Chinese and English translations of civil aviation texts[J]. China Flights, 2021(22): 113-116.

[27] ZHAO Lizhu, ZHANG Yanling. A study of translator's subjectivity in legal translation from the perspective of appraisal theory——A case study of the English version of civil aviation law of the People's Republic of China[J]. Chinese Journal of ESP, 2021 (02): 103-111+118.

[28] ZHAO Wen. Differences in the translation of aviation terms between the two sides of the Taiwan strait from the perspective of term variation[J]. China Terminology, 2022, 24(04):

78-85.

[29] ZHU Bo, WANG Wei. On the translation of terms in civil aviation professional terms——Taking ICAO terms as an example[J]. Chinese Translators Journal, 2013, 34(06): 94-98.

[30] ZOU Weidong. Break through the bottleneck of aviation technical knowledge and train high-quality aviation translation talents[J]. Journal of Seeking Knowledge Guide, 2015(22): 149-151.

基于隐喻连贯的航天英语本体隐喻翻译探究

——以 *A History of Near-Earth Object Research* 翻译为例[①]

郑学龙[②] 武光军[②]

摘 要：本文主要探讨航天英语中的隐喻特征、隐喻翻译策略及其所构建的隐喻连贯。以实现隐喻连贯为旨归，本文以 Dobrzynska 提出的三种隐喻翻译策略：M→M，M1→M2 和 Metaphor→Paraphrase，以及四种隐喻翻译的认知模式：等价映射、变价映射、配价映射和换价映射为框架，探讨航天英语文本中发现的两类不为我们所熟悉的隐喻本体及在翻译中如何实现其隐喻连贯。通过分析，本文发现换价映射的认知模式和 M1-M2 与 M-P 的翻译策略更适合航天英语的隐喻翻译实践，更有利于在译文中实现隐喻连贯。

关键词：航天隐喻；翻译；隐喻连贯；映射

A Study on the Chinese Translation of Metaphors in Astronautic English: A Case Study on Translation of *A History of Near-Earth Object Research*

Abstract: This study aims to explore features of metaphors and strategies employed in translation of metaphors for metaphorical coherence in English for Science and Technology (EST), especially in astronautic English. This study integrates the three metaphor translation strategies proposed by Dobrzynska: M→M, M1→M2 and M→P, and the four cognitive models involved in metaphor translation: mapping, de-mapping, value added mapping and value shifted mapping. Within the chosen text, two main types of metaphors and their

---

① 基金项目：北京市共建项目专项资助。

② 作者简介：郑学龙，北京航空航天大学外国语学院硕士研究生；武光军，北京航空航天大学外国语学院教授、博士生导师。

translations are exemplified and analyzed. It is found that value-shifted mapping and M1-M2 & M-P strategies fit the translation of metaphors in astronautic English, by which the metaphorical coherence is easier to be established in translation.

Keywords: astronautic text; metaphor translation; metaphor coherence; mapping

1 引 言

1980 年,Lakoff &Johnson 发表 *Metaphors We Live By*,将隐喻从修辞层面提升到了认知层面。自此,隐喻作为一种认知活动,引起了广泛的研究兴趣。隐喻在语言中的普遍性决定了隐喻翻译在翻译实践中的价值。纽马克(1981)指出,隐喻翻译是一切语言翻译的缩影,因为隐喻翻译给译者呈现出多种选择方式:传递意义、重塑形象、对意义或形象进行修改或结合等。科技语言文体、语用等诸多方面的特征(卜玉坤 2011:73)和不同语言间科技文本惯用隐喻的认知差异致使隐喻翻译成为科技翻译中的难点。

目前国内对于科技英语(EST)的隐喻翻译研究主要关注两个领域:

① 专业术语的隐喻翻译。卜玉坤(2011)在认知视域下探讨了科技英语喻义的照意汉译策略;谷峰(2018)总结了中医的四种隐喻术语翻译策略:回译、释义、音译+注释、文本外增译;李成华(2017)针对藏象术语的英译提出了阐释医理和保持民族特色的原则;吴恩锋、魏汝尧(2006)总结了起重装卸机械术语中的隐喻词汇始源域的范畴:人体器官、人的生物或社会属性、生产工具或生活用品和动植物;

② 基于科技文本语篇的隐喻翻译(高巍、孙凤兰,2020;杨志亭,2021;张莉萍,2016)。

目前航空航天文本中的隐喻翻译研究较为少见。航空航天作为一个包含物理、化学、地理、生物、天文、计算机等多门学科的综合学科,其文本作为科技英语隐喻翻译研究的对象具有一定代表性。同时,航空航天文本往往涉及到各国语言文化等内容,从中西方对航空航天任务的命名便可见一斑,这也构成了航空航天文本隐喻翻译的一大特色。

本文以航空航天文本的隐喻翻译为研究对象,结合 Lakoff(1980)提出的隐喻连贯的特征,对航空航天文本中的隐喻本体进行研究,并就其中隐喻翻译的映射模式进行探索,讨论航空航天英语中隐喻翻译的适用策略,以期为该类文本的翻译实践提供参考。

2 隐喻翻译研究综述

隐喻翻译的研究兴起于20世纪80年代，至今仍是翻译研究的热门领域。Dagut (1976)首次将隐喻引入了翻译界，强调了隐喻在翻译研究中的意义。随后，Broeck (1981)提出了隐喻翻译的三种方法：严格意义上的翻译、替换和释义。Toury(1995)在总结前人成果的基础上，一反前人的研究习惯，提出了两种新的隐喻翻译策略：非隐喻译为隐喻和"0"译为隐喻(指在源文本空白处的基础之上在译文中增加或创造隐喻)。近年来，一些学者将多模态引入隐喻翻译。Alice & Elena(2019)在科普教育文本的隐喻翻译中提出了由多模态隐喻向单模态隐喻转变的策略。

在Lakoff &Johnson(1980)发表*Metaphors We Live By*之后，认知视角下的隐喻翻译研究才开始兴起。Schnäffer(2004、2017)将隐喻的可译性与源语文化和目标语文化之间的概念系统联系起来，认为隐喻是"人类社会思维过程的基本资源"，同时强调隐喻翻译会受到时间限制和机构安排的影响。认知视角的引入为隐喻翻译研究提供了新的路径。纽马克(1981)提出了隐喻翻译的七种策略：保留意象、替换意象、保留意象并译为明喻、明喻加注释、意译、隐喻调整和删除。纽马克的隐喻翻译策略基于他对隐喻做出的详细分类，在实用性上或许更胜一筹，因而在隐喻翻译研究中的应用也较为广泛，但是相比之下该隐喻翻译策略对隐喻翻译中认知努力的关注较少。

Dobrzynska(1995)提出了译者在翻译隐喻中的三种策略：①使用与原隐喻精确对等的隐喻(M-M)；②在保证相同意义的前提下使用另一个隐喻替换(M1-M2)；③释义(M-P)。这与Broeck(1981)提出的三种隐喻翻译方法类似，但却并未局限于修辞层面。此外，Dobrzynska (1995)还认为隐喻翻译中的语篇连贯也不容忽视。语篇衔接和连贯的重要实现手段之一是"主位-述位"的衔接(胡壮麟，1994)。其中"主位-述位"衔接的三种基本模式中，前两种分别是重复前句中的主位从前句述位中发展出新的主位。这与下文中Lakoff提出的隐喻连贯的构成不谋而合。隐喻母集往往在前句中可以作为主位，而后面的句子中的主位由隐喻母集的子用例承担时，隐喻的连贯便与语篇的连贯相辅相成。这些研究为我们研究航空航天领域中的隐喻翻译提供了重要思路。

3 本文的理论框架

Dobrzynska(1995:598)认为，将隐喻迁移至另一种语言的文本中所涉及的问题主要有两类：①存在超越了特定文化群体边界的隐喻；②隐喻的意义是由刻板化的词汇内涵类型的联系所构建的。Dobrzynska (1995)还指出，隐喻翻译策略的选择应基于翻译文本的类型，让译文的隐喻与语篇的连贯性保持一致。

3.1 隐喻连贯

Lakoff(1980)认为，同一隐喻的子用例(subcase)共同继承(metaphorical entailment)了其母集的主要特征，尽管不同子用例隐喻之间不一致，但却存在着隐喻连贯，并且不同隐喻间的联系往往是连贯多于一致。而之所以会出现这种情况，是因为没有任何一个单独的隐喻可以胜任勾画出完整清晰的概念这一任务，但当多个隐喻共同运行时，每一个隐喻都构建了概念的一部分，从而共同提供了一个整体概念的连贯理解。因而，那些看似随机出现的隐喻实际上并非随机，而是整个隐喻系统的一部分。Lakoff(1980:86)从两个方面来定义隐喻中的连贯：①单个隐喻内的连贯；②单个概念多个方面的连贯。例如，争论是一场旅行，旅行中包含了开始、线性前进等概念，同时旅行又预设了道路、路的表面等等一系列隐喻载体，这便是单个隐喻内的连贯。而单个概念两方面的连贯则指的是同一概念的多个隐喻相互独立但却又有相互重合的特征。如旅行和容器隐喻，同时预设了“表面(surface)”这一概念。

3.2 映射理论

为了实现译文中的隐喻连贯，就需进行不同层面的认知映射。谭业升、葛锦荣(2005)指出，认知语言学中的隐喻理论为系统化的隐喻翻译研究提供了隐喻概念映射系统的支持。映射理论最初源于Lakoff(1980)对经验现实主义的探讨，经由Fauconnier(1997)概念整合理论的发展，刘华文(2003)、王子颖(2015)、陈家旭(2016)对英汉隐喻翻译的映射模式进行了总结，其中王子颖(2015)和陈家旭(2016)均使用了等价、变价、换价和配价的映射模式。

映射的基本要素是源认知域和目的认知域。在源语中社会环境、文化习俗、生活方式等因素的影响下，源域向目的域的映射模式带有较为明显的源语特征，而在翻译过程中，译入语的对应因素影响并不一定会和源语隐喻的影响完全一致，这决定了源语和译入语中的源域向目的域的映射模式可能存在一定差别(王子颖，2015)。其中，等价映射依赖于人类社会共有的现实经验。当翻译中源语和目的语在其认知模式上产生了概念的通约(王子颖，2015)，源语中的认知模式与译入语中的认知模式相同或相似，那么该映射模式下的意象图式和价元便可在译入语中得以保留，就构成了等价映射。但当翻译中涉及的价元无法被共有的社会经验所涵盖，便产生了变价映射、换价映射和配价映射。变价映射是指当源语和译入语的映射模式存在区别，源语中源域和目的域认知模式不被译入语接受，而译入语中又难以找到可以加工的价元时，对源语中的映射关系进行消解的过程。这主要体现在一些固定语言特有的价元上。例如，英语中“clouds”这一价元映射“一大群”这一量词的目的域，但中文尚未接受这一映射关系，那么在翻译中便可直接移植目的认知域的概念，舍弃源域的价元。相比于等价映射和变价映射，换价和配价则是二者的妥协。换价映射指在等价映射的基础之上对译入语源域的价元进行置换，以求得译语与源语在目的认知域上的最大契合(王子颖:2015)。换价映射的前提是源语中源域和目的域构建的认知模式不被译入语所接受，而译入语中又恰好可以找到具有相似意象图式的价元，此时便可将源语中源认知域的价元替换为译入语中的新价元，以在译文中传达相同的认知概念。当源语中的认知模式无法被直接移植到译入语中时，除了考虑换价和变价的可能之外，还可以在保留源语中价元，调整译入语源认知域的基础之上进行配价，以达成完整的映射关系，这便是配价映射。相比于等价映射的直接移植，配价映射要求译者在翻译过程中增加目的语源认知域价元的认知显现度，寻求与译入语认知模式的契合。

4 基于隐喻连贯的航天英语隐喻翻译的映射机制与翻译策略

根据 Lakoff(1980)对隐喻连贯的理念，本篇选取的近地天体研究文本为 Conway 等人 (2022)合著的 *A History of Near-Earth Object Researc*h 一书中的引言和第一章、第二章，主要发现了幽灵隐喻、天气隐喻、旅行隐喻、健康隐喻、战争隐喻、火焰隐喻、战争隐喻等母集，均有连贯规则下各自的子用例，具体参见表 1。其中大部分隐喻在整本书中均有大量分布，但为方便研究和统计数量，只选取引言部分与前两章的隐喻。其中幽灵隐喻的数量较多，其包含的子用例包括人口、回归、幽灵、灵体显现、造访、迷路和预言等，共同继承了母集幽灵隐喻的特征；天气隐喻的子用例包括云和雨；健康隐喻的子用例包括侏儒、死亡和寿命等；火焰隐喻的子用例包括照亮、火花、提供燃料、煽火和阴燃等。这构成了单个隐喻内的连贯。而根据其隐喻本体的分类，幽灵、天气、旅行和健康隐喻的本体均是近地天体，战争、火焰和政治的本体则是近地天体研究，这构成了单个概念多个方面的连贯。

表 1　隐喻类别及其比例

隐喻类型及数量	本　体	隐　喻	比例/%
幽灵隐喻(29)	近地天体	population (3), return (4), apparition (4), visitation (2), warnings (2), visit (or) (6), stray (2), foretell (2), portend, relics, agent(3)	41.43
天气隐喻(4)	近地天体	cloud (2), showers (2)	5.71
旅行隐喻(4)	近地天体	trail (4)	5.71
健康隐喻(4)	近地天体	dwarf (2), demise (1), longevity	5.71
战争隐喻(19)	近地天体及研究	mission (2), defense (5), deflect (3), strike (8), airburst	27.14
火焰隐喻(7)	近地天体研究	illuminate, spark (2), fuel (2), fan, smolder	10
政治隐喻(3)	近地天体研究	candidate (2), central authority	4.29

由表1可见，本篇航空航天文本中隐喻多为战争隐喻和幽灵隐喻，而战争隐喻在隐喻翻译研究中出现较为频繁。结合隐喻源语及其翻译可发现，该文本中的幽灵隐喻具有明显的西方宗教和神话色彩，而译文则倾向于中文里具有神话色彩的表达。除此之外，原文中较多比较具体的隐喻如天气隐喻和火焰隐喻，除已普遍接受的通行译文外，均需在语篇连贯的基础之上进行释义。

本研究中源语的隐喻本体主要为两类：近地天体和近地天体研究，全文的隐喻主要包括：幽灵隐喻、天气隐喻、旅行隐喻、健康隐喻、战争隐喻、火焰隐喻和政治隐喻。其中前四类隐喻本体为近地天体，后三类则为近地天体研究。

4.1 等价映射与 M-M 策略

当源语中源认知域和目的域构成的认知模式与译入语的认知模式相近或相同时，便构成了隐喻翻译里的等价映射。在翻译策略上则体现为可以采取直译的策略，源语的隐喻可以直接移植到译入语中，并保留原来的认知模式。在本研究中具体表现为一些人类共有的生活经验和常识作为隐喻时在翻译时可以保留，如天气、战争、旅行等跨越语言和民族习惯的事物。

例(1)

原文：They are the result of Earth's passage through the debris trails of comets or asteroids, with the Perseids, for example, originating with Comet Swift-Tuttle and the Geminids with asteroid 3200 Phaethon. And there are other such showers, too. (*A History of Near-Earth Object Research*)

译文：流星雨是地球在穿过彗星或小行星的残骸足迹时产生的现象，如英仙座流星雨就是源于斯威夫特-塔尔特彗星的残骸，而双子座流星雨则是源于小行星3200法厄同的残骸。当然，还有其他类似的流星雨。

例(1)中“trails”和“showers”分别为旅行隐喻和天气隐喻，描绘了小行星在外太空运动的画面。而“轨迹”和“雨”在中文和英语里作为客观事物，并无特殊含义，在翻译时也就没有必要强行改变源语，可直接进行等价映射。此外，此处“Perseids”中的复数形式被处理为“……流星雨”，也被归入天气隐喻的范畴，属于等价映射。而“passage”这一旅行隐喻则采用了变价映射的策略。

例(2)

原文：The Chelyabinsk airburst was a visual event that could be widely shared—and broadcast worldwide.

(*A History of Near-Earth Object Research*)

译文：这次车里雅宾斯克的空中爆炸有视频为证，可以在全球广泛流传，并在电视上播放。

例(2)中的“airburst”作为一种不易察觉的战争隐喻，同样是人类共有的社会经验，在翻译时采取直译的方法即可。“Airburst”原指军事行动中的空炸或空爆，描述了小行星在进入地球大气层后在空中解体爆炸的情景。空中爆炸在中文中并不是一个明显的军事术语,因此在翻译时保留源语的认知模式,采取等价映射的策略,继续沿用"空中爆炸"的表述即可。

4.2 变价映射与 M-P 策略

当源认知域与目的认知域的映射关系在目的语中难以通过其原有的认知模式向读者传达本意时,就有必要置换源语中认知域价元。这在航天英语的隐喻翻译中则表现为一些英语中常见但在中文中少见或没有的隐喻在翻译时将面临 M-P 的隐喻消解过程,通过释义的方式保留其目的域的认知。

例(3)

原文: These clouds of near-Earth objects have names—the "Perseids" occur in August, while the "Geminids" occur in December.

(*A History of Near-Earth Object Research*)

译文:这些"近地天体群"有各自的名字——英仙座流星雨出现在八月,而双子座流星雨出现在十二月。

此例中"clouds"作为一种天气隐喻,意在向读者描绘这些近地天体的聚散形态。但是中文"云"的意象并没有群或大数量的含义,反而常与柔软、棉花、洁白等特征或事物联系在一起,因而,在翻译本处隐喻时,译者可采取释义的策略,通过变价映射,适当舍弃源语中源认知域中的价元,用"群"替代"云",避免该认知模式与译入语产生冲突。

例(4)

原文: Ancient civilizations knew of them, though they generally interpreted them as signs from their gods, and not as we do: as relics of the solar system formation process.

(*A History of Near-Earth Object Research*)

译文:古代文明也知晓这些天外来客,尽管他们通常将其视为他们神灵的旨意,而我们则将其视作太阳系形成过程中的遗物。

原文中"relics"具有较明显的宗教内涵,在 Merriam-Webster 词典中的解释为"an object esteemed and venerated because of association with a saint or martyr",指因与圣人或殉道者有联系而受到尊敬的物体。然而,西方盛行的几种宗教,如基督教,在中国却很少有历史上的大流行。将撞上地球的小行星视为圣人的遗体或遗物显然是西方现代文明(译文中的"我们")对小行星的神化。在翻译时为避免过浓的宗教色彩,可处理为"遗物",通过变价映射策略,只保留目的域中的价元,同时也消解了源语中太阳系形成的宗教内涵。

例(5)

原文: Fanned by several dramatic eruptions of Vesuvius and Etna starting in the 1760s and followed by alleged observations of lunar eruptions, support for a lunar origin for meteorites persisted into the middle of the 19th century, eventually to be defeated by dynamical considerations.

(*A History of Near-Earth Object Research*)

译文:始于 18 世纪 60 年代的几次维苏威火山和埃特纳火山大喷发,以及随后声称对月球火山喷发的观测,促使陨石起源于月球的观点持续到 19 世纪中叶,最终被动力学否定。

本例中的"fanned"和"defeated"为火焰隐喻和战争隐喻,用以描绘近地天体研究的整体动态和不同论派之间的激烈态势,译文通过进行变价映射,适当避免了源语认知模式在译入语里的冲突。"fan"在英文中本就可以用来表示促进之意,意寓近地天体研究是一团火焰,而在中文里也有"煽风点火"的说法。但相比之下,"fan"的隐喻更多是积极、正面的事物的推进,而煽风点火等有关火焰的隐喻则有明显贬义。故而,在面临火焰隐喻的源语和译入语目的域的冲突时,便可采取 M-P 的策略,处理为"促使"。"defeated"在原文中作为战争隐喻,并不符合译入语的语言习惯和该篇文章的语篇连贯性特征,故而也可采取 M-P 的策略。

4.3 换价映射与 M1-M2 策略

当源语中源域与目的域的映射模式在译入语中不被接受时,除 M-P 策略还可考虑使用 M1-M2 的策略,即用译入语中已有隐喻的价元来置换源语中受到排斥的价元。在本研究中则体现为航天文本中一些隐喻被置换为更贴近中文文化的隐喻,以求得译语与源语在目的域得最大契合(王子颖,2015)。

例(6)

原文:Locals, who were reluctant to talk about the event, believed the blast was a visitation by the god Ogdy, who had cursed the area by smashing trees and killing animals.

(*A History of Near-Earth Object Research*)

译文:当地人并不愿谈论这件事,他们认为这次爆炸是神仙显灵,通过毁坏树木、杀死动物来诅咒这片区域。

"visitation"意为神明显现或视为上帝惩罚的天灾,同样具有非常明显的宗教色彩,将近地天体视为幽灵,是典型的幽灵隐喻。相应地,在中文中也有类似的隐喻表达,如神仙显灵。虽然"Ogdy"这一具体的神明名称在翻译过程中被隐去,但通过换价映射,源语中西方宗教的认知模式向中国传统神话的转变让译入语和源语在目的域上达成了契合。

例(7)

原文:They are still the largest known asteroid population, and one, Ceres itself, was later reclassified as a "dwarf planet" by vote of the International

Astronomical Union in 2006.

（*A History of Near-Earth Object Research*）

译文：它们仍然是已知的最大小行星群，其中一颗谷神星后来在2006年经国际天文学联合会投票被重新归类为“矮行星”。

“Population”在此处的翻译与例(3)中的“clouds”隐喻的翻译异曲同工，均属于M-P和变价映射的范畴，但结合整段篇章的语境来看，其隐喻本体类型属于幽灵隐喻，与其他数种幽灵隐喻共同构成了单个隐喻内的隐喻连贯。

“dwarf”原意为侏儒，作为近地小行星的健康隐喻，旨在描绘某一部分小行星的形态特征。虽然“矮行星”的翻译已经广泛被接受，但其翻译过程的映射模式仍然值得探讨。原“dwarf”指神话中有魔法的小矮人，在一些西方文学中也多为正面的形象，如《白雪公主和七个小矮人》的故事中，小矮人便是正义、可爱、善良的形象。但在中文中，侏儒一词更倾向于病理上的含义，并无过多的隐喻内涵。相比之下，中文中却有“短小精悍”等类似的褒义表述。用“矮”代替“侏儒”更加契合译入语的认知习惯。

4.4 配价映射与M1-M2、M-P策略

在翻译中，有时源语和译入语在某一事物上有着相似的认知和映射模式，但也存在细微的差别。这时，源语中的源域和目的域构建的认知模式虽然可以直接移植到译入语中，但还存在认知过程的细微摩擦，这为译者提供了进一步优化翻译策略的空间。在本篇选取的篇章中，具体表现为某些本体的隐喻翻译可以在保留隐喻的基础之上进行半解释性的补充，这种补充或是添加修饰性的前缀，或是根据语境补齐隐去的成分。

例(8)

原文：Interestingly, for most of human history, these apparitions were often imbued with malign intent—they were, in other words, seen as portending ill.

（*A History of Near-Earth Object Research*）

译文：有趣的是，对大多数人类历史来说，这些恶灵总是来者不善——换句话说，它们是不祥之兆。

例(8)中“apparitions”作为幽灵隐喻最根本的喻体，仅有逝去之人的鬼魂、幽灵的意思，是一个完全没有褒贬含义的客观词汇。这也与西方的宗教文化有关，对于幽灵这一生物并没有特殊的褒贬情感。虽然中西方对幽灵的基本认知相似，都具有无实体、行踪不定等特征，但在中国文化中，对于鬼魂往往有着明显的善恶之分，一些民间传说中也常有鬼魂与人为善或友好相处的片段，如《倩女幽魂》《聊斋》等经典民间传说。在译入语有着既定的认知模式分野且源语语境符合的前提下，译者可以充分发挥翻译的作用，将源语中的价元稍做增添或修饰，通过配价构建出更贴合译入语的目的域映射模式。

例(9)

原文:Deflecting specific threats was one recurrent theme of discussion.

(*A History of Near-Earth Object Research*)

翻译:对小行星实施反导计划是讨论的高频话题。

"deflecting"作为战争隐喻的连贯,原指击中某物后使其偏移,在战争中属于反导这一军事行动。而通过配价映射将源语中隐去的言下之意在译入语中明确表述出来,"对小行星实施反导计划",相比于源语"反导小行星"的表述更加契合译入语的语境。因为中文里"反导"作为一个专业军事词汇,并没有英文中"deflect"由使物体偏移这一基本动作延伸至反导的认知模式。

5 结语

本研究着眼于隐喻连贯和隐喻翻译的映射模式,选取了航空航天英语文本及其翻译作为案例,综合隐喻翻译的映射理论和 Dobrzynska 提出的隐喻翻译的三种策略,对航空航天英语中的隐喻类型、特征和适用的隐喻翻译策略进行了探索。研究发现:①英汉航空航天文本中的隐喻有着明显差异。英语航空航天文本的隐喻存在较多西方宗教和神话色彩的认知,而中文航空航天文本的隐喻则倾向于传统东方神话的表述,不同语言的航空航天文本往往有着各自语言文化中宗教或神话认知的影子;②隐喻连贯适用于存在于航空航天英语文本的研究,且不同隐喻有其适用的范围,以本篇文本中较为典型的两种隐喻为例:幽灵隐喻通常在生动的故事性语篇中呈现,而火焰隐喻在客观的叙事性语篇中出现的更为频繁,这为隐喻翻译实践中连贯隐喻和语篇连贯提供了参考;③在认知模式和翻译策略上,变价映射与 M-P 策略和换价映射与 M1-M2 策略在契合译入语源域和目的域的认知模式上更具适切性,应用范围也广,其作用主要有二:一是可以消解源语中不便向译入语传达的宗教内容和与译入语冲突的认知模式;二是为与译入语的认知模式达成契合提供了可能。

参考文献

[1] ALICE D, ELENA S. Translating science for young people through metaphor [J]. The Translator, 2019(25): 369-384.

[2] BU Yukun, YANG Zhong. 2011. Meaning-based strategies of E-C translation of EST lexical metaphor: a cognitive study [J]. Foreign Languages and Their Teaching, 2011(03):73-77.

[3] CHEN Jiaxu. Metaphor cognition in finance reports and its translation study [J]. Shanghai Journal of Translators, 2016 (06): 22-27.

[4] CONWAY E, D YEOMANS, M ROSENBERG. A History of Near-Earth Object Research. Washington: National Aeronautics and Space Administration, Office of Communications,

NASA History Division, 2022.

[5] DAGUAT M. Can metaphors be translated [J]. Babel, 1976, 22(1): 21-33.

[6] DOBRZYNSKA T. Translating metaphor: problems of meaning [J]. *Journal of Pragmatics*, 1995, 24(6): 595 - 604.

[7] FAUCONNIER G. Mapping in Thought and Language [M]. Cambridge: Cambridge University Press, 1997.

[8] GAO Wei, SUN Fenglan. Metaphorical functions in technical discourse and its translation: based on Brief History of Time and its Chinese version [J]. Shanghai Journal of Translators, 2020(03): 29-33+89.

[9] GU Feng. English translation of metaphorical terminology in Shang Han Lun from the perspective of conceptual metaphor cognition [J]. Chinese Journal of Integrated Traditional and Western Medicine, 2018, 38 (03):361-364.

[10] HOLYOAK K J, STAMENKOVIC D. Metaphor comprehension: A critical review of theories and evidence [J]. Psychological Bulletin, 2018, 144(6): 641 - 671.

[11] HU Zhuanglin. Textual Cohesions and Coherence [M]. Shanghai: Shanghai Foreign Language Education Press, 1994.

[12] LAKOFF J. Metaphors We Live By [M]. University of Chicago press, 1980.

[13] LI Chenghua. A Metaphorical Cognitive Study on Visceral Manifestation Terms and Their Translation [D]. Shandong: Shandong University of Traditional Chinese Medecine, 2017.

[14] LIU Huawen. Mapping and de-mapping in English Chinese translation [J]. Journal of PLA University of Foreign Languages, 2003(05):55-59.

[15] NEWMARK P. *Approaches to Translation*[M]. Oxford: Pergamon Press, 1981.

[16] SCHAFFNER C. Metaphor and translation: Some implications of a cognitive approach [J]. Journal of Pragmatics, 2004 (7): 1253-1269.

[17] SCHAFFNER C. The Routledge Handbook of Metaphor and Language [M]. London: Routledge, 2017.

[18] TAN Yeshen, GE Jintong. On cognitive conditions of metaphor translation [J]. Journal of PLA University of Foreign Languages, 2005(04):59-63.

[19] TOURY G. Descriptive Translation Studies and Beyond [M]. John Benjamins Publishing, 2012.

[20] VAN DEN BROECK R. The limits of translatability exemplified by metaphor translation [J]. Poetics Today,1981,2(4): 73 - 78.

[21] WANG Ziyin. The similarities and differences between Chinese and English cognitive models and their translation [J]. Shanghai Journal of Translators, 2015(03):34-36.

[22] WU Eefeng, WEI Ruyao. The cognitive features and translating strategies of metaphorical vocabulary [J]. Terminology Standardization and Information Technology, 2006 (02): 26-29.

[23] YANG Zhiting. An analysis of de-metaphorization in sci-tech translation from the perspective of cognitive metaphor theory [J]. East Journal of Translation, 2021 (03):

31-36.

[24] ZHANG Liping. A study of metaphoric function and translation of nominalization in policing English discourse [J]. Technology Enhanced Foreign Language Education, 2016(01): 73-78.

航天汉英口译词汇特征研究

——以神舟十六号载人飞行任务新闻发布会为例[①]

洪旻昊[②]　邱颖茵[②]　郑　薇[②]

摘　要：本文以航天汉英口译词汇特征为研究对象，选取2023年神舟十六号载人飞行任务新闻发布会现场口译及美国国家航天局(NASA)Space X Crew-7飞行任务发布会为研究语料，利用AntConc和WordSmith等语料库研究工具分析两篇语料的标准化类符/形符比、词汇密度、平均词长和高频词汇等词汇特征指标。研究结果显示，与英文原创语料相比，口译语料用词更加复杂，语言表达更为正式，听众的接受度偏低。本文认为，两篇语料出现词汇特征差异是受到语境和源语等因素的影响，并据此提出改善航天领域汉英口译质量的相关建议。

关键词：航天口译；词汇特征；新闻发布会；语料库工具

Lexical Patterns in Aerospace Chinese-English Interpreting: A Case Study of the Shenzhou-16 Manned Spaceflight Mission Press Conference

Abstract: This paper aims to investigate the lexical patterns of Chinese-English interpreting in the field of aerospace. The on-site C-E interpreting of Shenzhou-16 manned spaceflight mission press conference and the NASA Space X Crew-7 mission news briefing are chosen as the research texts. Employing corpus tools such as AntConc and WordSmith, this paper analyzes lexical indicators including standard type-token ratio (STTR), lexical density, mean word length, and high-

---

① 基金项目：北京市共建项目专项资助。

② 作者简介：洪旻昊，男，北京航空航天大学硕士在读，研究方向：科技翻译，电子邮箱：minhao_hong@buaa.edu.cn；邱颖茵，女，硕士在读，研究方向：科技翻译、交替传译、电子邮箱：1764430916@qq.com；郑薇，女，北京航空航天大学教授、研究方向：科技翻译，同声传译及交替传译，电子邮箱：zhengw@buaa.edu.cn。

frequency word. Statistical results reveal that the interpreted discourse is more complex in wording and adopts a formal language style, leading to a reduced level of audience acceptance when compared to the original English discourse. This paper reckons that these differences result from such factors as different contexts and the influence from the source language, and provides advice for improving the quality of aerospace C-E interpreting.

Keywords: aerospace interpreting; lexical patterns; press conference; corpus tools

1 引 言

航天业不仅是一个国家经济水平、科研能力及军事实力的真实写照，更是其综合国力和国防实力的重要象征。中国历来高度重视航天探索和航天科技创新。2013年6月12日，习近平总书记在同神舟十号航天员亲切通话时表示："航天梦是强国梦的重要组成部分。"随着中国航空航天事业的蓬勃发展，航天领域的国际交流日益增多，航天口译的需求不断涌现。典型的应用场景包括：航空市场开拓、经贸往来、商务合同谈判、技术交流、技术培训与讲座、售后保障等(夏皓，2020:120)。

作为我国航天事业的重要组成部分，中国载人航天工程确立了"三步走"的发展战略目标。30多年来，中国深入掌握载人航天技术，执行了多次载人飞行任务。每次执行任务之前，中国载人航天工程办公室都会举行例行新闻发布会，发布飞行任务的相关资讯，并回答记者提问。多年来，神舟载人飞行任务新闻发布会已成为中国对外宣传航天事业发展的一个不可或缺的重要窗口。发布会上，发言人通常会用汉语回答记者的提问，然后由译员现场将发言内容口译成英语，以便外语听众更清楚地了解会议发布的信息。因此，载人航天飞行任务例行记者会上的汉英口译质量如何，不仅关系到信息传递的完整性和准确性，还直接影响我国航天事业对外宣传的效果。

航天领域的专业知识和术语较为复杂，涉及多学科和交叉专业，对口译员的语言能力和专业背景提出了较高要求。目前，针对航天领域记者会口译的研究相对较少，且大多只是研究航天口译的翻译策略、对译文中航天术语等部分词汇以及句法进行定性分析，鲜少有学者研究航天口译词汇的总体特征。

本文利用语料库研究工具，对神舟十六号载人飞行任务新闻发布会现场口译转写语料的词汇特征进行分析研究，并与同一体裁的美国国家航天局Crew-7飞行任务发布会转写语料进行比较，分析二者词汇特征的差异，探讨产生差异的原因，并据此提出改善中国航天任务记者会汉英口译质量、提高中国航天事业外宣效果的相关建议。

2 研究背景

随着翻译学研究逐步走向成熟，越来越多的学者开始着眼于对翻译过程的研究。最早运用语料库语言学工具对翻译过程进行研究的是英国曼彻斯特大学的 Mona Baker 教授，他最先建立起世界上第一个翻译语料库（Translation English Corpus，TEC），并在此基础上提出“翻译共性”（translation universals）的假设。Baker（1993：243）将其定义为“翻译文本而非源语文本中出现的典型语言特征，且这些特征不是语言系统相互作用的结果”。研究翻译共性既可以采用单语语内对比的模式，也可以采用双语语际对比的模式，其中研究论述较多的主要集中于词汇或句法的显化、简化、范化等现象。

实际上，对于翻译文本词汇特征的研究也是一种对于翻译共性的研究。不同类型的文本译文会体现不一样的词汇特征。目前，国内学者对词汇特征的研究多聚焦于文学、新闻、商务合同、法律类文本，且多为笔译文本。例如，王克非和胡显耀（2010）通过建立汉语翻译文学语料库及汉语母语文学语料库，并对其中语料进行对比分析，发现汉语文学翻译中人称代词的显化现象较多。王立松和赵晗（2018）通过自建两个语料库，对比国内翻译英语新闻与原生英语新闻词汇特征，重点对比了动词特征，探究了翻译新闻和原生新闻之间的词汇差异。曾江江（2020）通过自建小型英汉双语平行语料库对比分析《浮生六记》三个英译本，对词汇特征量化指标如词性分布、类形符比、平均词长等进行统计和分析，得出三位译者不同的翻译文体风格。

现有的科技文本词汇特征研究，多集中于概括科技文本词汇的构成及其翻译策略，或对部分词汇、句子进行定性研究。又或是针对某一领域的笔译文本，利用语料库工具自建类比语料库，定量分析该领域译语文本的词汇特征。近年来，越来越多的学者将语料库研究方法应用于翻译共性研究，研究领域也从笔译范畴扩展到了口译。航天科技口译作为科技领域的重要组成部分，有其独特的词汇运用特征，但并未得到国内外学者的重视，鲜有相关文献。鉴于此，本文将基于以上研究背景，采用单语语际对比模式，利用语料库研究工具对所选语料进行标注、检索和分析，探讨航天口译英语与原创口语英语在词汇特征上的差异，希望能够丰富航天口译方面的研究。

3 研究设计

3.1 语料来源

本文选用两篇语料进行对比分析，第一篇语料为 2023 年 5 月 29 日召开的神舟十六号载人飞行任务新闻发布会现场口译(以下称“口译语料”),由于发布会后半场无现场交传口译,本篇语料仅节选了有交传口译的部分,包含信息发布和发言人答记者问两个环节。第二篇是 2023 年 7 月 26 日召开的美国国家航天局(NASA)Space X Crew-7 飞行任务发布会的原创英语口语语料(以下称“原创语料”)。两篇材料分别来源于中国新闻社和 NASA 官方网站。为了方便后期的语料对比分析工作,本文采用科大讯飞旗下的讯飞听见转写器,对两个视频进行文字转写,并进行人工逐字校对,确保语料文本的准确性。转录完成后的语料总体情况如表 1 所列:

表 1　两篇语料转录完成后的总体情况

语　料	时长/分钟	形符数
神舟十六号载人飞行任务新闻发布会	52	3 107
美国国家航天局 Crew-7 飞行任务发布会	46	6 327

3.2　研究工具

为了比较航天口译英语与原创口语英语在词汇特征上的差异,需要事先借助一些语料库软件对语料进行标注和检索,从而获取数据。在研究过程中,本文使用英国兰开斯特大学开发的 Free Web CLAWS tagger 在线网站对两篇语料分别进行词性赋码。在此基础上,使用 Wordsmith 4.0 和 AntConc 4.2.0 两款软件检索数据,包括类符/形符比(TTR)、标准化类符/形符比(STTR)、词汇密度、平均词长和高频词汇等。

3.3　研究指标

为了尽可能全面地揭示航天汉英口译文本的词汇特征,本文选取了三个参数作为研究指标,分别为词汇丰富度(lexical diversity)、词汇密度(lexical density)和平均词长(mean word length)。比较这几项参数之外,本文还将通过分析由 AntConc 得出的两篇语料的词汇数据,比较两篇语料的高频词汇以及动词名词化现象差异。

词汇丰富度(lexical diversity)通过类符/形符比(TTR)进行衡量,TTR 越高,表明译员选择的词汇越多样。然而,使用 TTR 来衡量词汇丰富度有其局限性。若文本中反复出现大量功能词,形符增加的同时,类符不一定增加。在这种情况下,TTR 的结果会降低,无法反映真实情况。因此,Baker(2000:250)提出了标准化类符/形符比(STTR),即文本中每 1000 字的类符/形符比的均值。

词汇密度(lexical density)是指实体词(名词、动词、形容词、副词等)的数量占总单词数的比例。高词汇密度表明实词占比大,即翻译文本中携带的信息量相对较大。但是,过高的信息容量会加大听众的负担。如果词汇密度低,则说明实体词的比例较小，听众的可接受度更大。

平均词长(mean word length)是指文本内单个词汇的平均长度，在英文中以单词的字母数表示。该指标可用于衡量文章的词汇难度，从而得出文本复杂度。一般来说，平均词长的数值越大，意味着文本中使用的长难词越多，语义相对来说越复杂，文本的理解难度越大。

高频词汇(high frequency word)是指文本中出现频率较高的词汇。利用AntConc的词表功能，能够生成除去如the、of、in等无意义词汇外的词表。通过对比文本之间高频词汇的差异，可以得出文本用词的特点以及选词策略的差异。

名词化现象(nominalization)在英语中，是指将作动词、形容词等词性使用的单词转化为名词或起名词作用的词的现象(陈建生、崔亚妮 2010:42)。名词化的表达会使语言更加正式，词汇的含义更加抽象。

4 研究结果与讨论

为了直观地显示两篇语料在词汇特征方面的差异，本文将语料库工具检索的结果按照不同参数整理制作了表格，结果如下。

4.1 词汇丰富度(Lexical Diversity)

从表2可知，口译语料的形符数为3 107，类符数为760；原创语料的形符数为6 327，类符数为1 209。根据WordSmith的计算结果显示，口译语料的TTR数值高于原创语料，而原创语料的STTR数值略微高于口译语料，在此情况下应以STTR数值为准。这表明在词汇使用的丰富度上，口译语料和原创语料相差不大。新闻发布会的属性决定了口译语料会有一定比例的STTR。在载人航天任务新闻发布会上，记者提问和发言人回答涉及空间站的建设发展、航天员的选拔培训、在轨任务的设计实施等多个方面，涵盖范围广、信息量大，因此用到的词汇表达也相应增多。

表2 两篇语料的词汇丰富度参数

	口译语料	原创语料
形　符	3 107	6 327
类　符	760	1 209
类符/形符比/%	24.46	19.11
标准化类符/形符比/%	36.5	36.57

4.2 词汇密度(Lexical Density)

为了计算两篇语料的词汇密度,本文使用 Free Web CLAWS tagger 对全文的词汇进行词性赋码后,利用 AntConc 工具对赋码后的文本进行检索,统计出两篇文章名词、动词、形容词、副词、数词和代词的数量频率,最后数值相加得出两篇语料各自的实词密度。从表 3 的数据可知,口译语料的词汇密度明显高于原创语料,这说明神舟十六号载人飞行任务新闻发布会现场口译所传递的信息量更高,给观众带来的理解信息的压力更大。

表 3 两篇语料的实词频率及词汇密度

	名 词	动 词	形容词	副 词	数 词	代 词	词汇密度
口译语料/%	39	15	10	3	3	3	73
原创语料/%	25	20	6	7	1	9	68

4.3 名词化现象(Nominalization)

本文使用 AntConc 工具的通配符功能对“-tion”“-sion”“-ment”和“-ence”这四类最常用的动词名词化后缀进行检索。表 4 所列为口译语料与原创语料中的名词化现象比较。口译语料中的动词名词化使用频率占到 7.628%,远远超过原创语料的 0.026%。这表明译员在口译过程中往往带有动词名词化倾向,特别是在航天口译中,文本内容本身就涉及大量航天科技术语,不可避免地会使用到大量科技名词。同时记者会问答环节属于正式场合的官方发布,需要营造出客观、正式的色彩,因而口译语料的书面语特征也更加明显。下面是两个例子。

表 4 两篇语料的名词化现象对比

	口译语料频数	口译语料频率/%	原创语料频数/%	原创语料频率/%
-tion	146	4.699	104	0.016
-sion	29	0.933	39	0.006
-ment	48	1.545	12	0.002
-ence	14	0.451	8	0.001
总 计	237	7.628	163	0.026

例 1:

两篇语料均提及载人航天任务的准备工作。表 5 所列为“preparation”在口译语料中的上下文检索结果,结合原创语料中的例句进行对比可以得出,该类表述在口译语料中统一译为名词“preparation”,而原创语料使用了多样化的动宾表达。

表 5　口译语料"preparation * "的上下文检索结果

上　文	关键词	下　文
All pre-launch	preparations	are in order.
more than two hundred intensive trainings and mission	preparation	Facing the large-scale in-orbit application tasks in…
and made comprehensive	preparations	for the mission.
What are the features of the Shenzhou 16 crew and what	preparations	have been made for this mission?
Currently we are also actively carrying out the relevant	preparations	I also very much look forward to and welcome…
At present, they are carrying out the	preparation	work before the Shenzhou 16 crews moving in…

原创语料句①：The vehicles are *getting ready for being prepared* for flight. All the hardware is at the Kennedy's space center at Dragon land for flight.

原创语料句②：They've reviewed the procedures for *preparing* the vehicle.

原创语料句③：We've been working very closely with the launch support program to *set up for* that mission.

原创语料句④：We're controlling multiple missions out of Hangar X already and *in the run up to* Crew 7.

通过进一步在原创语料中对"preparation"进行检索，结果显示，该词两次出现在词组"in preparation for"中，且在句中作插入语使用。由此可见，英语母语者很少单独使用"preparation"或将其直接放在名词之后。本文发现，有关航天员或航天器准备就绪，原创语料多使用"readiness"一词，如"flight readiness review"用于表示飞行前的准备情况检查，"Crew-7 readiness"表示航天员执行任务前的准备情况，而在口译语料中没有找到该词。

例 2：

有关航天员的人选，口译语料中反复使用"selection"一词进行表达，同时还使用"confirmation"表示人选的确定。以下是口译语料中的两个句子。

口译语料句①：China's fourth batch of preparatory astronaut *selection* has been fully launched last year, in accordance with the primary *selection*, reelection, final *selection* of three stages of organizations and implementation.

口译语料句②：After the *confirmation* of Shenzhou 16 crew members in June 2022, three astronauts fully carried out eight categories of more than two hundred intensive trainings and mission preparation.

在原创语料中没有检索到"selection"一词。经检索发现,有些句子使用动词"select"或"build"与航天员进行搭配,也有直接用"have"表示本次任务的航天员人选,但鲜少使用名词进行表述。详见下面三个句子。

原创语料句①:In the spring, we just *selected* two new astronaut candidates.

原创语料句②:It's fantastic to work with all of them and *build* and transport their crew.

原创语料句③:We will *have* ESA crew member on this flight, JAXA crew member on this flight and the Roscosmos crew member.

4.4 高频词汇(High Frequency Word)

本文采用 AntConc 对两篇语料的单个词汇使用频率进行检索,选取两篇语料前十个出现频率最高的词汇进行对比,结果如表 6 所列。从表中结果得出,两篇语料的前三个高频词均为虚词,第四个高频词均出现了实词,分别为"space"和"we"。由于原创语料的语言更加口语化,多使用"we"作为主语,而上文提到口译语料文体更加正式,往往隐去主语,再次印证两篇语料在文体层面的差异。除"we"之外,原创语料的前十个高频词汇中再无实词出现,而口译语料的第九个和第十个高频词汇仍然是实词,分别为"station"和"crew"。也就是说,在两篇语料的前十个最常出现的词汇当中,口译语料的实词数量更多,再次印证了口译语料的信息量更大,词汇的难度更高。

表 6 两篇语料的高频词汇

次 序	口译语料	频率/%	原创语料	频率/%
1	THE	6.83	THE	6.09
2	AND	5.59	AND	3.84
3	OF	3.87	TO	3.36
4	SPACE	2.67	WE	2.90
5	TO	2.50	THAT	2.46
6	IN	2.24	OF	1.84
7	WILL	1.40	A	1.81
8	FOR	1.30	IN	1.58
9	STATION	1.14	FOR	1.44
10	CREW	0.98	ON	1.32

为了更加直观地展示两篇语料的高频实词差异,本文自制停用词表(Stoplist),收入 182 个无意义的功能性词汇和个别干扰性词汇,利用 AntConc 工具的"Tool Filter"功能,实现在文本中将停用词全部隐去。表 7 所列即为两篇语料使用停用词表后的高频实词前十位对比。"次序"列标明的序号是指高频词在所有词汇中出现频

率的排名，对比二者可以得出，口译语料的前二十个高频词汇中有一半是实词，而原创语料中出现频率最高的实词在所有词汇中排到了第十八位。两篇语料的前十位高频实词均出现了“space”“crew”“mission”和“flight”，这与新闻发布会的发布内容相契合。除以上四个重复的高频词外，口译语料中的其他高频实词基本都是航天术语，而原创语料除“launch”外没有其他术语出现。这体现了口译语料相比于原创语料在传达信息时具有更强的客观性和专业性，笔译化倾向较为明显。而原创语料因其语言口语化的特性，较少涉及专有名词和术语。

表 7　两篇语料使用停用词表后的高频实词

次　序	口译语料	频率/%	次　序	原创语料	频率/%
4	SPACE	2.67	18	CREW	0.87
9	STATION	1.14	32	LAUNCH	0.54
10	CREW	0.98	32	SPACE	0.54
12	MISSION	0.88	34	MISSION	0.51
15	SHENZHOU	0.81	36	FIRST	0.50
16	ASTRONAUTS	0.78	38	FLIGHT	0.48
16	DEVELOPMENT	0.78	40	THANK	0.42
18	FLIGHT	0.75	41	QUESTION	0.40
20	HUMAN	0.72	44	TIME	0.36
20	ORBIT	0.72	45	READY	0.33

4.5　平均词长(Mean Word Length)

利用 Wordsmith 工具生成的语料宏观数据，可以得出表 8 所列的两篇语料不同字母长度单词的数量、频率及全文的平均词长。结果表明，口译语料的平均词长大于原创语料，说明译员在口译时倾向于使用较为复杂的词汇。口译语料中，3 个字母长度的单词占比最多，为 19.89%，而原创语料中，3 个字母长度和 4 个字母长度的单词分别占比 20.72%和 20.47%。在口译语料中，1～8 个字母长度区间的单词数量占总数的 85.32%，原创语料中占比高达 93.15%。9 个字母长度及以上的单词在口译和原创语料中分别占比 14.67%和 6.85%。以上数据说明英语母语使用者即便是在航天领域也偏向使用较为简短的词汇，避免将文本内容复杂化。

表 8　两篇语料的词长频率分布及平均词长

	口译语料	频率/%	原创语料	频率/%
1LW	35	1.13	209	3.30
2LW	458	14.74	1 149	18.16

续表 8

	口译语料	频率/%	原创语料	频率/%
3LW	618	19.89	1 311	20.72
4LW	394	12.68	1 295	20.47
5LW	426	13.71	713	11.27
6LW	208	6.69	490	7.74
7LW	298	9.59	454	7.18
8LW	214	6.89	273	4.31
9LW	129	4.15	186	2.94
10LW	137	4.41	112	1.77
11LW	106	3.41	74	1.17
12LW	47	1.51	19	0.30
13LW	26	0.84	38	0.60
14LW	10	0.32	3	0.05
15LW	1	0.03	1	0.02
16LW	0	0.00	0	0.00
平均词长	5.25	—	4.41	—

以下是两个例子：

例 1：

原文①：进一步提升了操作和适应能力，为执行任务做好了全面准备。

译文①：further improve their operation and adaptability through targeted training of key subjects and made comprehensive preparations for the mission.

原文②：最大化发挥空间站综合效益。

译文②：to maximize the comprehensive benefits of the space station.

原创语料：Within about ninety minutes, we were up and running with a *full* command telemetry and voice to the International Space Station.

两篇语料在用英文表达“全面的”时，口译语料的选词为“comprehensive”，原创语料则选用“full”进行表述。对原创语料进行检索后发现，通篇未使用“comprehensive”一词。事实上，口译语料大量出现“comprehensive”用于表达“全面的”“综合的”等意，然而该词对英语母语者而言并不常用，可能会对听众的理解造成困难。由此可见，译员在口译过程中偏向使用更加复杂的词汇。由于源语信息量大，译员在口译时更多关注句子的主语或宾语，而对修饰性形容词不会做过多的考虑，于是习惯性将其做统一的翻译处理。译员应采用更加灵活的用词策略，做到“小词大用”，更好向听众传达准确而又简洁的信息。

例 2：

词汇复杂度的差异也体现在两篇语料在用英文表达“测试”时选词的不同，表 9 及表 10 为“experiment＊”和“test＊”分别在两篇语料中的上下文检索结果。

表 9　口译语料“experiment＊”的上下文检索结果

上　文	关键词	下　文
exchanges with emerging space countries, focusing on space station scientific	experiments	and applications, joint participation of international and Chinese astronauts…
and assemblies will be completed and large-scale in-orbit	experiments	in multiple fields will be carried out as planned.
To further support scientific	experiments	in orbit and to create better working and living…
life ecology, material science, hydro mechanic, etc. and acquired valuable	experiment	data. At present, they are carrying out the preparation…
mainly responsible for the on-orbit operation of space science	experimental	payload and has professional training and experience…
and space technology, we will make full use of inboard	experiment	racks, outboard payload, survey telescope

表 10　原创语料“test＊”的上下文检索结果

上　文	关键词	下　文
We'll continue our many	tests	and reviews that we've been doing, these always…
earth. I think that this flight doesn't only a	test	to all the technical capabilities that we have developed.
in certain units. So, we're undergoing a lot of	testing	to determine the cause of corrosion…
the future. It's important to note that we immediately	tested	all of the manifold isolation valves that are on …
or movement alone, asplanned, the crew members completed their	test	drive over this past weekend.
They're scheduled to go to the Armstrong	test	facility, in the next few months to do some…
That joint is in	testing	right now and we're in the middle of…
It's important that we continue to	test	that capability, as you know this will be about…
Other than that,	testing	then, they'll be moved to Kennedy space center…
test facility, in the next few months to do some	testing	there. Other than that, testing then, they'll be…

从以上两个表中可知，原创语料选用“test”表达“测试”一词，而口译语料则用“experiment”进行表达，两个词语相比，“test”一词显然更简单常见，更易于听众理解。

5 结论与启示

本文将神舟十六号载人飞行任务新闻发布会和美国国家航天局 Space X Crew-7 飞行任务发布会的现场视频进行文字转写，利用语料库工具进行对比分析，得出如下结论。

口译语料没有体现出明显的词汇简化、显化和范化等翻译共性。总的来说，口译语料的词汇特征表现为以下五个方面：

① 词汇丰富度略低于原创语料，虽然差距不大，但对比而言，原创语料的选词更加多样；

② 口译语料的词汇密度高于原创语料，说明口译语料的信息容量更大，文本难度较高，听众的可接受度低；

③ 口译语料的动词名词化现象显著，书面语特征明显，语言表达较原创语料来说更为正式；

④ 高频词汇分布特征进一步印证口译语料中实词出现的频率更高，且多为航天科技术语；

⑤ 平均词长和词长频率分布表明口译语料偏向于使用较为复杂的词汇，给听众带来更大的信息理解压力。

本文认为，口译语料与原创语料之所以会出现这些词汇特征的差异，主要有以下三个原因。

一是两篇语料之间存在语境差异。本研究中的口译语料和原创语料，话题相似，均属航天领域，皆以探讨下一次的飞行任务为目的，但中美载人飞行任务新闻发布会的交际特点不同。比如，中方新闻发布会只有一个发言人，会议中的提问环节基本采用一问一答式进行，其间几乎没有插话和打断，交际双方之间的关系较为疏离，讲话风格偏正式严肃；美方发言人数量较多，与记者间的互动频繁，且提问形式丰富，有现场记者提问，也有观众电话提问，发言人与提问方的对话关系相对较近，言谈风格较为随意。一般来说，所在场合越严肃，语言的复杂性便越高(Miller，2005)。语境中对话双方的人际关系对发言的内容以及翻译词汇的原则影响较大，故本研究中口译语料的口语化特征不明显，甚至表达更偏向书面语。

二是口译会受到源语的影响。中方的信息发布和答记者问使用大量客观、正式的词汇，以信息传达为主要目的，故源语本身的信息容量和专业程度很高，译员在口译过程中无可避免受到源语的限制和影响，很难以目的语规范为标准进行翻译，可能会因为需要更贴合原文而将词汇简化或复杂化。

三是译员在口译过程中，也受到自身语言表达能力的影响。译员母语为中文，英文表达无法做到像英语母语者一样自如、灵活多样，词汇的丰富度便可能会相对欠缺。

从本文口译语料的词汇特征中可以看出，其文本正式程度更高，受众的接受度偏低，反映出我国航天领域的汉英口译质量还有改善的空间。为了更好提高航天领域新闻发布会的外宣效果，本文认为，译员应：①加强对航天领域专业词汇的研究，借鉴英语母语者的词汇表达方式，如表述载人航天的准备工作时可用“readiness”，可用“on board space station”代替“stay on space station”等；②适当降低口译语言中的词汇复杂度、词汇密度等指标，如可用“test”代替“experiment”；③减少动词名词化倾向，适当增加动宾结构的使用；④避免使用较长词汇，如可用“full”代替“comprehensive”，从而降低语言理解难度，提高外国听众对信息的接受程度。

参考文献

[1] BAKER M. Corpus linguistics and translation studies: implications and applications [A]. 1993. Baker M, Francis G, TOGNINI-BONELLI E, et al. Text and Technology: In Honour of John Sinclair [C]. Amsterdam: John Benjamins Publishing Company, 1993: 233-250.

[2] BAKER M. Towards a methodology for investigating the style of a literary translator. Target [J]. 2020, 12(2): 241-266.

[3] MILLER J. Clause structure in spoken discourse [A]. In K Brown, ed. Encyclopedia of Language & Linguistics [Z]. Oxford: Elsevier, 2005: 481-483.

[4] 陈建生，崔亚妮. 基于语料库的中国《政府工作报告》英译本词汇特征研究 [J]. 当代外语研究, 2010 (6):39-43.

[5] 王克非，胡显耀. 汉语文学翻译中人称代词的显化和变异 [J]. 中国外语, 2010 (4):16-21.

[6] 王立松，赵晗. 自建语料库的汉英翻译新闻词汇特征分析 [J]. 天津大学学报(社会科学版), 2018, 20(4):335-338.

[7] 夏皓. 基于释意理论的航空科技口译策略研究 [J]. 译苑新谭, 2020, 1(1):119-123.

[8] 曾江江. 基于语料库的《浮生六记》英译本词汇特征研究 [D]. 泉州:华侨大学, 2021.

外壳名词翻译对应的语料库考察与《三体》“异化”主导的翻译策略初探[①]

刘　颖[②]　董　敏[②]

摘　要：外壳名词具有语义的不确定性和概述复杂命题信息的潜势，成为语篇连贯和表达立场的名词性资源。科幻小说《三体》是近年来中国文学出海的一个成功案例，其中文原作大量使用外壳名词，推进小说叙事结构的组织与作者的态度评价。本文选取刘宇昆的英译本，自建该小说的汉英平行语料库，描写中文原文中外壳名词的使用及其英译本中的对应形式，围绕语篇连贯和立场表达两大功能对汉英外壳名词翻译对进行分析，基于语料库数据揭示出中文科幻小说中外壳名词的英译偏好“异化”策略，对当前《三体》的译介研究提供更多的实证支撑。可以认为，本文进一步拓展了外壳名词的跨语言、跨文化研究视角，在语料库翻译学范式下对中国文学作品的译介与传播做出了新的有益探索。

关键词：外壳名词；语法型式；跨语言对应；异化；《三体》译介

Investigating a leading role by foreignizing translation strategy in *The Three-Body Problem* based on shell noun translation pairs

Abstract: Shell nouns (SNs), due to their semantic unspecificity and potential for being used to encapsulate complex propositional information, serve as valuable nominal resources for linking pieces of text and expressing stance. *The Three-Body Problem*, a renowned Chinese science fiction novel, has garnered international

---

① 基金项目：国家社科基金一般项目“语法隐喻视域下汉英外壳名词经验识解的比较研究”(22BYY009)阶段性成果；北京市共建项目专项资助。

② 作者简介：刘颖，女，硕士，副教授。研究方向：功能语言学，语料库翻译学；董敏，女，博士，教授。研究方向：语料库语言学，功能语言学，基于语料库的英汉对比及翻译研究。

acclaim, signifying the success of Chinese literature in the global literary landscape. The Chinese source text extensively utilizes shell nouns to organize the narrative structure and convey the author's attitudes and evaluations. This study focuses on Ken Liu's English translation of the novel. We built a Chinese-English parallel corpus to examine the use of shell nouns in the source text and their cross-linguistic corresponding forms in the English translated text, i. e. SN translation pair, with respect to their functions in cohesion and stance expression. Based on the corpus data, it is found that the "foreignizing" translation strategy plays a leading role in relation to the translation of shell nouns in the Chinese science fiction, thereby providing further empirical support for the wide recognition of *The Three-Body Problem* among the Western audience. This study has visibly broadened the cross-linguistic and cross-cultural research on shell nouns, shedding reasonably new insights into the translation and dissemination of Chinese literary works under the paradigm of corpus-based translation study.

Keywords: shell noun; grammatical pattern; cross-linguistic correspondence; foreignizing translation strategy; translation of *The Three-Body Problem*

1 引 言

外壳名词是由功能界定的开放类抽象名词，具备承载复杂命题信息的潜势(Schmid 2000:4)。认知效应是使用外壳名词的最终动因，以外壳和内含的经验同一性(experiential identity)为认知基础，外壳名词实现事件、抽象关系等抽象实体的具象化和物化，在概念整合机制下，用作概念外壳。

例 1:

在以后的四个多小时中，叶文洁知道了三体世界的存在，知道了那个一次次浴火重生的文明，也知道了他们星际移民的企图。

译文: During the next four hours, Ye learned of the existence of Trisolaris, learned of the civilization that had been reborn again and again, and learned of their **plan** to migrate to the stars. 在该句中，"企图"是自指"的"字结构"他们星际移民的企图"之中心词，语义上概述同位性定语小句表达的命题信息(朱德熙 1983;古川裕 1989;袁毓林 1995;寇鑫、袁毓林 2017a,2017b;寇鑫 2023)，对事件"他们星际移民"进行物化识解，两者形成外壳—内含复合体(shell-content complex,Schmid,2000;张高远、杨晓军 2004)，可认定为外壳名词。同理，译文中，plan 与不定式补语小句表达的命题 to migrate to the stars 形成语义等同关系，实现该事件的具象化，用作其概念

外壳，可识别为外壳名词。

如例 1 所示，外壳名词的语义包括不变语义和可变语义两个部分（Ivanič 1991：96），前者指词项在词典解释中的稳定意义，即概念义“想法、打算，尤其是指准备尚未充分”，后者的具体所指则需要依靠上下文得到确认，即内容义“他们星际移民”。因此，在语篇层面，外壳名词具有概述指称、关联上下文等语篇连贯功能以及表达情感、评价、认识等立场的人际功能（Halliday、Hasan，1976；Francis，1986；Flowerdew，Forest，2015；Biber 等，1999；Charles 2007；Jiang、Hyland 2016；Jiang 2022）。在例 1 中，同位性定语小句出现在前，中心词“企图”，作为概念外壳，会触发内容命题“他们星际移民”存在预设（寇鑫 2023），因此，以外壳名词“企图”为语义中心，通过回指方式构建语篇上下文的语义联系，实现语篇连贯。同时，因外壳名词“企图”自身的概念义，在指称命题“他们星际移民”的过程中向读者传递出作者的立场，既有对命题“有可能为真”做出判断的认知立场，也有对命题内容持贬义倾向表达出的情感排斥立场（Biber 等，1999：986；方梅、乐耀，2017：8）。与之相比，译文中外壳名词 *plan* 因不定式补语小句的位置所限，先于内容命题出现，通过下指方式构建语篇的连贯语义关系，调动读者的预期，推动篇章进程；而且，*plan* 也传递出译者对命题内容真实性判断的认知立场，但所表达的态度立场更偏于中性。

刘慈欣创作的系列长篇科幻小说《三体》是近年来中国文学出海的一个成功案例，第一部《三体 I：地球往事》由美籍华裔译者刘宇昆翻译为英文，获得了第 73 届雨果奖最佳长篇小说奖，在世界科幻界引起轰动，成为中国当代文学“走出去”的现象级事件（陈枫、马会娟，2016），也引发了学界对《三体》外译的广泛探讨。多数研究认为，作品的普世性与异质性是《三体》在海外获得成功的重要原因，主要聚焦社会文化语境、译者、读者等非文本因素开展研究（顾忆青，2017；吴赟、何敏，2019；张璐，2019），仅有个别研究（陈建生、王琪，2017）利用语料库的方法考察《三体》译本的翻译共性特征。有必要拓宽语言学研究视角，立足原作与译作文本，探讨原作中的普世性与异质性在语言上的体现，以及译者在目的语中成功再现的话语策略。

通过文本细读，我们发现《三体》中使用了大量外壳名词，推进小说叙事结构的组织与作者的立场构建。基于此，本文自建第一部的汉英平行语料库，描写中文原文中外壳名词的使用及其英译本中的对应形式，即外壳名词翻译对，基于语料库数据从跨语言对应类型进行翻译对的分类，聚焦其语篇连贯功能和立场表达功能的分析，旨在揭示出该科幻小说中外壳名词的英译策略，对当前《三体》的译介研究提供更多的实证支撑。本文可进一步拓展外壳名词的跨语言研究视角，利用语料库翻译学方法对中国文学作品的译介与传播做出更多的有益探索。

2 《三体》译介研究文献综述

作品的译介与接受过程受多重因素的共同作用，当前研究普遍认为，作品的普世性与异质性是《三体》在海外获得成功的重要原因之一。借助不同领域的理论框架，利用自然语言处理技术，学界对《三体》译本的海外译介与接受从社会文化语境、作品主题、读者接受、副文本等文本外和文本内因素进行了多视角、多维度的解读。顾忆青(2017)围绕译介过程、翻译策略和接受效果三个维度展开描述剖析，认为译介过程中传播渠道的有效拓展、翻译策略上既凸显异质又灵活调适文化差异、以及作品自身具备跨文化的文学性和思想性，这三方面共同构成译介成功的根本动因。吴赟、何敏(2019)借助多元系统理论探讨《三体》在美国的接受环境，引入布迪厄(Bourdieu)的“资本”概念诠释译介主体的能动作用，并通过案例分析，揭示出译者兼顾他异性与可读性的翻译策略。作者认为，充分考虑翻译过程和翻译结果的各种因素才可能揭示《三体》英译本得到积极接受的主要原因。张璐(2019)则利用自然语言处理领域的Python情感分析，直观量化地呈现出海外读者对《三体》作品叙述角度、译文的流畅和忠实的正向情感态度，验证了世界性主题和民族性叙事特征是《三体》海外成功的重要原因的论点。赵燕、吴赟(2022)认为副文本理论是中国当代小说译本研究的一种新视角。作者全面梳理刘慈欣系列科幻小说英译本内的副文本话语元素，并借助翻译研究文化学派的“操纵”概念解读译者注释、读者点评等副文本话语元素对营造理解小说作品的社会历史文化语境的重要作用。

除对《三体》英译本的研究之外，学界亦对《三体》在日本、德国、俄罗斯、意大利等国家的译介与接受展开研究。《三体》日译本由英日翻译家和汉日翻译家合作完成，卢冬丽(2022)通过《三体》系列在日本的复合性生成路径，探讨以《三体》系列为代表的中国当代科幻作品在促进文化间平等对话交流方面所具有的重要文化构建力量。王慧、陆晓鸣(2023)则通过对读者评论文本数据的情感分析，探讨《三体》受日本读者推崇的主要原因。在对德译本、俄译本和意译本的研究中，学者们既分析了中国独特的民族特征对传播与接受的促进作用，也就进一步促进中国科幻小说海外传播提出建议(李振等，2022；赵晨宇，2021；孙国亮、陈悦，2020)。

《三体》译本的翻译策略也是当前研究的一个焦点，或以描写译者异化归化策略相互调适为着眼点，或聚焦小说英译本中照顾读者受众审美的翻译策略。顾忆青(2017)通过分析具有时代特征的中国政治词汇、中国古代历史人名等的直译、音译法，以及译文对性别因素的操控，描写了译者在凸显异质中兼顾可读性的翻译策略。吴赟、何敏 (2019)通过惊蛰、大暑、中山装等文化特有项或意象话语的译法，探讨译者的陌生化策略，并指出添加注释是译者增强译本可读性的主要策略。郎静(2015)则描写加写前言与脚注、增补和劫持三种女性主义翻译策略。吕晓菲(2017)分析《三体》英译本中的女性主义"劫持"策略，认为译者发挥了主体性，成功跨越了文化鸿沟，助推作品走向海外。

当前研究普遍认为译者翻译策略在助力《三体》译本进入目的语文化体系中的重要作用，但基于文本分析的翻译策略研究尚不够充分和深入，且涉及论述多基于个案分析。只有极少数学者（陈建生、王琪，2017）利用语料库方法考察《三体》译本的显化和简化等翻译共性特征。基于此，本研究聚焦《三体》中大量使用的外壳名词，利用语料库翻译学研究方法，描写和分析外壳名词汉英翻译对的形式及其语篇连贯和立场表达功能，探讨译者成功再现原作的普世性和异质性所采取的翻译策略。

3 《三体》汉英平行语料库和外壳名词的提取

我们搜集刘慈欣的《三体》（2008 版）和刘宇昆英文译本 The Three-Body Problem（2014 版），利用 ABBYY Aligner 2.0 对齐软件①，创建《三体》汉英平行语料库。该语料库的基本数据统计如表 1 所列，中文原文子库类符 1.1 万，形符 10.5 万，英文译文子库类符 1.0 万，形符 12.1 万②。

表 1 《三体》汉英平行语料库基本信息

	形 符	类 符	类符/形符比/%
中文原文子库	105 418	11 249	10.67
英文译文子库	121 143	10 057	8.30

Schmid（2000：21）指出，外壳名词并非一种单纯的词汇现象，其使用往往扩展至特定的语法结构，即外壳名词本身只具备"潜在的外壳特性"（potential shell-nounhood），其"外壳特性"的实现依赖于外壳名词语法型式（董敏 2017）。我们依据寇鑫（2023：59）提出的三种句法结构识别中文原文中的外壳名词：

① 判断句：N（，/：/——）＋是/还是/就是/都是＋小句，小句＋是＋N，（这/那）＋是/就是/将是/不是＋N；

② 同位性定语小句：小句＋的/之＋N（自指"的"字结构，语义方面：小句＝N）；

③ 同位语小句：小句＋这一/第一/这/那/这样的/那样的/下面/许多（/这＋量词/那＋量词/一＋量词/量词/第一＋量词/另一＋量词）＋N。

对于英文译文中的外壳名词，我们依据 Schmid（2000）和 Flowerdew & Forest（2015）提出的四种典型的外壳名词语法型式加以识别：

① ABBYY Aligner 2.0 是一款计算机翻译辅助软件，可进行双语对齐，http://abbyy.com/aligner/。

② 统计数据借助 KH Coder 统计得出。KH Coder 是一款文本分析工具，内置中文分词工具，https://khcoder.net/en/。

① this /these /that /those + N;

② this /these /that /those + be + N;

③ the/a/an + N + that-clause / wh-clause / to-inf/of-phrase;

④ the/a/an + N + be + that-clause / wh-clause / to-inf。

外壳名词必须在相邻语境中完成词汇实现(Schmid, 2000;Hunston & Francis, 2000),外壳名词构式视为意义单位,在平行语料库中也是一种翻译单位和对应单位,可以作为描写外壳名词翻译对的出发点,为探讨外壳名词的翻译对等提供操作基础(董敏 2017)。本研究利用 CUC_ParaConc V0.3①,在《三体》原文和译文子库中分别检索汉语和英语外壳名词语法形式,之后,对提取出的索引行句子进行筛查,根据名词中心词与回指/下指句法结构所表达命题的语义等同性原则,对中心词是否为外壳名词进行人工验证。结果如表 2 所列。

表 2 《三体》汉英平行语料库的外壳名词数据

	外壳名词形符数	外壳名词类符数	频次≥2 的外壳名词形符数	频次≥2 的外壳名词类符数	频次≥5 的高频外壳名词
中文原文子库	347	155	247	55	事/事情/事儿-29;一切-22;问题-18;一点-12;原因-7;情况-7;话-7;结果-6;东西-5;事实-5;可能性-5;机会-5;理想-5;希望-5;感觉-5
英文译文子库	335	143	258	66	question-16; fact-14; way-11; thing-10; hope-10; thought-9; goal-8; idea-8; sight-8; reason-8; everything-6; result-6; ideal-5; plan-5

4 汉英外壳名词翻译对的跨语言对应分析

围绕外壳名词的语篇连贯功能和立场表达功能,我们比较原文和译文两个子库中提取的回指/下指外壳名词语法形式、以及判定的认知立场/态度立场外壳名词,对汉英外壳名词翻译对的跨语言对应分为三种类型:①完全对应,即译文中的外壳名词词项及其语法形式均与原文一致;②部分对应,即译文中的外壳名词词项或语法形式与原文一致,或译文中的外壳名词词项及其语法形式均不同于原文;③不对应,即原

① CUC_ParaConc(中国传媒大学平行语料检索)软件主要用于检索双语、多语平行语料。

文使用外壳名词结构，译文不使用，或原文不使用外壳名词结构，译文使用。结果如表 3 所列。

表 3 《三体》平行语料库中汉英外壳名词翻译对的跨语言对应类型分布

跨语言对应类型	子　类	频　次	占　比/%
完全对应		185	46.25
部分对应	变换外壳名词	15	3.75
	变换语法形式	62	15.5
	变换外壳名词及语法形式	15	3.75
	小　计	92	23.0
不对应	增	30	7.5
	删	38	9.5
	变	55	13.75
	小　计	123	30.75
总　计		400	100.0

施莱尔马赫提出，“译者要么尽量不打扰原作者而让读者靠近作者，要么尽量不打扰读者而让作者靠近读者”（Schleiermacher，1992：42）。韦努蒂称前者为“异化法”（foreignizing method），称后者为“归化法”（domesticating method）（Venuti，1995：20）。《三体》译者刘宇昆是科幻作家，也是科幻小说翻译家，十分注重对原文“异”的保留，他认为“阅读译作的乐趣就在于听到原文的回音，在于从目的语中看到另一种语言的节奏和世界观”（Liu，2013）。从表 3 中数据可见，译者对 70%的外壳名词翻译对选择对应形式，包括完全对应和部分对应两种类型，其中完全对应占比近 50%，外壳名词词项的对应占比 62%，这表明译者偏好使用与中文原文一致的外壳名词词项，甚至一致的外壳名词语法形式，构建译文的语篇连贯、表达其认知立场和态度立场。此外，译者也充分考虑译文的可读性，通过变换外壳名词结构，添加外壳名词等显化处理方法，帮助读者了解历史背景、解读故事发展，又根据英文表达习惯，删除语篇与态度功能不突出又可能会造成行文拖沓的外壳名词，或者使用英文中其他常用衔接手段（如照应等），实现译文的篇章功能。这在一定程度上反映出译者偏好使用保留他异性同时关注受众接受程度的翻译策略，印证了顾忆青（2017）和吴赟、何敏（2019）提出的《三体》译者凸显他异性且兼顾可读性的观点，在语料库翻译学范式下对其“异化”翻译策略提供一定的实证支撑。

4.1 完全对应

例 2：老实回答下面的问题：在六二至六五届的基础课中，你是不是擅自加入了大量的相对论内容？！

译文：Answer **the following question** without your typical deceit：Between the years of 1962 and 1965，did you not decide on your own to add relativity to the intro physics course?

例 3：她热情地接待了叶文洁母女，关切地询问她这些年是怎么过来的，惊叹冬冬是多么的聪明可爱，细致入微地对做饭的保姆交代叶文洁喜欢吃的菜……这一切都做得那么得体，那么熟练，那么恰到好处。

译文：She enthusiastically welcomed Ye and Dong Dong，inquired after Ye's life during those years with concern，exclaimed that Dong Dong was so cute and smart，and meticulously directed the cook in preparing Ye's favorite dishes. **Everything** was done with skill，practice，and the appropriate level of care.

例 4：它的核心理念就是：地球上的所有生命物种，生来平等。

译文：Its **core belief** is that all species on Earth are created equal.

上述两个实例表明，对于中文原文中的外壳名词句子，不论是出现于"N+：+小句"下指语法形式(例 2)，还是"小句+ 这 + N"回指语法形式(例 3)，还是"N+就是：+小句"判断句(例 4)，英文译文均选取对应的语法形式、对应的外壳名词词项，实现外壳名词翻译对的完全对应。

4.2 部分对应

4.2.1 变换外壳名词词项

例 5：绍琳迫不及待地要继续下去了，她必须不停顿地说下去，以维持自己那摇摇欲坠的精神免于彻底垮掉。"叶哲泰，这一点你是无法抵赖的！你多次向学生散布反动的哥本哈根解释！"

译文：Shao was happy to oblige. She had to keep on talking，otherwise her fragile mind，already hanging on only by a thin thread，would collapse completely. "Ye Zhetai，you cannot deny **this charge**！You have often lectured students on the reactionary Copenhagen interpretation of quantum mechanics."

例 6：从所有人的脸上，汪淼都读出了一句话：我们已经尽力了，快他妈的结束吧！

译文：On the faces of everyone around the table，Wang could read **one sentiment**：We've done all we can. Let's fucking get it over with，already.

以上例句中，英语译文都保留了中文原文的外壳名词下指语法形式，但均变换了外壳名词词项，例 5 中的"charge"和例 6 中的"sentiment"比中文原文中的"一点"和"话"更贴近语境，更精准地传达出原文暗含的态度立场。

4.2.2 变换外壳名词语法形式

例 7：针对你脱离群众、不积极要求进步的倾向，我和指导员都多次找你谈过，想帮助你。

译文：Both the political instructor and I have spoken to you many times concerning your **tendency** to sequester yourself from the people, and your lack of self-motivation in seeking progress.

例 8：雷志成转向叶文洁，郑重地说："叶文洁，你的反革命罪行**证据**确凿，将要面临的审判也是罪有应得；现在，你面前有一个立功赎罪的**机会**。"

译文：Lei turned to her and spoke solemnly. "Ye Wenjie, **the evidence** of your counter-revolutionary crime is incontrovertible, and the court would have punished you as you deserve. But now you have **an opportunity** to redeem yourself through hard work."

以上译例中，根据中英文语序的不同，中文原文的外壳名词回指语法形式"小句＋的＋N"在译文中变换为下指语法形式"the/a ＋ N ＋ to-inf/of-phrase"。

4.2.3 变换外壳名词词项及其语法形式

例 9：其实，比起另外一些人来，她还是幸运的，至少是在为理想献身的**壮丽激情**中死去。

译文：And yet, compared to some others, she was fortunate. At least she died in **the throes** of passionately sacrificing herself for an ideal.

例 10：这时，汪淼想起大史让他记网址和邮件地址的**事**，

译文：Wang suddenly remembered Shi Qiang's **comment** about memorizing Web and e-mail addresses.

以上译例，在形式上，中文原文的外壳名词回指语法形式"小句＋的＋N"，均变换为下指语法形式"the/possessive ＋ N ＋ of/about-phrase"。在词语选择上，例 9 原文的外壳名词"激情"表达出作者对"她为理想献身"的同情，有一定的美化作用，而译者则使用"throes"一词突出"她"死亡之时的痛苦；例 10 原文的外壳名词"事"属中性词汇，而译文的"comment"一词凸显"记网址和邮件地址"是大史的意见，而非汪淼一开始所心甘情愿之事。

4.3 不对应

4.3.1 增

例 11：谁让你出生在旧中国那样一个显赫的家庭，你父母又都是那么著名的学者。

译文:You can't overcome **the fault** of being born to a prominent family in pre-revolutionary China and of having such famous scholars as parents.

例 12:说不定,基地会成了这儿的唐僧肉。

译文:I can imagine **the peasants' thinking** of the astronomy complex as a juicy piece of meat that they can take bites from.

例 13:而兵团的人力可以随他们调用,也可见其行政级别很高。

译文:**The fact** that the base could issue labor assignments to the Construction Corps hinted at its political power.

以上例句,原文中均未使用外壳名词,而译文添加了外壳名词,一方面体现英文语法的需要,做句子的宾语,更重要的是,凸显原文传递的态度立场。例 11 中"fault"一词的添加,更明确了这样一种时代背景:在当时"出生在旧中国一个显赫的家庭,父母都是著名的学者"不但不能引以为豪,反而是一种"污点","fault"一词的添加能够帮助国外读者更好地理解当时的历史情况。例 12 删掉了不能引起译文读者共鸣的"唐僧肉",但通过添加"the peasants' thinking",可帮助译文读者理解此处的负面评价。例 13 中"fact"一词的添加有助于读者对当时的历史背景有更好的解读。

4.3.2 删

例 14:丁仪说着拿起黑白两个球,将黑球放到洞旁,将白球放到距黑球仅十厘米左右的**位置**。

译文:He set the black ball next to one of the pockets, and placed the white ball about ten centimeters from the black ball.

该句中,原文的外壳名词在译文中删除,因为"位置"的语篇连贯和立场表达功能在原文中并不突出,主要起到概念外壳的经验表征功能,若对应译出反而显得行文拖沓。

4.3.3 变

例 15:叶文洁不禁想,如果用这套设备从事射电天文研究,那将是多么美妙的**事情**啊。

译文:Ye couldn't help but imagine how **wonderful** it would be to use the equipment for radio astronomy research.

该句中,译文没有保留外壳名词"事情"的下指语法形式"那+将是+N",变换为"it"形式主语句,应该主要是考虑到"事情"的意义不明确,立场表达功能和语篇连贯功能不突显,不必选用对应形式。

例 16:"但从**感觉上**,我,还有每一个经历过红岸的人,**都认同这点了**。"

译文:"But my **sense**, and the **sense** of everyone who went through Red Coast, is that that is the case."

该句中，译文将原文的动宾句"从感觉上……都认同这点了"变换为外壳名词"sense"的下指语法形式"the ＋ N ＋ be ＋ that-clause"。

结合定量数据，上述定性分析进一步表明，译者在译文中偏好选择与中文原文外壳名词对应的词项，突显作者传递的立场及中文世界的"世界观"，同时，也倾向于选择与原文一致的外壳名词语法形式，注重保留原文的语言特征和中文的语言"节奏"。译者的词汇选择和语法形式选择，均体现出以"异化"为主导的翻译策略。

5 结 语

本文基于自建中英平行语料库，通过对外壳名词翻译对的定量、定性描写，对《三体》英译本所采取"异化"主导的翻译策略提供了更多实证支撑，为推进以《三体》为代表的科幻小说的译介研究提供了新的研究视角，进行了有益的尝试。此外，通过创建大型科幻小说平行语料库，探究科幻小说话语的外壳名词、其高频外壳名词形式，及其翻译对应形式，能够为跨语言对比和翻译研究提供坚实的语言证据。

参考文献

[1] BIBER D, JUHANSSON, LEECH S, CONRAD S, FINEGAN E. Longman Grammar of Written and Spoken English [M]. Harlow: Longman, 1999.

[2] CHARLES M. Argument or evidence? Disciplinary variation in the use of the noun that pattern in stance construction[J]. English for Specific Purposes, 2007, 26(2): 203-218.

[3] CHEN Feng, MA Huijuan. The Path of The Three-Body Problem Becoming Popular Overseas: Translation Mode and Reasons [J]. International Communications, 2016(11): 57-59.

[4] CHEN Jiansheng, WANG Qi. Exploring Explicitation in the English Translation of San Ti: A Corpus-Based Translation Study[J]. Foreign Language and Literature Studies, 2017 (3): 175-186.

[5] DONG Min. Grammar-Pattern-based Analysis of Shell Nouns and Their Translation Equivalence [J]. Foreign Language Education,2017(2): 86-90.

[6] FENG Mei, LE Yao. Conventionalization and Stance-Taking in Chinese Discourse [M]. Beijing: Peiking University Press, 2017.

[7] FLOWERDEW J, FOREST R W. Signalling Nouns in English: A Corpus-based Discourse Approach[M]. Cambridge University Press, 2015.

[8] FRANCIS G. 1986. Anaphoric Nouns [M]. Discourse Analysis Monograph No. 11. Birmingham: English Language Research.

[9] FURUKAWA Y. The Construction of "XP ＋ Self-Designation Marker de" and the Nouns Modified by it [J]. Language Teaching and Linguistic Studies, 1989 (1): 10-25.

[10] GU Yiqing. View on China in the Science Fiction World: The Translation and Acceptance of Liu Cixin' sThe Three-Body Problem Trilogy in the US [J]. East Journal of Translation, 2017 (1): 11-17.

[11] HALLIDAY M A K, R HASON. Cohesion in English[M]. London: Longman, 1976.

[12] HUNSTON S, FRANCIS G. Pattern Grammar: A Corpus-driven Approach to the Lexical Grammar of English [M]. Amsterdam: John Benjamins, 2000.

[13] IVANIC R. Nouns in search of a context: A study of nouns with both open and close-system characteristics [J]. International Review of Applied Linguistics in Language Teaching, 1991 (29): 93-114.

[14] JIANG Feng. *Metadiscursive Nouns: Interaction and Persuasion in Disciplinary Writing* [M]. London: Routledge, 2022.

[15] JIANG Feng, K HYLAND. Nouns and Academic Interactions: A Neglected Feature of Metadiscourse [J]. Applied Linguistics, 2016, 37(1): 1 - 25.

[16] KOU Xin, YUAN Yulin. Classification and Syntactic Representations of Attributive Clauses in Mandarin [J]. Language Teaching and Linguistic Studies, 2017(4): 67-78.

[17] KOU Xin, YUAN Yulin. The Selectional Restriction between Event Attribute Nouns and the Self-designation de-Constructions [J]. Contemporary Linguistics, 2017 (3): 396-418.

[18] KOU Xin. Presuppositions of Shell Nouns: From Semantic Features to Pragmatic Functions [J]. Chinese Teaching in the World, 2023(1): 57-70.

[19] LANG Jing. On the Translator' s Feminist Translation Strategies in *The Three Body Problem* [D]. Beijing Foreign Studies University, 2015.

[20] LI Zhen, WANG Leihiong, YAO Lifen. A Study on the Translation, Publication and Dissemination of Chinese Contemporary Science Fiction in Italy [J]. Publishing Research, 2022 (1): 84-91.

[21] LIU Cixin. The Three-Body Problem[M]. KEN Liu, trans. New York: Tor Books, 2008/2014.

[22] LIU Ken. Gathered in Translation [R/OL]. (2023-04-13) [2023-11-05]. http://clarkesworldmagazine.com/liu_04_13.

[23] LU Dongli. Composite generation of *The Three-Body Problem* series' translation in Japan [J]. Foreign Language Teaching and Research, 2022(5): 783-792+801.

[24] LV Xiaofei. The exploration of Chinese science fiction from the perspective of feminist translation studies [J]. Foreign Language and Literature Studies, 2017(4):235-243.

[25] SCHLEIERMACHER A. On the Different Methods of Translating [A]. In Schulte, R. & Biguenet J, et al. Theories of Translation: An Anthology of Essays from Dryden to Derrida [C]. Chicago and London: The University of Chicago Press, 1992:36-54.

[26] SCHMID H. English Abstract Nouns as Conceptual Shells: From Corpus to Cognition[M]. Berlin: Walter de Gruyter, 2000.

[27] SUN Guoliang, CHEN Yue A Study on the Translation and Acceptance of Liu Cixin' s Novels in Germany [J]. Southern Cultural Forum, 2020(6): 106-111.

[28] VENUTI L. The Translator's Invisibility[M]. London & New York: Routledge, 1995.

[29] WANG Hui, LU Xiaoming. On Readers' Acceptance of Japanese Translations of Chinese Science Fiction Literature [J]. Journal of Japanese Language Study and Research, 2023(2): 114-127.

[30] WU Yun, He Min. The Three-Body Problem's Trip to the US: Context, Actants and Translation Strategy [J]. Journal of Foreign Languages, 2019(1): 94-102.

[31] Yuan Yulin. The Implied Predicate and its Syntactic Consequences: The Rule of the Deconstruction and the Grammatical and Semantic Functions of de [J]. Studies of the Chinese Language, 1995 (4): 241-255.

[32] Zhang Gaoyuan, Yang Xiaojun. A New Research Perspective of English Abstract Nouns: A Review of English Abstract Nouns as Conceptual Shells: From Corpus to Cognition [J]. Foreign Language Teaching and Research, 2004 (6): 467-473.

[33] Zhang Lu. A Python Sentiment Analysis Approach to Overseas Readers' Acceptance and Evaluation of Chinese Translated Literature: A Case Study of the English Version of The Three-Body Problem [J]. Foreign Languages Research, 2019(4): 80-86.

[34] Zhao Chenyu. A Study on the Translation and Dissemination of Liu Cixin' s Science Fiction Works in Russia——Centered on The Three-Body Problem [J]. Contemporary Writers Review 2021(4): 193-198.

[35] Zhao Yan, Wu Yun. Exploring the Genealogy of the Peri-texts in the English Versions of Liu Cixin's Science Fiction Novels [J]. Foreign Language Research, 2022(6): 22-27.

[36] Zhu Dexi. Self-Designation and Transferred-Designation: A Study on the Syntactic and Semantic Functions of the Nominalizing Particles 的，者，所，and 之 [J]. Dialect, 1983 (1): 16-31.

论航空航天影视字幕翻译的原则①

张文鹤② 文　军②

摘　要：随着数字技术的进步和我国航空航天事业的飞速发展，航空航天影视翻译成为一个新兴的翻译实践领域，对知识传播和文化交流具有重要意义。本文对航空航天影视翻译的特点、制约因素和翻译单位进行分析，并从文本与受众两个角度提出航空航天影视字幕翻译的内容专业化与语境化、充分且连贯理解、多模态互补互指和语言风格一致这四大原则，以期为航空航天影视翻译的理论建构、翻译实践与教学提供参考。

关键词：航空航天影视翻译；字幕翻译；翻译原则；翻译单位

On the Principles of Subtitling Audiovisual Texts in Aeronautics and Astronautics

Abstract: With the development of digital technologies and the great advances in China's aeronautics and astronautics, audiovisual translation in aeronautics and astronautics has become an emerging field of translation practice, which is of importance to the transmission of knowledge and cultural exchanges. This paper briefly discusses its features, constraints and translation units and then proposes, from the perspectives of the text and the audience, four subtitling principles, namely, content specialization and contextualization, adequacy and coherence in understanding, multimodal complementarity and cross-referencing and consistency in linguistic styles, so as to provide theoretical, practical and pedagogical insights.

Keywords: audiovisual translation in aeronautics and astronautics; subtitling;

---

① 基金项目：四川外国语大学校级项目“社会建构主义视阈下的字幕翻译学模式探索”(JY2146221)阶段性成果。

② 作者简介：张文鹤，博士，四川外国语大学高级翻译学院副教授，研究方向：翻译学；文军，博士，北京航空航天大学教授、博士生导师，研究方向：翻译学、外语教学。

principles; translation units

1 引言

21世纪以来，信息、互联网与数字技术的发展给人类的信息交换、文化传播和社交媒介带来了巨大变革，以电影、电视和互联网为媒介的视听产品不断涌现。“视频圈在与话语圈、图文圈的不断博弈中，逐渐显现出向媒体圈主体结构发展的趋势”，这一变化给数字化时代的影视翻译带来了影响（杨仕章、薛茜文，2023：58）。在这一趋势下，视听翻译（audiovisual translation）成为一个翻译实践与研究的热门领域。有些学者（如 Remael，2010）指出，翻译研究在21世纪甚至会出现“视听转向”。而随着我国观众整体英语水平的提高，加之其原汁原味的观影需求，字幕翻译（subtitling）迅速成为在数量与热度上超过配音翻译（dubbing）的影视译制模式，并出现了商业字幕（prosub）与网络字幕组字幕（fansub）并存的局面。

近年来，我国航空航天事业飞速发展，在一定程度上驱动了航空航天主题视听产品的生产与消费，也因此催生了“航空航天影视翻译”（Audiovisual Translation in Aeronautics and Astronautics）这一个应用翻译的子领域。所谓“航空航天影视翻译”是指对以航空航天为创作素材的影视作品（包括故事片、纪录片、新闻专题片、演讲视频、企业推介视频、短视频等）进行的跨语际与跨文化转换。由于视听文本与传统单一模态的书面文本在交际与意义建构方面存在差异，加之航空航天影视作品具有其独特性，有必要对其字幕翻译进行多维度的分析。本文将对航空航天影视翻译的特点、制约因素和翻译单位进行简要分析，然后提出航空航天影视字幕翻译的四大原则，以期为航空航天影视翻译的理论建构与实践教学提供参考。

2 航空航天影视字幕翻译的特点、制约因素与单位

字幕翻译是一种“将讲者的原始对话、图像中出现的话语元素（如字母、广告、涂鸦、标识牌、商标等）以及原声中包括的信息（如歌曲、画外音等）以书面文本呈现于屏幕下部的翻译实践”（Diaz-Cintas、Remael，2007：8）。航空航天影视字幕翻译针对的也并不是单一的文字文本，而是由图像、声音、色彩、文字等特殊表意符号构成的多重符号系统（董海雅，2007：12）。事实上，在航空航天影视翻译实践中，译者远远不只是把影视对白和旁白转换成另外一门语言，还会涉及歌词翻译、画面注释、画外音翻译等内容。这样一来，航空航天字幕翻译除具有一般字幕翻译的瞬间性、视听型、交际性和多模态性之外，还具有明显的内容专业性和语体风格多样性的特征，它们都在

一定程度上决定了字幕翻译的原则。

鉴于上述特点，航空航天字幕翻译在操作过程中主要受到技术和内容两个维度的制约。从技术维度看，字幕应该相应的对白或独白和场景同步出现，其显示时间与视频语速基本同步，而字幕长度应该适合观众的阅读视野，其行数和每行字数均符合相应的技术指标（如中文12～16字，英文37个字符以内）。因此，译者在翻译航空航天影视作品时需要结合声音与画面元素进行必要的调整，实现声画同步，在帮助观众理解的基础上使其获得流畅、连贯的观影体验。从内容维度上说，航空航天影视作品（尤其是纪录片或专题片）信息量更大，具有一定程度的专业性和技术性，台词中会出现专业术语、特定的称谓、专有名词和一些航空航天领域的背景知识，译者在进行语言转换时还需要考虑目标语受众的背景与知识水平，必要时通过增加注释或文本压缩的方式进行“知识管理”，以确保观众充分地理解。

虽然影视字幕经过断句和分行后在视频上以线性的方式逐条呈现，但这并不意味着字幕翻译就必须以一条字幕作为翻译单位。最早提出“翻译单位”（translation unit）这一概念的加拿大学者维奈和达贝内将其界定为“话语中的最小片段，组成这些片段的符号相互连接，不能独立翻译”（Vinay、Darbelnet，1995：21），而苏联著名翻译理论学家巴尔胡达罗夫则将其视为“在目标语中有对等表述的最小的原文单位”，并参考现代语言学中的形式切分法，将其分为音位、词素、词、词组、句子和话语六个层次（Shuttleworth、Cowie，1997：192）。航空航天影视作品有其特殊性：它不但具有传统文本中的六个翻译单位层级，更是一种语言、声音和图像共同建构意义的文本形态。这种影音性，使得在翻译过程中需要对言语文本（如对白、旁白、独白等）和画面语言（场景、镜头、蒙太奇、长镜头等）进行整体性考量，在翻译言语文本时候不忘记关照画面语言。

航空航天影视字幕翻译单位可分为以下三类：

① 单条字幕＋场景画面：字幕是经过语义和对白停顿切分之后形成的话语片段，具有相对独立和完整的语义，因此只要把相应的场景画面考虑在内，大多数字幕本身就能保证语义对等的问题；

② 相邻字幕＋场景画面：这是航空航天影视作品中的人物对话或一句长台词被分割成几条字幕时候的优先选择，通过跨行处理可以强化影视作品中角色的互动性，保证台词之间的逻辑连贯性，从而帮助观众更好地理解和欣赏影视作品；

③ 以场景为单位的字幕串：将某个故事场景或者主题环节中所有字幕作为有机整体来考量，结合场景画面处理好台词的语境指称、角色互动关系，以及台词和画面/声音之间的呼应关系，从而让译文有一种一气呵成、连贯流畅的质感。

因此，在进行航空航天影视字幕翻译时，要充分考虑字幕的影音性、其内容的专业性和语言风格的多样性，在此前提下灵活地选择恰当层级的翻译单位，通过单条字幕保证语义的准确性，通过相邻字幕强化连贯性和互动性，借由场景或主题来强化说明的客观性、重构叙事的感染力。

3 航空航天影视字幕翻译原则

影视作品是一种综合了视觉、听觉的形象艺术，是一种集技术性、艺术性和文学性于一体的综合性文本，航空航天影视作品也不例外。虽然影视翻译实践的历史不短，但目前学界对影视翻译原则还未达成共识。如麻争旗(1997)将影视翻译的原则归纳为口语化原则、人物性格化原则、情感化原则、口型化原则、通俗化原则。朴哲浩(2008:119)在《影视翻译研究》中将影视翻译的标准概括为内容忠实标准、等同感受标准、语言风格标准、文化意象标准、口型一致标准、译语规范标准；么孝颖和蔡君梅(2010)认为，影视字幕翻译应该遵循经济原则、同步说明原则、通俗原则。而肖维青(2017:39-44)则将影视剧对白翻译应该遵循口语会话、人物性格化、声画对位三大原则。

从文本和受众两个的角度出发，参考上述标准，现将航空航天影视字幕翻译原则归纳为内容专业化与语境化、充分且连贯理解、多模态互补互指和语言风格一致四大原则，并举例分述如下。

3.1 内容专业化与语境化原则

航空航天影视作品的内容往往涉及航空航天专业的相关内容，行文中会使用一些专业术语、专有名词、特殊表达、缩略语、行话、称谓语等，具有较强的专业属性。较之故事片，纪录片和新闻专题片中更为明显。因此，这就要求字幕译者具备相关的专业背景知识，了解行业的基本态势，或拥有较好的“搜商”——能够通过术语库、平行文本、专业词典、网络检索，甚至咨询专业人士等方式处理相关的问题。

例 1：

Investigator: Today, we begin with our operation and human performance investigation

调查员 1：今天 我们先进行全美航空 1549 号航班的

on the crash of US Airways Flight 1549.

操作及驾驶调查

Captain Sully: <u>Water landing</u>.

萨利机长：是水上迫降

Investigator: Captain?

调查员 1：机长 您说什么

Captain Sully: This was not a <u>crash</u> and it was a <u>ditching</u>.

萨利机长：这不是<u>坠机</u> 是<u>水上迫降</u>

We knew what we were trying to execute here.

我们很清楚自己做了什么

……

Investigator:Our computers will run return scenario algorithms.

调查员 1:电脑会建立返程场景算法

It'll generate simulations with your exact parameters.

会对飞机上的准确参数进行模拟

Thedual engine loss, the altitude.

两侧引擎失灵 飞机高度

Everything you faced when you made your decision.

还原你们做决定时所面临的情况

……

Investigator:You stated that it was a dual engine failure

调查员 1:你说是因为多次飞鸟撞击

due to multiple bird strikes?

导致两个引擎失灵

Investigator 2:That would be unprecedented.

调查员 2: 这可是史无前例的

Captain Sully:Well, everything is unprecedented until it happens for the first time.

萨利机长:凡事都有第一次

——选自《萨利机长》(Sully)00:04:21—00:06:09

上例选自 2016 年上映的美国传记剧情片《萨利机长》,影片根据全美航空 1549 号航班迫降事件航班机长切斯利·萨利·萨伦伯格的真实英雄事迹改编。选例的背景为两侧引擎失灵的飞机成功迫降哈德逊河河面后,虽然人们对萨利事件赞不绝口,但美国航空调查委员会却对事件进行了深入调查,萨利机长可能面临严重失职指控。在上述的询问过程中,官员和萨利机长的言语互动就有不少的航空专业术语(如 water landing, crash, ditching, return scenario algorithms, simulations, dual engine loss, altitude, engine failure)。译者通过各种途径查证后,将其翻译成恰当的汉语词汇,既树立了机长和调查官员的高度专业性,又保证广大观众在观影时候有清晰的认知与理解。此外,除了个别地方译者选择了“②相邻字幕+场景画面”作为翻译单位外,大部分对白都是针对单条字幕的处理,保证了语义的准确性。

除了内容的专业性,大多数航空航天影视作品,尤其是故事片和纪录片/新闻专题片中的人物同期声,都是在特定的交际情景(如机场、航程、太空任务、日常与职业生活)中发生,这就要求字幕译者在翻译时候不能仅仅进行语义层面的转换,还要更多地关注字幕的语用,充分考虑上下文、交际场合、情景语境,将台词内容进行语境化(contextualization)处理。

例 2:

毕男:今天的航程是从重庆到拉萨

We fly from Chongqing to Lhasa today.

这个航线有什么特点 二位号

What's special about this route?

女乘务员 1:我们今天飞行的是高高原航线

It's a high-altitude route.

是因为运行机场的海拔高度大于 2438 米

because elevation ofLhasa Airport is higher than 2438 meters.

毕男:一旦发生客舱释压 我们第一动作需要做什么

What do we do in case we encounter cabin depressurization?

女乘务员 2:拉下氧气面罩吸氧 同时固定好自己

Put on the oxygen mask and strap ourselves down.

——选自《中国机长》00:06:34—00:06:47

上例节选自 2019 年上映的国产剧情电影《中国机场》。影片根据 5·14 川航航班备降成都事件改编,讲述了英雄机长带领机组成员与乘客经过强风、低温、座舱释压等多重考验,最终安全着陆的故事。选段字幕出现在乘务长毕男在航班起飞前对空乘员的考核之中,有明显的对话性和交际性。译者在翻译过程中,译者充分考虑到了场景画面和语境线索,多处进行了语境化处理。如译者第一句中增加了"We",转换了人称,增强了对话性和团体感,根据画面指涉(画面中毕男面对女乘务员 1 说话)省略了第二句中的"二位号",并结合上下文省译了语义重复的元素(如"我们今天飞行的是""吸氧")。此外,还结合第一条字幕的内容将"运行机场"具体化成为"Lhasa Airport",可见译者在翻译过程中选择的翻译单位是"以场景为单位的字幕串",重构了叙事的整体氛围和感染力。

3.2 充分且连贯理解原则

通常情况下,观众在观看影视作品的时候都希望一遍就能看懂,如果需要不断复看,整个观影过程就会变得乏味。因此,视听文本具有的及时性和聆听性要求字幕翻译必须简洁流畅,保证观众有充分且连贯理解。这里的"充分"主要指向信息的数量和精度。由于字幕的时空限制和观众阅读速度的制约,当字幕的信息浓度较高的时候,译者就需要进行"知识管理",进行文本压缩(text reduction)。这主要体现在:①删除与理解信息无关的内容;②以尽可能简洁的方式重述与理解相关的内容(Diaz-Cintas, 2021: 147)。这就意味着字幕翻译并不一定是源语内容的完整呈现,但目标语字幕的处理应该以保证观众对情节和语境有充分理解为前提。"连贯"具体指的是叙事连贯,即故事情节的发展和推进是否有清楚的衔接,上下文的逻辑关系与时空概念是否交代清楚,台词中的各种顺序和关系(如时间/事件先后、指称与指示、因果、转折等)是否明晰,角色之间的互动与对话是否流畅。

例 3:

Whip Whitaker: Oxygen check. That checks. You want a hit?

韦普·惠特克:氧气检查 查好了 你也吸一口吗?

Ken Evans: Uh, no, thank you, Sir.

肯·埃文斯:不用 谢谢机长

Whip Whitaker: you sure?

韦普·惠特克:真的不吸?

Ken Evans: Yes, Sir.

肯·埃文斯:真不吸 机长

Whip Whitaker: Okay.

韦普·惠特克:那好吧

选自《迫降航班》(Flight) 00:05:42—00:05:49

上例节选自 2012 年上映的美国剧情片《迫降航班》(Flight)(港台译名为《机密真相》),讲述了涉嫌酒驾和毒驾的国民英雄机长韦普·惠特克在被美国航空安全局调查的过程中自我救赎的故事。选段字幕出现在惠特克机长登上从奥兰多飞往亚特兰的飞机后,在起飞前和副机长肯·埃文斯之间就检查氧气面罩(见图 1)一事进行的玩笑性对话。机长说"氧气检查"后,镜头推向正在面罩后吸气的他,然后他戏谑地对韦普说了"That checks. You want a hit?"。此外的 hit 为俚语词汇,其意为 a dose of a psychoactive drug(一剂精神活性药物),是一个与影片主题关系密切的词汇,再加上语体上具有一定的隐晦性,因此将其处理成双关语"吸",可以是语境内的字面义"吸氧",也可以指带言外的"毒驾指控"这层含义。

图 1 检查氧气面罩

虽然除了 hit 一词对话内容看起来非常简单,但将其翻译得充分且连贯也并非易事。如果不考虑语境因素,将其直译"你想试试吗""不 谢谢你 机长""你确定""是

的 机长”“那好吧”,那么角色之间的互动性会显得很差,更不能突出映射的“毒驾”主题。虽然机长和副机长是第一次见面,但所用的都是低语域词汇,因此译文还需要贴近生活口语,符合交际情景,既上口,也方便听懂。

3.3 多模态互补互指原则

作为视听翻译的对象,视听文本意义的传达是一系列多模态符号相互作用产生的。试听翻译学者迪亚兹-辛塔斯(Díaz-Cintas, 2008: 2-3)将视听文本的要素归纳为“听觉—语言要素”(如对白、独白、歌曲、画外音)、“听觉—非语言要素”(背景音乐、音效、杂音)、“视觉—非语言要素”(如图像、照片、手势)和“视觉—语言要素”(如广告、标语、信件、屏幕信息、报纸标题)。虽然字幕翻译主要涉及对白,但共存于视频中的非语言要素也会对翻译产生影响和制约,而且译文还需要和这些元素实现音画同步。因此,在翻译过程中,就需要充分关照多模态之间的互指关系,将字幕和画面之间、字幕和场景之间、字幕和听觉元素之间的互补互释纳入翻译考量中,让译文和其他视听元素统一连贯、字幕简洁晓畅。现以电影《中国机长》视频截图(见图 2)为例,说明在字幕翻译中如何实现多模态互指。

图 2 《中国机长》官方电影版字幕截图

图 2 为电影开篇刘长剑机长在离家执行飞行任务之前的活动。他看了沉睡的女儿,然后喂了家里收养的被人遗弃的小狗,忍不住发出“多可爱的小狗啊 怎么有人说扔就扔呢”。这条字幕语义完整且独立,很容易就翻译成“What a cute dog! How can someone abandon it?”。如果是传统文本翻译,这译文问题不大,但因为这两句话出现在字幕中,而且其显示时间不到 1 秒,内容太多的话,观众的阅读速度会跟不上。画面中,机长手里抱着小狗,在给它喂食。因此,在关照这个视觉—非语言元素之后,

译者将两句台词进行了合译，并把“多么可爱的小狗”处理成“a cutie like you”，既贴合了画面，增加了对话性，更凸显了机长深入骨髓里的爱心。

3.4 语言风格一致原则

航空航天影视作品中的语言风格往往是杂合的，既有故事片中塑造角色性格的个性化人物语言，也有纪录片和新闻专题片中描述航空航天专业知识背景、过程的专业化语言。人物语言往往对白多、独白少，语言组织方式较为松散，结构化不强，句式多为简单句和断句，词汇也多选用简单词汇、短语动词和非正式用语（如俚语、习语、俗语等），频繁使用语气词、填充词（如 well, Um/er/uh, so, I mean, you know 等）；而专业语言往往以旁白或画外音方式出现，语言结构化较强，句式相对复杂，常常伴随从句和逻辑连接词，用词也相对正式，抽象名词和名词化的比重相对较高。

例 4：

Scotty：Captain! I found this in the crashed jumpship, sir.

斯科特：舰长 我们在飞船残骸里发现了这个

This is how the bastard got away.

那个混蛋就是这么逃走的

Kirk：What do you mean?

柯克：这是什么

Scotty：It's a portable transwarp beaming device.

斯科特：便携式超曲速传送装置

Kirk：Well, can you figure out where he went?

柯克：能知道他去哪儿了吗

Scotty：I already did, sir. And you're no gonna like it.

斯科特：已经查到了 长官 你不会想知道的

He's gone to the one place we...

这家伙跑到了一个

We just can't go.

我们没办法去的地方

Kirk：Admiral, sir, he's not on Earth.

柯克：上将 他已经不在地球了

He's on Kronos, sir.

他在科洛诺斯 长官

I request mycommand be reinstated

我请求官复原职

andyour permission to go after him.

并请您批准我去追捕他

Marcus：Kronos.

马库斯：科洛诺斯 -

Kirk：Yes，sir.

柯克：是的 长官

Marcus：So Harrison's gone to the Klingon homeworld.

马库斯：你是说哈里森跑到克林贡人的母星去了

Is he defecting?

他想投敌吗

Kirk：Uh，we're not sure，sir.

柯克：还不确定 长官

Spock：He has taken refuge in the Ketha Province，

史波克：他现在就躲在科萨区

a region uninhabited for decades.

那里已经荒废几十年了

Kirk：He's gotta be hiding there，sir!

柯克：他一定藏在那里 长官

He knows if we even go near Klingon space，

他知道 如果我们靠近克林贡人的地盘

It'd be all-out war.

就会爆发全面战争

Starfleet can't go after him，but I can.

星际舰队不能去追他 但我可以去

Please，sir.

求您了 长官

Marcus：All-out war with the Klingons is inevitable，Mr. Kirk.

马库斯：和克林贡人全面开战在所难免了 柯克先生

If you ask me，it's already begun.

在我看来 战争已经开始了

——选自《星际迷航：暗黑无界(Star Trek：Into Darkness)》00:30:34—00:31:29

例 4 节选自 2013 年上映的美国科幻动作片《星际迷航：暗黑无界》，讲述了在一场灾难性恐怖攻击后，柯克舰长带领进取号船员去寻找真相的故事。选段字幕的语境如下：神秘星际恐怖分子约翰·哈里森驾驶飞机袭击了高层会议，柯克最敬重的派克将军不幸遇难，哈里森通过便携式超曲速传送装置逃到科洛诺斯，柯克准备申请复职，重新率领进取号启程追击。从语言风格看，选段有明显的口语体倾向，其中使用的专业术语(transwarp beaming device)和专有名词(Kronos，Klingon，Ketha，Starfleet)数量不多，更有随意体词汇(如 gonna，gotta，bastard 等)，句式也大多是简单句。因此，译文也基于语境适时省略主语，尽量再现这种生活口语的趋势。然而，"I request my command be reinstated, and your permission to go after him"这两句台词明显在语体上呈现标记性，用词相对正式，因此在翻译的时候采用了四字格"官复原职"和"您"来体现这种语体的差异，也让译文能恰当传递出柯克舰长对于复职一事的严肃性和正式性，将英文台词中这种语体多样性在译文中恰当得体地再现出来。

4 结 语

作为一种承载航空航天领域信息、知识与故事的多模态文本，航空航天影视作品在内容上有一定的专业性，语体风格上有很强的多元性，台词、画面和声音等多种符号共同建构文本的意义。字幕翻译的过程中，译者应该从考虑技术和内容两个维度的制约，将台词与画面结合，因地制宜地选择合适的翻译单位，使内容切合语境，和画面相互指涉，以恰当的语言风格呈现专业化的内容，以保证观众有充分且连贯的理解，给观众带来更好的观影体验。

当下，我国正在积极推进中国文化"走出去"战略，影视翻译在其中充当了重要的角色，能实现创造经济收入与传播中国文化的双重效益。加之，近年来我国涌现出一批航空航天主题的影视剧、纪录片和专题片，对其字幕翻译的质量在很大程度上影响作品的传播与接受，更塑造了国外受众对中国航空航天科技与文化的认知。因此，本文所提出的四个字幕翻译原则可为我国航空航天影视翻译的实践与教学提供一定参考。译者应该把握这些翻译原则，采用恰当的翻译策略与方法，忠实、恰当、有效地进行传译，为讲好中国航空航天故事、传播好中国声音、分享中国智慧与方案贡献力量。

注：文中的字幕翻译案例来源如下：例 1 和例 4 为字幕组字幕，下载于"字幕库"网站；例 2 和图 2 源自《中国机长》电影官方英文字幕，从视频中提取获得；例 3 是作者基于字幕组中文字幕进行的修改，特此说明。

参考文献

[1] DIAZ-CINTAS J. Audiovisual Translation Comes of Age[A]. In Chiaro D, et al, ed. Between Text and Image: Updating Research in Screen Translation[C]. Amsterdam: John Benjamins, 2008.

[2] DIAZ-CINTAS J, Remael M. Subtitling: Concepts and Practices [M]. London: Routledge, 2021.

[3] REMAEL A. Audiovisual translation[A]. Gambier Y, VAN-DOORSLAER L, et al. Handbook of Translation Studies (Vol. 1) [C], Amsterdam: John Benjamins, 2010.

[4] SHUTTLEWORTH M, COWIE M. Dictionary of Translation Studies [M]. London: Routledge, 1997.

[5] VINAY J P, DARBELNET J. Comparative Stylistics of French and English: A Methodology for Translation [M]. Amsterdam: John Benjamins, 1995.

[6] 董海雅.西方语境下的影视翻译研究概览[J]. 上海翻译，2007(01)：12-17.

[7] 麻争旗.论影视翻译的基本原则[J].现代传播：北京广播学院学报，1997 (05):81-84.

[8] 朴哲浩.影视翻译研究[M]. 哈尔滨:黑龙江人民出版社，2008.

[9] 肖维青. 英汉影视翻译实用教程[M]. 上海:华东理工大学出版社，2017.

[10] 杨仕章,薛茜文. 核心模态整合视角下的影视字幕翻译研究[J]. 外语电化教学，2023 (03)：58-66+121.

[11] 么孝颖,蔡君梅.影视字幕翻译的原则[J]. 电影文学，2010(18)：140-141.

翻译传播学视角下《流浪地球 2》的对外传播研究①

邱森隆② 王晨爽② 郑 飞②

摘 要：《流浪地球 2》是一部以航天为题材的科幻电影，讲述了人类依托航天工业技术，面对灾难和承受考验的故事。该片在国内与北美等地同步上映，海外评价较高，取得了良好的对外传播效果。本文基于翻译传播学，利用 python 爬取观影数据，从翻译传播者、传播媒介与内容、传播环境与受众三个方面对《流浪地球 2》海外版的译介与传播进行深入探讨，以期为国产电影的对外传播提供有益借鉴。

关键词：翻译传播学；《流浪地球 2》；视听翻译

A Study of the External Communication of *Wandering Earth 2* from the Perspective of Translation Communication Studies

Abstract: *The Wandering Earth* 2 is a sci-fi movie based on spaceflight, which tells the story of mankind relying on the technology of the spaceflight industry to face disasters and endure trials. The film was released simultaneously in China and North America, and achieved good foreign communication effects and high evaluation overseas. Based on translation communication science, this paper uses python to fetch the viewing data, and conducts an in-depth discussion on the translation and communication of the overseas version of *The Wandering Earth 2* from three aspects: translation communicator, communication media and content,

---

① 基金项目：本文获北京市共建项目专项资助。

② 作者简介：邱森隆，男，北京航空航天大学硕士研究生在读，研究方向：影视翻译、翻译传播学；王晨爽，女，博士研究生，副教授，研究方向：文学翻译、符际翻译；郑飞，女，博士、教授，研究方向：文学翻译、英美文学、语料库戏剧文体学。

communication environment and audience, in order to provide useful reference for the foreign communication of domestic movies.

Keywords: translation and communication; *The Wandering Earth 2*; audiovisual translation

1 引 言

《流浪地球 2》是由郭帆执导，吴京、李雪健、沙溢等领衔主演的科幻电影，围绕着中国航天飞行员、科学家、外交官等人物展开，讲述了太阳即将毁灭，人类为摆脱危机，成立地球联合政府，积极开展了愚公移山、精卫填海、女娲补天、夸父逐日等一系列自我拯救的故事。截至 2023 年 2 月 12 日，该片获得票房 36.5 亿，闯入中国电影史前十名，被誉为国产科幻电影的一次飞跃。《流浪地球 2》在国内好评如潮的同时，在北美和英国等国家同期上映时，也突破多项纪录。该片获得北美地区华语片首映日票房总冠军，并挺进全美首映日票房排行榜前十名。在英国市场，该片被誉为英国近 15 年来最高票房华语片（王珞，2023）。

从国外影视网站的信息中，可以了解国内电影的对外传播概况。如亚马逊（Amazon）、烂番茄（Rotten tomato）、互联网电影数据库（Internet Movie Database）等知名的观影网站均采用付费的观影模式，评论者需实名认证，其评价数据真实客观，具有一定的参考价值。以网站 IMDB 的观影数据为例，《流浪地球 2》海外版观影人次约为 1.1 万，在同期上映的六部同类型电影中排名第 3（见表 1）。其中，有三部观影人次较少，分别是 *Paradise*（约 8 400 人）*Asteroid city*（约 5 800 人）和 *Twisted metal*（约 7 000 人）。有两部电影的观影人数处于领先地位，它们是 *The Flash*（约 3.7 万人）和 *Transformers*（约 7.0 万人）。在评分方面，《流浪地球 2》评分为 7.0，位居第 1（见表 2）。由此可见，《流浪地球 2》海外版的观众反馈不俗，优于其他国外同类型科幻作品，其关注度和认可度可圈可点。

表 1 《流浪地球 2》与同期同类电影在亚马逊、烂番茄、互联网电影数据库上的观影人次

排　名	电影名称	观影人次
1	*Transformers*	7 000
2	*The Flash*	3 700
3	流浪地球 2	11 000
4	*Paradise*	8 400
5	*Twisted metal*	7 000
6	*Asteroid city*	5 800

表 2 《流浪地球 2》与同期同类电影在互联网电影数据库上的评分

排名	电影名称	评分
1	流浪地球 2	7.0
2	*The Flash*	6.9
3	*Asteroid city*	6.7
4	*Paradise*	6.3
5	*Twisted metal*	6.3
6	*Transformers*	6.1

2 翻译传播理论

著名传播学者拉斯韦尔(Lasswell)曾提出“5W”传播理论,该理论主张人的传播活动主要由五个要素组成:传播者、传播内容、传播媒介、受众与传播效果(Lasswell,1948)。5W 模式清晰、准确地描述了信息传播的过程,一直沿用至今。1997 年,吕俊教授出版《翻译学——传播学的一个特殊领域》一书,详细论述了翻译传播理论,阐明了传播学与翻译学之间的内在联系,将翻译的各环节融入传播信息链中,并指出传播主体、传播内容、传播渠道、传播对象、传播目的、传播环境与效果构成了传播过程的整体,也同样构成了翻译过程的整体(1997)。

在上述传播链中,传播主体在翻译环节中不可或缺,是不可替代的黏合剂。翻译环节通常由传播主体,即主要传播者决定或选择需要传播的内容(滕梅等,2023);传播内容是翻译活动的客体,其重要性不言而喻;受众与传播环境是传播过程的接收端,其中受众是翻译产品的接收者,传播环境指传播活动所赖以进行的社会环境和社会条件,与社会政治制度和国家经济发展与文化环境有关,它决定和影响了传播活动的特点(刘建明等,1993)。翻译活动和传播活动具有很大的共性。任何类型的翻译都是以不同类型的文本类型进行信息传递。在翻译传播学的视角下,电影《流浪地球 2》的对外传播本质上是文本信息的跨文化传递,以翻译传播理论研究其对外传播,有利于挖掘并优化国产科技电影的叙事模式,并通过理论指导进而提高和改善国产电影的译介与传播效果。

3 《流浪地球 2》的海外影众评价

为探寻《流浪地球 2》在海外市场荣获佳绩的原因,本研究运用 Python 爬虫工具，以“*The Wandering Earth II*”为关键词，通过上述三个观影网站进行数据检索，抓取读者的全局评论。然后，在文本清洗与降噪中去除特殊字符、无关符号和换行，以及人工剔除非英语评论。最后通过 Python 机器语言设置，过滤掉读者评论中的无用文本信息后，得出有效文本 556 条，生成可视化的关键词主题词云图（见图 1）。词云图能够通过图层渲染，对文本中高频次出现的关键词进行视觉突出化呈现，有助于了解影评内容的重点信息，一目了然地获取观影者的关注点。

图 1 《流浪地球 2》海外影评关键词云图

如图 1 所示，针对数据抓取工具 python 搜集到的海外影评关键词，其中频次排名前 10 的词汇，分别为 Chinese story、Sci-fi、Plot、Scene、China、Effects、Hollywood、Character、Mankind、Storyline。基于吕俊的翻译传播学理论模型，本研究将以上关键词分为三类：

① 与影片传播主体相关，包括故事线（Storyline）、角色（Character）、情节（Plot）；

② 与影片传播内容相关，包括科幻（Sci-fi）、中国（China）、画面（Scene）、效果（Effects）、人类（Mankind）；

③ 与影片传播环境相关，包括中国故事（Chinese story）、好莱坞（Hollywood）。

完成对海外影评高频关键词的分类后，下面以三组关键词为依据，对《流浪地球 2》在海外成功传播的原因给予解读。

4 《流浪地球 2》的对外传播分析

影视翻译承担着跨语言、跨文化、跨地区等多重社会交际功能，从翻译传播学视角来看，《流浪地球 2》海外版的译制过程亦是其借助视听媒介进行的信息传递与文化交流过程。基于翻译传播学理论，本研究利用 python 爬取观影数据，从传播主体、传播内容与传播环境三个维度对《流浪地球 2》的对外传播进行分析。

4.1 传播主体：译者主体性的充分发挥

关于翻译的主体，学者李明认为文学作品的翻译是两种语言文化之间的对话、交流与协商的过程，在这种对话、交流与协商的过程中，原文、原文作者、译者，有时还有翻译发起人、出版商或赞助人等，都会参与到翻译活动中来，都是翻译过程中的主体（2006）。电影作为文学作品，其翻译的一切参与者都可视作为翻译的主体，包括导演与译员。在《流浪地球 2》影片的译制过程中，导演和译员充分发挥了译者的主体性，推动了影片的对外传播。

一方面，导演在影视字幕翻译中负责统筹实现视听画面与文字符号间的转移，承担了符际翻译的职责。罗曼·雅各布森（Roman Jakobson）认为符际翻译是一种符号与另一种符号之间的相互转换，包括语言符号系统和非语言符号系统，如小说与电影、文字与图画之间的转换（Jakobson，1992）。小说与电影是两种互相关联又各自独立的艺术形式，改编将二者有机地结合在一起（王晨爽，2017）。小说到电影的改编过程属于符际翻译范畴，电影《流浪地球 2》在故事线（storyline）、情节（plot）、人物（character）等方面对同名小说《流浪地球》进行了精心的再创作，使其在符际转换的过程中实现了文字符号向视听符号的完美转换。在故事线（storyline）方面，小说《流浪地球》叙事跨度大，冲突较少，给予了读者更大的思考空间。但缺乏戏剧冲突的故事线，无法满足观众对科幻片的期待视野，也很难以取得良好的视听效果。在情节（plot）方面，原著一以贯之地讲述了飞船派与地球派间的矛盾，而且此纷争持续了整整四个世纪。在电影改编中，主创团队删除了飞船派与地球派世纪纷争的情节，创新地引入了数字生命计划与移山计划的分歧，并通过数字生命派袭击联合政府大楼、破坏方舟空间站等情节，在保留了小说深刻哲思的同时，大幅度增加了情节的冲突性与戏剧张力。在人物（character）的塑造方面，电影在改编时，增加了小说中没有的人物：心向祖国的刘培强、性格爽快的刘朵朵、刚直正义的联合政府代表、统筹全局的中方总指挥……电影镜头能够将小说意图传递的人物形象，形象生动地通过荧幕演绎出来，也更加符合影视符号的视觉特点。

另一方面，同导演一样，译员在字幕翻译中，也需要充分发挥译者主体性，遵循以下翻译三个原则。

（1）字、声、画统一原则

电影翻译不仅是字幕翻译，还需要在充分考虑声画协调的基础上进行配音，电影译者应遵循字、声、画一体的翻译原则。《流浪地球 2》的字幕翻译工作由王辉负责，翻译组成员是 52 名来自北京外国语大学的师生。《流浪地球 2》内地版电影中，Moss 角色用的是中文配音，海外版则由孙照博负责英文配音。孙照博已入行配音译制近

10 年，曾经为《八佰》《我和我的祖国》等电影做过外语配音指导，配音经验丰富。配音翻译的台本语言要最大限度地贴近人物说话时长，译者需要把握好发音口型、字数、节奏等后期配音要素，从而方便后期译制配音具有更加自然的观感（杨和平、麻争旗，2010）。为保证翻译进度和遵守版权制度的行规，翻译组首先在没有电影画面的情况下进行电影台本的翻译，而台本在孙照博进行配音时，又综合影片内容和字画等多方面因素进行了一定改动。Moss 本身是一个非人型的人工智能装置，因而不再有口型方面的要求，针对了 Moss 本身的人工智能身份与说话口吻进行了台词调整，从而做好声画方面的协调。

（2）时空有限性原则

除了声画统一，译者还需要考虑字幕翻译时空限制方面的问题。空间方面，字幕需要控制单句长度，业界普遍将字幕控制在一行，每行最多约 35～42 个字符，非必要不分行，长句子需分为几个字幕；时间方面，传统上单条字幕时间上限为 6～7 秒；最后，字幕需要与画面时间相匹配，以确保句意与画面并行（Jorge Díaz Cintas，2020）。

例 1：移山计划的可行性验证刻不容缓。

译文：The feasibility verification of the Mountain Moving Project is now a matter of utmost urgency.

分析：这是影片关于“移山计划”背景信息的字幕翻译。首先，由于字幕在放映时有空间限制，单个句子不宜过长，较长的句子不得不适当切割。该句共有 79 个字符，已经远超单行字符数限制，不进行切割则不得不缩小字体，势必影响阅读体验。切割处理后，字幕总字符数为 52，略超最大行字符数，但基本解决了字幕空间限制的问题；而在时间限制方面，如图 2 所示，该部分的电影画面首先是 4 秒的俯拍镜头，此处字幕为“The feasibility project of the Mountain Moving Project”，随后迅速转入黑屏界面，持续 3 秒，如图 3 所示，此处字幕为“is now a matter of utmost urgency”，均符合字幕时间限制的要求；最后，字幕前半部分陈述移山计划的可行性验证计划，与画面枪林弹雨后断壁残垣的画面形成互文补充；后半部分使用“of utmost urgency”这一短促有力的英语短语与黑屏界面相匹配，达到意犹未尽的视觉效果，保证了句意与画面的协调。在对于“移山计划”背景介绍的字幕翻译中，译者充分考虑到了字幕翻译时空层面的限制，从而使字幕与画面协调统一，确保观影者能够在有限的观影时间内充分理解影片内容。

（3）客观真实性原则

《流浪地球 2》以航天科技为题材，译员在翻译时需要保持科技翻译的风格。例如，科幻电影往往借助术语传递重要的科学信息，电影中出现了“太阳氦闪 Solar Helium Flash”“抗荷服 anti-G suits”“The Arc ISS”等术语翻译现象，这需要译员们多查资料、多钻研，以确保术语翻译的准确性。同时，影片在翻译科技设备简介、背景

图 2 《流浪地球 2》切割语句与画面相匹配

图 3 《流浪地球 2》中黑屏镜头与精简短语的配合

信息陈述等写实性强的语句时便刻意运用了被动句的技巧。

例 2:务必不惜一切代价<u>阻止引爆</u>。

译文:<u>Detonation</u>must **<u>be stopped</u>** at all cost.

例 3:<u>建造</u>三台卫星发动机。

译文:Three Lunar Satellite Engines will also **<u>be constructed</u>.**

例 4:至少一年<u>不能</u>在月表<u>作业</u>。

译文:The lunar surface **<u>operation</u>** will **<u>be paused</u>** for at least a year.

分析:科技翻译的译文需要利用被动句保持客观、写实的翻译风格。译文中被动句的多次使用是展开科技问题的讨论和进行客观陈述的体现。科技英语承载了描述和传递科学技术的重要角色,被动语态弱化或忽略了动作的发出者或执行者,重点表述客观事物本身，契合科学研究严谨客观的态度风格（延宏等，2015）。《流浪地球 2》中被动句的运用很好地传递了科技作品的客观信息，有利于保持严谨、实事求是的翻译风格。

可见，《流浪地球 2》的翻译组成员，成功发挥了译者在视听翻译中的主体性，严格遵循了声画协调、时空限制、客观真实等翻译原则，取得了优质的翻译效果。

4.2 传播内容：中国形象的立体构建

影片《流浪地球 2》聚焦科幻色彩（sci-fi）、合作共赢（mankind）以及中国形象（China）三方面内容，并通过场景（scene）、画面、音效等充分建构了中国国家形象。国家形象是一个国家在国内外受众心目中形成的总体印象、评价与态度，国家的社会制度、民族文化、社会文明以及价值观等，是国家形象的构成要素（刘小燕，2002）。

首先，《流浪地球 2》作为一部国产科幻影片，通过一个个充满科幻元素的电影场景（scene），展现了影片浓厚的科幻色彩（sci-fi）与新奇的科技畅想。太空电梯首次在国产科幻电影中亮相，展现了中国对航空科技未来发展的伟大蓝图；歼击机、无人机大战，乃至引爆月球时的壮观场景（见图 4），让人深受鼓舞；各种运输车、航空站装置的细致画面（见图 5），展现了中国高速的科技发展与高超的工业水平。影片中各色颇具科幻色彩的场景蕴含了奇幻瑰丽的科幻想象，不仅令观众大饱眼福，也印证了中国日新月异的科技进步与工业发展。

图 4　引爆月球时的壮观场面

其次，影片通过人类命运共同体价值观的构建，强调人类整体（mankind）面临危机时需团结协作与奉献精神，有效传递了大国的国家形象（China）。以影片中周喆直在联合政府的发言为例，作为中国代表，在联合国讲台上周先生从 15 000 年前一根人类折断后愈合的股骨说起，将中国价值观娓娓道来。

图 5 航空站装置的画面

例 5:正是这种**互助**,**团结**,我们才活下来,延续着**文明的火种**。

译文:This kind of **interaction** and **solidarity** enabled us to survive and continue our **civilization.**

分析:影片此处,周喆直的演讲意在向联合政府的各国代表阐明合作的重要性,呼吁各国放下分歧,共同保卫人类的家园。该片段的字幕通过"互助(interaction)""团结(solidarity)""文明(civilization)"等关键词,强调了世界的发展要依靠每一个成员的努力,要依靠合作共赢,构建人类命运共同体,清晰明了地展现了人类命运共同体的中国特色价值观。由此可以看出,《流浪地球 2》强调的是面临灾难,合作共赢的精神与人类共同体的族群信念,是求同存异、守望相助的中国主张。

最后,当地球成功点火,月球残骸将不再袭击地球时,影片利用周喆直的个人独白形式,对电影主题进行了升华,再次重申了中国价值观的重要作用。

例 6:我相信,人类的勇气可以跨越时间,跨越每一个历史,当下和未来。我相信,**我们的人**一定可以完成任务,**无论虚实,不计存亡**。

译文:I believe, the courage of mankind can transcend time. It transcends the past, present and future. I believe, **our people** will definitely accomplish the mission,**real or virtual, at all costs.**

分析:此处周喆直的独白寄予了对中国宇航员的厚望,也通过"无论虚实,不计存亡"(real or virtual, at all cost)传达了中国宇航员舍弃小我、成就大我的中国式英雄主义。中国式英雄主义强调个人奉献和为他人着想的精神,强调舍小我而成大我,以小我的力量成就集体的共同利益。通过此处对白,一个个牺牲自我,为国家、为全人类奉献的英雄宇航员形象清晰可见,中国为世界造福、为人类造福的国家形象也相应跃然纸上,更加彰显了中国所倡导的人类命运共同体价值观的可贵。这种人类命运共同体的中国价值观在《流浪地球 2》中得以呈现，并在国外市场成功传播并弘扬，引起了全球范围的广泛关注。

综上，在《流浪地球 2》的电影内容中，浓厚的科幻色彩和共同体精神建构的正面国家形象，是其对外传播过程中较为成功的重要因素，它们极大地丰富了《流浪地球 2》的影片内涵，推动影片在海外上映时产生良好的传播效果。

4.3 受众与传播环境：贴合目标环境的创作

在传播环境方面，海外观众评价高频词汇包括好莱坞式（Hollywood）与中国故事（Chinese story）等。这两个词分别凸显了以美国为核心的电影产业与以《流浪地球 2》为代表的中国电影在外译时采用的主题架构。

好莱坞电影在美国价值观对外传播过程中扮演了重要角色，成为美国大众文化的象征，更是美国生活方式影响世界的手段。概括地说，好莱坞电影价值叙事方式的显著特点是渗透，即将美国价值观包装在具有强烈视听效果的影像画面之下，并配以引人入胜的剧情，使受众在意识无防备的情况下达到传播目的（涂江波等 2023）。好莱坞电影经常渲染一个反映着美国价值观念的世俗神话，即美国作为“自由世界的灯塔”的形象，这是在价值观上自我臆断为世界秩序的维护者；好莱坞电影不断宣示美国是人类社会的“中心”，尽量将意识形态诉求普世化，并罩上一层普遍人性的外衣，从而将美国价值观凌驾于其他地区价值观之上，实现其文化的话语霸权。好莱坞电影的叙事内核具有高度的意识形态色彩，一方面，其娱乐产业在美国庞大商业帝国的影响下席卷全球，另一方面，其建构的普世价值观也反哺了美国核心意识形态的霸权地位，为美国维系其全球范围的霸权地位扫除了思想障碍（侯再宣、伍志燕，2023）。

面对好莱坞电影意识形态的传播渗透，中国电影作为中国故事（Chinese story）的重要载体，应重视电影话语的形塑，提升中华文化影响力，从而抵御好莱坞的意识形态渗透。《流浪地球 2》的成功之处在于，它建构起了以中国特色价值为核心的独特中国故事，为国产电影如何实现中国价值观的对外传播树立了良好典范。《流浪地球 2》描写并传播了生动美好的中国故事。影片以中国倡议各国加入“移山计划”，合作共赢延续人类文明为思想主题，凝练地传递了中国在现代化进程中的中国故事、中国方案与中国智慧，有力地向外传播了中国声音，有助于让中国叙事越来越为国际社会与海外影众所认同。另外，《流浪地球 2》强化了中国电影传播社会主义意识形态的使命担当，传递了具有民族认同的文化符号，用文化作为情感纽带，鼓舞了广大人民群众的中国情怀（侯再宣等，2023）。

5 结　语

《流浪地球 2》是中国科幻影片取得良好对外传播效果的典范。影片根植于中国文化，与民呈现了中国的科幻人文畅想与特色电影叙事，传达了中国特色优秀传统品德和人类命运共同体理念。从翻译传播学的视角看，《流浪地球 2》在海外的成功传播，离不开传播主体性的发挥、传播内容的有效传达以及针对传播环境的综合考量。《流浪地球 2》的成功也为今后中国科幻电影的对外传播提供了镜鉴：在翻译传播理论的指导下，作为传播主体的导演与译者需要发挥主体性、宏观把握传播内容，考虑电影媒介的特殊性，做好文字符号与视听符号间的转换；作为对外传播主要内容的电影字幕，在进行信息的传递时，除了文字层面的信息转换，还应注意到视听翻译的特殊性质，使信息传递做到声画联动、字画统一；在受众与传播环境层面，应注意到中国叙事的独特力量，在好莱坞式影片占主导的海外影视市场中，既要贴合目标受众的观影习惯，又要利用好中国影片的独特价值内核，从而尽可能全面地转达影片的内容与价值观，实现电影对外传播的最佳效果。为了促进中国文化的对外传播，为了让西方世界能够更多了解中国的风土人情和科技发展，为了使承载着中国文化、中国力量的中国影片走向更大的国际舞台，从翻译传播学视角解读《流浪地球 2》的对外传播，可以为中国电影走出国门提供有益的借鉴与启发。

参考文献

[1] COLIN H, Mirus R. Reasons for the U. S. Dominance of the International Trade in Television Programmes[J]. Media, Culture & Society, 1988(4) : 499-515.

[2] HOU Zaixuan, Hiyan Wu. Visual Colonization: A Critique of and Response to the Logic of Ideological Operations in Hollywood Films[J]. Journal of Hubei Administration Institute, 2023(4): 33-39.

[3] HU Tong, JIN Xiaolei, PAN Jiayin, LIU Yuxi. Students of BFSU participate in multilingual translation of Wandering Earth 2, telling Chinese stories to the world [N]. China Youth News. 17-03-2023.

[4] LASEWELL. The Structure and Function of Communication in Society [J]. The Communication of Ideas, 1948:3-9.

[5] LI Yan, MA Zhengqi. The Dilemma of Subtitling in Overseas Communication of Chinese Films and the Innovation of Their Translation Concepts[J]. Movie Review, 2021(7): 20-25.

[6] LIU Jianming, WANG Taixuan, GU Changling, YU Jin. Dictionary of Public Opinion [M], Beijing:Economic Daily Press, 1993.

[7] LIU Xiaoyan. Reflection on media shaping the national image [J]. Chinese Journal of Journalism & Communication, 2002(2): 61.

[8] LV Jun. Translation Studies——A Special Field of Communication Studies [J]. Journal of Foreign Languages, 1997(2):40-45.

[9] TENG Mei, LU Chunli. A Study of Translator Subjectivity and Translation Messaging in the Perspective of Translation Communication——Taking the Annotation of Du Fu's Poetry as an Example[J]. Translation and Communication, 2023 (1):75-87.

[10] TU Jiangbo, WU Yinxia. The Hidden Export--Hollywood Films and the Spread of American Values[J]. Journal of Yangtze University(Social Sciences Edition), 2023 (1):78-83.

[11] WANG Chenshuang. A Study of the Movie Adaptation of The Joy Luck Club under the Perspective of Inter-runic Translation [J]. Journal of Northeastern University (Social Science), 2017(3): 325-330.

[12] WANG Luo. Chinese sci-fi blockbuster The Wandering Earth 2 has hit record highs overseas [N]. China Securities Journal, 2023-02-08.

[13] WANG Ruozhou. Textual Rewriting and Heroic Reinvention of Chinese Science Fiction--An Analysis of the Adaptation Strategy of The Wandering Earth from Novel to Film[J]. Voice & Screen World, 2023(1): 53-55.

[14] YAN Hong, LI Qingming, YIN Pi'an. The Practice of Scientific Translation from Chinese to English[M]. Xi'an:Northwest University of Technology Press, 2015.

[15] YANG Heping, MA Zhengqi. Dubbing in Contemporary China [M]. Beijing: Communication University of China Press, 2010.

[16] ZHAO Siyao. The Core of Chinese Culture in Science Fiction Movies: The Construction and Value Expression of the Great Power Image in Wandering Earth 2[J]. Communication and Copyright, 2023.(10): 45-47.

[17] ZHANG Xiuhai. Strategies and Methods for Audiovisual Translation[M]. Beijing: China Film Press, 2015.

[18] JAKOBSON. On Linguistic Aspects of Translation[M], Chicago: University of Chicago Press, 1992.

基于语料库的《中国的航天》白皮书英译研究[①]

陈　静[②]　马昕宇[②]

摘　要:《中国的航天》白皮书旨在向国内外介绍中国政府发展航天的宗旨、原则、现状、目标和国际合作等内容,不仅是政府的官方文件,还是塑造中国形象的重要工具。本文以形象学理论为依据,基于语料库技术,以 2011 年、2016 年、2021 年《中国的航天》白皮书汉语原文及英语官方译文为语料,研究《中国的航天》白皮书的主题词,探究其构建的中国形象及其翻译效果。研究发现《中国的航天》白皮书中构建了一个科技领袖、国际合作伙伴、创新驱动者、全球贡献者、可持续发展支持者、空间探索先锋等多维度的中国形象。

关键词:《中国的航天》白皮书;语料库;中国形象;翻译研究

A corpus-based study of translation and China's image in the translation ofthe White Paper *China's Space Program*

Abstract: The white paper *China's Space Program* is published to offer a brief introduction to China's achievements in this field and its main tasks in the future, in order to help the international community better understand China's space industry. It is not only an official document of the government, but also an important way to constructing China's image. From the perspective of Imagology, this paper conducts a corpus-based study of translation and China's image by analyzing the translation of original text and keywords of English text. Findings show that the white paper presents a multi-dimensional image of China, including

---

① 基金项目:北京市共建项目专项资助;2023 年河南省研究生联合培养基地项目(YJS2023JD50)及 2023 年郑州航院研究生创新基金项目"多模态视角下中国国家形象构建研究"(2023CX100)支持。

② 作者简介:陈静,女,河南嵩县人,博士,郑州航空工业管理学院副教授,研究方向:英美文学、跨文化研究、教师发展、翻译研究,电子邮箱:chenjing_130@163.com;马昕宇,女,河南沈丘人,郑州航空工业管理学院外国语学院硕士研究生,研究方向:翻译研究、语料库研究,电子邮箱:xhtongxue@163.com。

technological leader, international cooperation partner, innovation driver, global contributor, advocator for sustainable development, and space exploration pioneer.

Keywords: *China's Space Program*; corpus; China's image; translation

1 引 言

近年来,随着我国全球化的进程不断加快,以及中国国际影响力的大幅提升,国际社会对我国的整体评价对我国社会发展和文化走出去等国家战略的实施产生了愈来愈重要的影响。在这一历史背景下,中国形象构建的研究得到政府及学界的高度关注。胡开宝和李鑫(2017: 71)认为,现有中国形象的研究以定性研究为主,基于语料库的中国形象研究相当少见。作为特殊的跨文化交流活动,翻译在中国形象的塑造和传播方面的作用不容忽视,政治文本翻译可以直接向国外受众传播其所构建的中国形象。鉴于此,应当大力开展翻译与中国形象的研究,尤其是基于语料库的翻译与中国形象研究。

习近平总书记指出,"探索浩瀚宇宙,发展航天事业,建设航天强国,是我们不懈追求的航天梦。"中国始终把发展航天事业作为国家整体发展战略的重要组成部分,始终坚持为和平目的探索和利用外层空间。经过几代航天人的接续奋斗,我国航天事业创造了以"两弹一星"、载人航天、月球探测、火星探测等为代表的辉煌成就,走出了一条自力更生、自主创新的发展道路,积淀了深厚博大的航天精神,相关白皮书记录了中国在航天领域的发展情况和成就。迄今为止,中国国务院新闻办公室已在2000年、2006年、2011年、2016年和2021年发布了5部《中国的航天》白皮书。这些白皮书旨在向国内外介绍中国政府发展航天的宗旨、原则、现状、目标和国际合作等内容,不仅是政府的官方文件,还是塑造国家形象的重要工具。

本研究将从形象学理论出发,以语料库为分析工具,以2011年、2016年、2021年《中国的航天》白皮书汉语原文及英语官方译文为研究语料,以英国国家语料库(BNC)为参照库,探究《中国的航天》白皮书的主题词及翻译效果,阐释中国政府如何通过航天文本来塑造自身的国际形象。首先,此研究有助于补充基于语料库的航天政治文本及白皮书英译研究相关文献,以期拓展语料库语言学与翻译学的研究领域;其次,做好政治文本的翻译研究,可以增进国际社会对中国方针政策的了解,最终达到建构中国良好国家形象,提升中国话语国际影响力和促进国家形象自塑的目的。

本研究将主要回答以下三个问题:第一,与BNC相比,《中国的航天》白皮书英译文本中主题词有哪些?第二,《中国的航天》白皮书构建了何种中国形象?第三,《中国的航天》白皮书的翻译效果如何?

2 文献回顾

2.1 形象学与翻译研究

形象学是比较文学的研究范畴之一。形象或身份的建构本质（the constructed nature of image or identity）是形象研究的核心(Leerssen，J 2007)。传统形象学研究关注形象本身,即主要描述文学作品中建构的异国或者“他者形象”。现代形象学不仅考察“他者形象”的形成和传播过程，还尤其关注“他者形象”如何促进自身民族文化身份和形象的构建和变化。对于翻译研究而言，讨论“他者形象”并不是研究者的最终研究目标，其聚焦点是“他者形象”如何通过翻译生产和传播作用于自我民族形象和身份的形成(张晓芸 2011)。

自 20 世纪 80 年代，很多翻译研究学者都曾探讨过形象塑造的问题。国外的圣·杰罗姆出版社(2007)出版的 *Cultural Encounters in Translated Children's Literature：Images of Australia in French Translation*，以及约翰·本杰明出版社(2015)推出的力作 *Interconnecting Translation Studies and Imagology* 便是国外翻译研究与形象学结合的代表研究成果。就国内而言,译林出版社 2011 年出版了张晓芸的博士论文《翻译研究的形象学视角——以凯鲁亚克〈在路上〉汉译为个案》,外语教学与研究出版社 2015 年出版了卢小军博士的《国家形象与外宣翻译策略研究》一书;2016 年,上海交通大学举办了首届中国形象研究高端论坛,多位学者强调,必须对翻译在中国形象构建中的作用给予足够的重视(王运鸿,2018)。随着形象学在翻译研究中的广泛应用,“自我形象”的建构以及“‘他者形象’与‘自我形象’之间的互动关系”已俨然成为现代形象学的重要研究内容。

现代形象学的研究方法包括文本内部研究和文本外部研究。文本内部研究主要探讨文本中建构了怎样的形象、如何建构形象等问题,文本外部研究则关注影响形象建构的外在历史文化因素。本文主要从文本内部研究出发,对研究文本所建构的国家形象进行分析。

2.2 中国形象的相关研究

根据胡开宝和李鑫(2017)对国家形象的定义,“国际社会的个人、团体或整体对一国相对稳定的认知和评价”,中国形象可认为是国内或他国民众、媒介、政府对中国的整体认知和看法。目前有关中国形象的研究主要包含以下几个方面:从传播学视角探究中国国家形象的建构与国际传播;从比较文学视角探讨国内外文学作品中刻画的中国国家形象;从隐喻视角讨论国内外政治报道、漫画、宣传片等作品中塑造的中国国家形象;从译介视角探析翻译行为、翻译作品、外宣文本中塑造或书写的中国国家形象。

国家形象在根本上取决于国家的综合国力，但并不能简单地等同于国家的实际状况，它在某种程度上是可以被塑造的(孙有中,2002:14)。因此,对于国家形象的建构又分为“他塑”和“自塑”。在形象“他塑”方面,赵秀凤、冯德正(2017)研究了《经济学人》是如何利用中国刻板印象中的文化符号,通过虚拟偏喻场景,在读者头脑中激活关于中国的负面形象。梁嘉齐(2019)依据 Fairclough 话语分析三维框架,对 BBC 纪录片进行批评话语分析,发现该纪录片通过词汇选择、文本框架、议程设置和互文性等手段,塑造了一个“科技发展与危险并存”的、充满矛盾的、双重的科技中国形象,迎合了“西方中心论”的意识形态偏见。曹韦和赵媛媛(2019)以阿根廷主流媒体对中共十九大的相关报道为语料,解构阿根廷媒体对华形象建构的多维描写,发现阿根廷媒体在报道中用积极评价生成了世界大国、经济强国的中国形象,着重强调中国对阿根廷及拉美地区的重要作用。在形象“自塑”方面,刘朋(2010)的研究表明中国政府白皮书对塑造和提升中国和平、负责任的良好形象发挥了重要作用。曾广、梁晓波(2017)对《中国国家形象篇·角度篇》的研究发现:“中国的发展是不断前进的和谐旅程”这一核心隐喻通过文字、视觉、听觉等多种模态展现出来,系统建构了中国“底蕴深厚、自信勇敢、真坦诚”的国家形象。胡开宝和田绪军(2018)从高频词、关键词、情态动词和 we 的应用及其搭配切入,分析了中国外交话语英译中所塑造的积极、正面的中国形象。

综上所述,关于中国形象的研究领域有需拓展和创新之处,一是应用语料库技术,充分发挥语料库在文本分析方面的技术优势,定性和定量方法并用,描写与解释相结合,从具体语言结构应用的规律性特征入手,揭示具体文本所构建的中国形象;二是依据形象学相关理论,从文本层面和意识形态层面探讨中国形象形成的内在原因,分析如何在符号层面塑造中国形象;三是对航天领域白皮书的翻译研究,能补充科技、政治文本英译研究相关文献。在当前我国航天事业飞速发展的背景下,增进国际社会对中国航天事业的了解,着手开展航天白皮书的对外翻译研究具有很强的时代意义。

3 研究设计

3.1 语料介绍

白皮书(White Paper)是国际公认的正式官方文书,是政府就某一重要政策或议题正式发表的重要文件或报告书,是对外宣传的重要载体和手段。迄今为止,中国政府已在 2000 年、2006 年、2011 年、2016 年和 2021 年发布了 5 部《中国的航天》白皮书，以中、英、法、俄、德、西、阿、日等 8 个语种发布。《中国的航天》白皮书主要介绍中国航天实现创新跨越发展、推进航天治理现代化、积极开展国际空间交流与合作的实践成就，阐述中国深入开展航天国际交流合作、推动构建外空领域人类命运共同体的政策理念和倡议主张，展望未来 5 年中国航天开启全面建设航天强国新征程、构建航天国际合作新格局愿景，不仅是政府的官方文件，还是塑造国家形象的重要工具。

本文选择 2011 年、2016 年、2021 年《中国的航天》原文和英语译文为目标语料库，以英国国家语料库（British National Corpus，简称 BNC）作为参考语料库进行主题词提取。语料情况具体如表 1 所列。

表 1　语料组成

	《中国的航天》原文	《中国的航天》英译文
词/字	33 719	20 617

3.2　研究方法与步骤

在进行文本研究的过程中，本研究采用定量与定性相结合的分析方法。首先，使用 Tmxmall 平台软件对语料进行句级对齐；其次，使用语料库检索及分析软件 AntConc 对语料进行主题词统计；再次，使用语料库检索工具 BFSU Paraconc1. 2. 1 进行文本检索，对具有代表性的中文词汇和译文进行标注及分类统计；最后，在前几步的基础上进行深入的分析、研究与讨论，从而得出研究结论。研究过程中涉及的中英文词汇权威释义平台包括《现代汉语词典》、Oxford Learner's Dictionaries 在线词典、术语在线平台等。

首先，使用 AntConc 3. 5. 8 提取《中国的航天》语料库的前 20 个主题词。我们将根据主题性（keyness）对主题词进行排序，生成主题词表。主题词指的是与参照文本相比，出现频率远超常态的词（Scott M、Tribble，2006:55）。由于不同的主题词代表不同的工作主旨及其关注的重点，因此通过对主题词研究，我们可以得出文本的重点，并由此得到其所构建的中国形象。除此之外，我们还将选取原文本中具有代表性的中文词汇及其英文对照词进行研究，以探讨白皮书的翻译效果。

4　研究结果与讨论

4.1　《中国的航天》英译本中的主题词研究

我们利用 Antconc 3. 5. 8 软件的主题词功能，生成《中国的航天》英译本对 BNC 主题词词表，并按主题性（keyness）高低排序，主题性前二十的主题词如表 2 所列。

表 2 《中国的航天》英译本对 BNC 主题词词表

《中国的航天》英译本对 BNC					
顺　序	主题词	主题性	顺　序	主题词	主题性
1	space	6 916.46	11	beidou	670.16
2	china	3 808.59	12	science	589.49
3	satellite	2 913.93	13	international	586.28
4	satellites	2 071.87	14	tt	562.42
5	cooperation	1 494.95	15	earth	559.93
6	and	1 229.15	16	development	553.64
7	navigation	812.85	17	spacecraft	538.73
8	launch	800.11	18	observation	527.64
9	exploration	796.2	19	communications	525.71
10	lunar	721.75	20	spaceflight	471.02

由表 2 可知，以 BNC 为参考库，《中国的航天》英译本中主题性最高的两个词为 space 和 china，这表明《中国的航天》白皮书内容与本国航天事业发展密切相关，这与文本的标题不谋而合。由于 space 是一个概念较为宽泛的词，我们通过研究其搭配词，以期获取更详细的信息。以 space 为节点词，以其左右各三个词为跨距，利用 Antconc 统计其在《中国的航天》英译本中的搭配词。我们利用二者互信息值(MI)作为搭配强度标准，选取与 space 互信值 3 以上的高频实词，按频数排列，以探究中国航天事业具体涉足的领域(见表 3)。

表 3 space 在《中国的航天》英译本中的搭配词

搭配词	MI	频　数
science	4.06	99
tecnnology	3.69	60
outer	4.14	60
debris	4.34	46
deep	4.59	41
environment	3.78	28

通过研究 space 的搭配词，我们可以对中国的航天事业有更清晰的认识：首先，中国的航天事业以科学、技术为基础；其次，中国的航天事业主要涉及外层空间和深度空间探测；最后，中国的航天事业还致力于解决太空环境问题等。根据上述研究方式，我们对《中国的航天》英译本对 BNC 主题词词表进行研究，可以清晰地了解文本的重点，并由此得到通过文本构建了如下中国形象。

(1) 科技领袖形象

中国在航天领域的发展和成就显示出其在高科技领域的强大实力。由主题词表中的"science"可知,中国政府在航天科学研究方面投入巨大,开展了空间物理、天文学、微重力科学等多个领域的研究。此外,由主题词表中的"China"可知,中国政府强调航天是国家发展的重要战略,已经制定了一系列五年计划和长期规划,以提升中国在航天领域的地位。这些计划涵盖了从基础科研到技术应用的各个方面,旨在加强中国在全球航天舞台的影响力。通过成功的探月、深空探测任务以及卫星技术的应用,中国表现出在太空科技方面的领导地位,构建了科技领袖的形象。

(2) 国际合作伙伴形象

由主题词表中的"cooperation""international""communications"可知,中国在航天领域积极倡导国际合作,与其他国家和国际组织开展联合项目,共同推动太空探索和科学研究,这体现在共同开展太空探索任务、国际卫星合作、国际空间站合作等方面;体现出中国作为开放、合作的国家形象,愿意与全球伙伴一起分享知识和资源。

(3) 创新驱动者形象

中国在航天领域通过一系列探索任务、卫星技术应用等展示了其创新能力。由主题词表中的"exploration"可知,中国已经成功实施了一系列探月和深空探测任务,如嫦娥探月工程和天问火星探测任务。中国政府将继续推进火星、小行星等深空探测,为人类对宇宙的探索做出贡献。由主题词表中的"development"可知,中国政府将航天产业视为高技术产业和创新驱动的重要组成部分,通过国家政策支持航天企业的研发和创新,促进航天技术的不断发展。中国政府通过政策支持和投资,鼓励航天企业进行技术创新,展现了国家在创新方面的决心和能力。

(4) 全球贡献者形象

由主题词表中的"satellite""beidou""navigation"可得知,中国政府积极推进卫星技术的发展,涵盖了通信、导航、遥感等多个领域。例如,中国的北斗导航卫星系统是全球最大的卫星导航系统之一,为全球用户提供高精度的定位和导航服务。中国政府通过推广北斗系统,促进国内外的导航应用和合作。中国的北斗导航卫星系统已经实现全球覆盖,为全球用户提供定位、导航、授时等服务。中国政府将继续完善北斗系统,提供更加精确和全球化的导航服务。中国的北斗导航系统为全球用户提供服务,中国的探月任务和深空探测也为全人类的太空探索做出了贡献。这构建了中国积极参与全球事务,为人类共同福祉做出贡献的形象。

(5) 可持续发展支持者形象

由主题词表中的“earth”“observation”可知，中国政府通过卫星观测技术监测地球环境、气象变化、自然灾害等情况，为环境保护和灾害防范提供数据支持，体现了在环境保护和可持续发展方面的责任感。中国政府通过卫星观测技术。中国的卫星观测和通信技术在农业、资源管理、城市规划等领域得到广泛应用，推动经济社会发展。这些内容展示了中国在环保和可持续发展方面的形象。

(6) 空间探索先锋形象

由主题词表中的“launch”“lunar”“spaceflight”可知，中国通过探月、探火星等深空探测任务，展现了对宇宙探索的热情和实力。中国政府通过发展可靠的火箭发射技术，支持卫星发射和深空探测任务。中国的长征系列火箭在国内外都有广泛的商业发射服务，推动了航天产业的发展。中国政府制定了向月球探索的长期计划，包括实施月球漫游和取样返回任务。嫦娥系列探测器已经成功实现了月面软着陆、巡视和取样等任务，为未来的月球科学研究提供了宝贵数据。中国政府在太空飞行方面致力于实现载人航天的长期目标，进行航天员培训、空间站建设等。中国航天的发展也表明国家在太空探索方面的前沿地位，构建了空间探索先锋的形象。

综上所述，通过航天领域的发展和政策，中国构建了一个科技领袖、国际合作伙伴、创新驱动者、全球贡献者、可持续发展支持者、空间探索先锋等多维度的形象。这些形象展现了中国在航天领域的成就和影响力，同时也反映了中国的价值观和长远发展目标。

4.2 《中国的航天》白皮书的翻译效果

基于前文对主题词的研究，我们发现“space”一词可以对应中文的航天、太空、空间等含义，即同一个英文单词对应不同的中文词语。于是我们提出这样的一个问题：同一个中文词语是否也有着多种不同的英译译法？为了探究这一问题，我们以《中国的航天》原文为研究对象，以现代汉语语料库为参考库，得出原文中的主题词词表，同样以主题性(keyness)给前十名排序。将此表与《中国的航天》英译本对 BNC 对照，得到表 4。

表 4 《中国的航天》原文对现代汉语语料库、《中国的航天》英译本对 BNC

	《中国的航天》原文对现代汉语语料库		《中国的航天》英译本对 BNC	
顺 序	主题词	频 数	主题词	频 数
1	航天	351	space	759
2	卫星	343	china	403

续表 4

	《中国的航天》原文对现代汉语语料库		《中国的航天》英译本对 BNC	
3	空间	372	satellite	264
4	合作	176	cooperation	145
5	探测	114	navigation	78
6	应用	180	exploration	88
7	开展	140	launch	101
8	导航	75	lunar	62
9	发射	106	beidou	40
10	监测	56	tt	51

从表 4 可发现，原文主题词中的实词“探测”，与英译本主题词中的“exploration”频数不一致。我们猜测这是由于英译本主题词无法使用 lemmatize 导致的结果，但是通过在 AntConc 里查找纯词频表，我们依然无法得到“探测”和“exploration”频数相近的结果，于是我们又猜测“探测”作为一个实词，可能存在一个中文词语对应多种英译的情况。使用 BFSU Paraconc1. 2. 1 进行“探测”一词文本检索，对“探测”全部译文进行了标注及分类统计，发现该中文词语在英译本中有着“explore/exploration”“detection”“monitoring”“probe”“observation”“survey”等 6 种译法：

原文 1：中国将继续实施月球探测工程。

译文 1：China will continue with lunar and planetary exploration.

原文 2：空间环境探测与预报

译文 2：Space environment detection and forecast.

原文 3：实现全天候、精细化、连续大气立体综合探测

译文 3：perform all-weather, precise and uninterrupted atmospheric monitoring

原文 4：保障月球、火星等深空探测任务实施

译文 4：support missions probing the moon and Mars

原文 5：成功发射“羲和号”太阳探测科学技术试验卫星。

译文 5：The Xihe observation satellite was successfully launched.

原文 6：开展月球地质和月表浅层结构综合探测

译文 6：comprehensive surveying of the moon's geology and subsurface structure

通过查阅 Oxford Learner's Dictionaries 在线词典，对比 6 个词语的英文释义，笔者得知“explore”指的是对未知领域进行调查、发现或研究，可能包括探索地理地区、科学领域等。“exploration”则用于描述进行探索的行为或过程。“detection”表示发现或识别存在或发生的事物、现象、物质等。它通常强调感知和确认的过程，如物质、信号或事件的发现。“probe”通常指的是一种用于勘测、测量或调查未知地区、物质或信息的仪器。在航天中，“probe”常常被用于太空探索或其他行星、星系的研

究。“monitoring”指的是对一段时间内事物的持续观察、检测或评估。它常用于描述对环境、系统、进程等的实时跟踪，以便及时做出反应。“observation”表示对现象、事物或情况的有意识的视觉、听觉或其他感知方法的监视。它通常强调观察者的角色，以及观察所得到的数据。“survey”指的是系统地收集、分析和解释信息，以评估特定领域或主题的情况。在特定领域中，准确使用这些词语有助于清晰传达意思。

在原文 1 中，“探测”前的修饰词是“月球”，英文短语即“lunar and planetary exploration”，本句是一个段落的开头句，具有总领概括全段的作用，这里提到的“exploration”是一个比较笼统的用词，并没有强调探测的具体对象与具体方式，是对未知领域的探索；在原文 2 中，探测的对象是“空间环境”，即一个陌生环境，需要一个确定的过程，因此使用“detection”是符合语义的。原文 3，由语义可知，探测的对象是需要长期监测的“天气”，因此可以译为“monitoring”。原文 4 具体提到了“探测”的对象，即“月球、火星等深空”，通过上下文可知拥有探测的具体工具，所以“探测”翻译成“probing”极其贴切；而原文 5 中的使用“探测卫星”，并不进行降落和采样等更为深入的研究，更侧重于对小行星简单的观测，因此译为“observation”。原文 6 中使用“surveying”是因为，对地面的探测过程也是一个调查和测量的过程。因此在词义层面，白皮书中对“探测”一词的翻译是准确的。将“探测”一词在不同语境中处理为不同的英文单词，增加了词汇的丰富度，充分尊重了中英不同的语言特征及词汇内涵，同时也结合了具体的语境给出了相对地道的翻译，值得政治文本的译者进行学习。

5 结　语

通过对 3 部《中国的航天》白皮书的研究，我们得到《中国的航天》白皮书英译本对 BNC 主题词词表以及《中国的航天》白皮书汉语原文对现代汉语语料库主题词词表。本文通过研究《中国的航天》白皮书英译本对 BNC 主题词词表，清晰地了解英译本的重点，并由此得到英译本中构建了一个科技领袖、国际合作伙伴、创新驱动者、全球贡献者、可持续发展支持者、空间探索先锋等多维度的中国形象；通过将《中国的航天》白皮书原文对现代汉语语料库主题词词表与《中国的航天》白皮书英译本对 BNC 主题词词表对比研究，从“探索”一词的英译出发，探究了白皮书的翻译效果。

本研究不仅有助于补充基于语料库的航天政治文本及白皮书英译研究相关文献，以拓展语料库语言学与翻译学的研究领域，而且可以增进国际社会对中国方针政策的了解，最终达到建构中国良好国家形象，提升中国话语国际影响力和促进国家形象自塑的目的。本研究的局限性在于，在进行翻译效果研究时，只选择了一个具有代表性的实词，因此得出的结论不够全面。下一步的研究可以从传统文化词的英译入手，从《中国的航天》白皮书的中英文本中探索中国航天与中国传统文化的奇妙关系，为讲好中国故事、中国文化走出去，提供更多素材。

参考文献

[1] CAO Wei，ZHAO Yuanyuan. The image of China in the Argentine mainstream media based on critical discourse analysis of reports of the 19th CPC national congress [J]. Journal of Xi'an International Studies University，2019(3)：37-42.

[2] FLYNN P，LEERSSEN J，VAN L，DOORSLEAR C. Interconnecting Translation Studies and Imagology [C]. Amsterdam/Philadelphia：John Benjamins，2015.

[3] FRANK H. Cultural Encounters in Translated Children's Literature：Images of Australia in French Translation[M]. Manchester：St. Jerome，2007.

[4] HU Kaibao，LI Xin. Corpus-Based Study of Translation and China's Image：Connotations and Implications [J]. Foreign Languages Research，2017(4)：70-75.

[5] HU Kaibao，TIAN Xujun. A Corpus-based Study of the Image of Chinese Diplomacy in the English Translations of Chinese Discourse on Diplomacy [J]. Foreign Languages in China，2018(6)：78-88.

[6] LEERSSEN J. Imagology-The Cultural Construction and Literary Representation of National Character [A]. Imagology：History and Method [C]. Amsterdam & New York：Rodopi，2007：17-32.

[7] LIANG Jiaqi. A Study on the National Image of China in the BBC Documentary "Designed in China" from the Perspective of the Critical Discourse Analysis [J]. Journal of Chongqing College of Electronic Engineering，2019(3)：128-131.

[8] LIU Peng. Chinese Government White Papers and International Image Building - Based on 64 Chinese Government White Papers [J]. Theory and Reform，2010 (1)：156-159.

[9] SCOOT M，TRIBBLE C. Textual Patterns：Keywords and Corpus Analysis in Language Education [M]. Amsterdam：John Benjamins，2006：55.

[10] SUN Youzhong. The Connotation and Function of National Image [J]. International Forum，2002 (3)：14-21.

[11] WANG Yunhong. Imagology and Translation Studies [J]. Journal of Foreign Languages，2018(4)：86-93.

[12] ZENG Kuang，LIANG Xiaobo. 2017. The Construction of National Image by Multimodal Metaphors-A Case Study of the Chinese National Publicity Film Perspective [J]. Foreign Language Education & Research (2)：1-8.

[13] ZHANG Xiaoyun. Image of translation studies [M]. Shanghai：Yilin Press，2011.

[14] ZHAO Xiufeng，FENG Dezheng. Multimodal Metaphtonymy and the Construction of China Image：A Case of China-related Political Cartoon Discourses in The Economist [J]. Journal of Xi'an International Studies University，2017(2)：31-36.

基于《中华人民共和国民用航空法》的航空航天类法律文本翻译策略研究[①]

陈晓璐[②]　王　亚[②]

摘　要：本文基于《中华人民共和国民用航空法》，分析文本特色，对照原文和译文，研究译者在翻译实践过程中所采取的翻译方式。航空航天类法律文本兼具科技类文本和法律类文本的特色，主要体现在模糊性、精确性和规范性三点上，译者在翻译的过程中以合译、分译、转换、逐词翻译、增译和减译六种翻译手段进行实践活动，从而达到较好的翻译效果。

关键词：《中华人民共和国民用航空法》；文本特点；翻译技巧

Research on translation strategies of aerospace legal texts based on *The Civil Aviation Law of the People's Republic of China*

Abstract: Based on *The Civil Aviation Law of the People's Republic of China*, this paper analyzes the characteristics of the text, compares the original text with the translation, and studies the translation methods adopted by the translators. Aerospace legal texts have the characteristics of both science and technology texts and legal texts, which are mainly reflected in fuzziness, accuracy and normativity. In the process of translation, translators mainly carry out practical activities by six translation means, namely combination, division, conversion, word-by-word translation, addition translation and subtraction translation, so as to achieve better translation results.

Keywords: *The Civil Aviation Law of the People's Republic of China*; text

---

① 基金项目：北京市共建项目专项资助。

② 作者简介：陈晓璐，北京航空航天大学硕士研究生，研究方向：翻译理论与实践；王亚，北京航空航天大学博士研究生，研究方向：翻译学。

characteristics; translation techniques

1 研究背景

航空航天在中国的发展史上占据了举足轻重的地位。航空航天不断前进成长，助力着中国在国际舞台上大放光彩，也支持着人类向太空不断探索。航空航天在发展的过程中，避免不了国际合作，翻译则是其中必不可少的一环。加强加深航空航天类文本的翻译研究，将有利于我国航空航天的发展，也可以进一步推进中国与国际的交流与对话。《中华人民共和国民用航空法》是航空航天类文本和法律类文本结合的案例，作为一种主要用于传递和交流信息的特殊文体，这类文本尤为重视准确性和客观性。这就需要译者在进行英译时尽可能忠实、准确、客观地在译文中再现原文信息。通过对《中华人民共和国民用航空法》中的翻译实践进行研究，可以进一步了解文本特色和改善翻译方式，进而获得更好的翻译效果，促进更好地交流。

2 文本语言特点

汉英两种语言属于不同的语言类型，这意味着其拥有两种不同的语言结构特点。一般认为，英语是屈折语，重形合、偏静态，名词和介词使用较多，动词的使用频率及场合远远不及汉语，且动词受主谓关系、时态、语态等诸多因素的制约，具有复杂的形态变化；而汉语动词没有形式上的屈折变化，可以灵活方便地在句中多次连续出现，从而应用范围较广，出现频率较高，使汉语呈现出动态特征，而动词的连续使用也使得汉语呈现出意合倾向（温建平，2014）。基于英汉两种不同的语言特点，译者在翻译的过程中就需善用语言间的不同特性以期达到更好的翻译效果。而航空航天法律文本相对于其他类文本，其语言特色也不尽相同。本节将关注于语言本身特点，通过对比分析汉英语言特点和总结航空航天法律文本的语言特点，进一步为后续翻译实践分析构建基础，达到更好的翻译实践效果。

2.1 汉英语言特点对比

清晰认识到英语和汉语之间的不同，有助于更好地进行翻译实践。汉译英的过程中，因为汉语是译者的母语，所以理解并不会给译者造成过大的困难，其难点体现在用英语译出的过程中。

汉语属分析语，缺少形态变化，词序和助词是表达语法意义的主要手段。英汉互译时，往往要改变词性、转换词类，才能通顺地表达原意。并且汉语有丰富多彩的助词，这是汉语的一大特点。助词又分为动态助词（如着、了、过）、结构助词（如的、地、得）和语气助词（如吗、呢、吧、啊、嘛、呀、哪、哇、呗、啦、罢了、似的，等等）。这些助词的作用，有一部分相当于英语的形态变化，有一部分却能左右结构、表达浓厚的感情色彩（连淑能，1983:113）。因此，我们在进行翻译时，应多注意对助词的理解的转换。如何将中文原文的意味全然释出，助词将会是一个很重要的部分。同时，助词的使用也需注意准确性。在翻译的过程中，如果错误使用了助词，就有可能导致原文的情感色彩、前后逻辑等出现问题。除此之外，英语经常使用定冠词和不定冠词。用不用冠词，什么地方用冠词，用什么冠词，常常有正误之分或意思之别。因为汉语没有冠词，翻译时往往会被忽略，但有时一个冠词之差，意思大不相同（连淑能，1983:113）。这要求译者在进行翻译活动时，切实把握原文意思，注意英文中的冠词带来的意思差异。

从句子层面来看，汉语的主谓结构要复杂得多。主语不仅形式多样，而且可有可无：它可表示施事、受事，也可表示时间、地点；可用名词、动词，也可用形容词、数量词；句子可以没有主语，也可以省略主语，还可以变换主语并予以隐含。汉语的谓语也复杂多样：它可以是动词、名词或形容词；可以是一个动词，也可以是多个动词，还可以没有动词；它可以是一个单词，也可以是多个词组。汉语主谓结构具有很大的多样性、复杂性和灵活性，因而句式呈“流散型”。由于汉语重内在意念而不重外在形式，汉语的句型也就难以像英语那样以谓语动词为中心从形式上去划分。汉语是重语感、重变通的语言，组句的自由度很大，句子长长短短，不求形式齐整、而求意思通顺。许多表达形式灵活多变，往往靠约定俗成。汉语句式的多样化还表现在：有整句，也有大量的零句。整句有主谓结构，零句没有主谓结构，由词或词组构成。整句与零句混合交错，组成了流水句（连淑能，1992:122）。因此，基于以上特点，翻译的过程中，译者应将原句进行“整合”，注重汉语中“重意”的特点，可以使用丰富多样的句子形式来展现原文内涵。在保证忠实无误的基础上，译者也可以更好地通过调整句式的方式，展现语言特色。

翻译过程中，如何原汁原味用英文体现原文全貌是一大难点。为了更好地企及这个目标，了解英语的语言特色十分重要。英语句子有严谨的主谓结构。主语不可或缺，谓语是句子的中心，两者协调一致、提纲挈领，聚集各种关系网络。因此，英语句子主次分明、层次清楚、前呼后拥、严密规范，句式呈“聚集型”。英语句子复杂而不流散的另一重要原因是：句子成分之间或词语之间必须在人称、数、性和意义等方面保持协调一致的关系。这一原则包括三方面：①语法一致：即在语法形式上保持主语和谓语动词之间数与人称的一致，主语和表语之间数的一致，宾语和宾语补足语之间数的一致，人称代词、某些限定词和它们的照应对象之间的人称、数或性的一致，等等；②意义一致：即在意义上保持一致，如主语形式为复数，但意义为单数，谓语动词依意义采取单数形式，反之亦然；③就近原则：即谓语动词的人称和数往往和其最靠近的词语保持一致。英语句子成分之间这种协调一致的原则，使句子结构受到形态的约束，因而句式严谨、规范、刻板，缺乏弹性（连淑能，1992：122）。把握英语句子的特色，译者在翻译的过程中就不会“犯错”。

2.2 航空航天法律文本语言特点

航空航天类法律文本在法律类文本的特点上，融入航空航天类专业术语，致使其语言特色兼具法律类和科技类两类文本的特点。基于此，本节主要从航空航天类法律文本的模糊性、精确醒和规范性三个方面概括其特色，并加以举例说明。

2.2.1 模糊性

罗素指出“整体语言或多或少是模糊的”（伍铁平，1999：434），没有任何一门学科如同法律一样依赖于语言。语言本身的模糊性导致法律话语模糊性的必然存在，法律话语的模糊性不可避免；与此同时，法律中的模糊语是“法律规制适应现实的需要”（卢秋帆，2010：22），在立法实践具有重要的功能。如法律中常常出现的“其他”“任何”等词语能够充分保障法律语言的外延概念扩大到法律需要的范围，提高法律的灵活性和适用性，弥补法律滞后性所带来的一系列问题，提供给法官较大的自由裁量权，从而尽可能实现司法公正。而这一特点也可适用于航空航天类法律当中。在对航空航天领域的违法行为进行界定时，常常无法直接刻画出违法的具体行为，而只能通过较为模糊的描述加以归类。尽管我们已经在实践过程中发现并统计了许多已发生的情况，但对未来是否还会有新的事件发生仍是我们无法预估的。所以，航空航天类法令语言的模糊性至关重要。当然，不加区分、不加克制的法律话语的模糊也将带来一定的弊端，如过度模糊的法律语言容易导致司法不公、危害国家法度的统一和协调、损害法律的尊严和权威。在《中华人民共和国民用航空法》条令中，我们就能看到许多模糊使用语言的实例，如对行为的模糊化处理：

例1：国务院民用航空主管部门和地区民用航空管理机构的工作人员，玩忽职守、滥用职权、徇私舞弊，构成犯罪的，依法追究刑事责任；尚不构成犯罪的，依法给予行政处分。

在该例中，关于“玩忽职守”“滥用职权”和“徇私舞弊”这三种行为，并没有做进一步更详细的描述，仅通过三个四字词语，将这三类的违规行为概括总述。这里的模糊化有利于后续按照法律规定执行判决。如果我们将所有的违规行为一一列出，反而会导致一些行为漏掉，从而导致判决的不严谨。由此可见，法律语言模糊行必不可少，这也要求我们在翻译时遵守该条定律，保持原文的模糊性原则。除该例以外，在借鉴法律条规时，也会有语言模糊性的特点出现：

例2：民用航空运输合同当事人可以选择合同适用的法律，但是法律另有规定的除外；合同当事人没有选择的，适用与合同有最密切联系的国家的法律。

这里也没有列出“与合同有最密切联系的国家的法律”有哪些，留有余白也是为了未来实践过程中能够更加合理。现实世界的各种情况多样繁杂，由此制定的法律条令也有所不同。有时,同一个领域里的不同事件就会适用于不同的法律条款中。在此处不明确指出,也是为了能够专事专办,企及更公平公正的判断。

法律类文本的模糊性原则应用于航空法的方方面面,译者在翻译时既要把握汉英不同语言之间的特点,需要解释时做好阐释工作,但在语言模糊领域,还一定得保持原文特征。

2.2.2 精确性

法律话语的另外一个显著特征即是精确性,这是立法者的追求。法律语言的精确性主要强调法律词语的精确,即是“意思明确,意义单一,内涵和外延特定”,法律的外在形式语言要求其必须精确,即是“法律语言务必清晰明确,不模棱两可,以达明确各方权利义务的要求”(贾蕴菁,2002:45)。只有精确的法律语言才能实现国家法度的规范统一,才能真正实现公民生活的安全感和稳定感的提升。除了通过确定的法律术语和法律条文实现法律话语精确性的目标,法律话语的模糊性亦是实现这一目标的重要方式。在前文中提到的话语中常常出现的“其他”“任何”等词语,既是模糊性特质的象征,但其实也是这些词语将法律概念的外延扩大到法律需要的范围,给予法官充分的自由裁量权,这在一定程度上提高了法律话语的精确性。在本文使用的文本中,精确性这一特点也处处可见。与前文所述的模糊性描述行为相对,也有许多行为是在法律文本中明确规定指出的:

例 3:从事飞行的民用航空器,应当携带下列文件:(一)民用航空器国籍登记证书;(二)民用航空器适航证书;(三)机组人员相应的执照;(四)民用航空器航行记录簿;(五)装有无线电设备的民用航空器,其无线电台执照;(六)载有旅客的民用航空器,其所载旅客姓名及其出发地点和目的地点的清单;(七)载有货物的民用航空器,其所载货物的舱单和明细的申报单;(八)根据飞行任务应当携带的其他文件。

在该条款中,从事飞行民用航空器所需携带文件就明确列出。列出这些文件不仅能够方便法律执行者更准确公正地进行判决,也是为了方便所有从业者更好地遵守法律规定要求。法律文本的精确性特点能够提供便利,但值得一提的是,即使在准确列出的条款中,我们都能看到语言模糊的第八点,这也是为了避免法律漏洞的情况发生。而这一特点也对译者提出更高的要求,根据文本语言特征随时转变个人的翻译方法。除了文件之外,法律语言的精确特点还体现在下定义方面:

例 4:本法所称航空人员,是指下列从事民用航空活动的空勤人员和地面人员:(一)空勤人员,包括驾驶员、飞行机械人员、乘务员;(二)地面人员,包括民用航空器维修人员、空中交通管制员、飞行签派员、航空电台通信员。

这里对空勤人员和地面人员有了更为细致的描述。精准定义不同人员所包含的范围,进一步划分责任人范围。针对该类文本翻译时,译者则需注意用词准确,完全按照原文意思进行直译,不能对定义的范围和内涵有任何增添或减少。精确的这一特征还会展现于数字层面:

例 5:违反本法第三十七条的规定,民用航空器无适航证书而飞行,或者租用的外国民用航空器未经国务院民用航空主管部门对其原国籍登记国发给的适航证书审查认可或者另发适航证书而飞行的,由国务院民用航空主管部门责令停止飞行,没收违法所得,可以并处违法所得一倍以上五倍以下的罚款;没有违法所得的,处以十万元以上一百万元以下的罚款

该例中的"一倍""五倍""十万"和"一百万"都是对数字的明确的规定,在划定范围内,法官可以根据实际情况进行实际判断。有这样明确的范围划定,法律的执行度和公信力也会更高。翻译时则需时刻专注,注意数字的翻译规则,绝不能错译。

精确性的文字特征常常与模糊性并驾齐驱,甚至在同一个段落中,两种不同的语言特点就会出现几次。译者需随时保持灵活的翻译手段,按照原文意思译出即可。

2.2.3 规范性

法律话语的第三个特点即是法律话语的规范性要求。法律是普遍适用于所有社会成员的行为准则和规范,因而其语言的规范性要求相较于其他学科具有更为重要的意义(何家弘,2009:72)。只有统一规范的法律语言,才能为全体社会成员所接受、认可。有学者认为当前中国国内主要存在立法语言和司法语言的失范问题:立法条文及司法解释语言的失范导致法条出现歧义;司法过程中,公检法法律文书格式设置、语言表达内容要求的失范问题值得关注(王卉,2010:102-103)。真正注意到法律话语的规范性要求,解决好法律话语中的失范问题,才能更好实现社会主义公平法治,维护法律尊严和权威。航空法中的规范常常体现在主宾体前后和专有名词这两个方面:

例 6:民用航空器所有权的取得、转让和消灭,适用民用航空器国籍登记国法律。

译文:Laws of the country of registration of civil aircraft apply to the securement, transfer and lost of the ownership of civil aircraft.

这里将中英翻译对照列出,以便更加直观地感受语言规范性在两种不同的语言中的体现。我们可以看到,在翻译的过程中,中英文的主语和宾语在句子中进行了调换,这一点便是为了符合其语言规范的特点。在阅读原文时,译者需注意两个主体之间的关系,并在翻译的过程中选择正确的动词。译文使用了"apply to"这一动词短语,这就需要将原文的主宾语对调,否则就会出现意思相悖的结果。同时,除了语句的句序,还有对"消灭"一词的翻译也值得关注。所有权的消灭是法律文本中的固定搭配,其也包含了不同的主体消灭而产生的不同法律意义。英文中的 lost 则能够对应中文的消灭,这也需要译者不断的积累。

例 7:本法施行前设立的公共航空运输企业,其组织形式、组织机构不完全符合公司法规定的,可以继续沿用原有的规定,适用前款规定的日期由国务院规定。

例 8:违反本法规定,尚不够刑事处罚,应当给予治安管理处罚的,依照治安管理处罚法的规定处罚。

例 9：航空人员玩忽职守，或者违反规章制度，导致发生重大飞行事故，造成严重后果的，依照刑法有关规定追究刑事责任。

在例 7、例 8、例 9 中，分别提到了不同的法律条款，如公司法、治安管理处罚法、刑法等，这些都是法律条令中的规范性体现。翻译时也是需要注意不同法所对应的外文词汇，按照规定的翻译对应准则进行翻译活动。

3 翻译策略与方法研究

"翻译策略"是译者在翻译活动中，译者为了实现特定的翻译目的，所采用的一系列原则和方案的集合（熊兵，2014：83）。它强调的是宏观上的整体框架，对译文的整体效果会产生巨大影响。翻译策略大致可以分为"异化"和"归化"两类。而"翻译方法"是译者在翻译活动中，基于某种翻译策略，为达到特定翻译目的所采取的特定途径、步骤、手段（熊兵，2014：83）。由于两种语言之间存在差异，译者在翻译中会遇到各种困难，这时就需要分析应如何遣词造句，运用合适的方法进行转换，从而解决这些问题。

翻译方法纷繁众多，针对不同的语言对、翻译难点、文本类型等，中外学者提出了许多翻译方法。比如维奈和达贝尔内（Vinay & Darbelnet，1958）针对英法翻译提出 7 种主要方法，范・道斯莱尔（Van Doorslaer，2007）在译学结构图中归纳了翻译的 24 种方法和技巧，张培基（2018）针对英译汉翻译总结了 15 种常见方法。熊兵（2014）则对翻译策略、翻译方法和翻译技巧这几个概念分别定义分级，并提出了 2 种翻译策略，8 种翻译方法和 5 种翻译技巧。这些方法有的指代相同而名称不同，有的概念之间存在交叉。我们基于以上学者提出的不同分类方式与定义，针对航空航天法律类文本的翻译进行分析，综合来看，翻译实践中常使用的主要有：合译、分译、转换、逐词翻译、增译和减译。

3.1 合　译

"合译"主要针对句子层面的翻译。其指把原文两个或者两个以上的句子合并，译成一个句子。在中文的用语习惯中，主语常常被省略，这与英语的句法要求相反，所以译者通常可以采取合译的翻译手段，将原文里两段有同一个主语的句子合在一起翻译。通过善用英文中的从句等句法手段，翻译实践则可达到更加适宜的翻译效果：

例 10：已取得外国颁发的型号合格证书的民用航空器及其发动机、螺旋桨和民用航空器上设备，首次在中国境内生产的，该型号合格证书的持有人应当向国务院民用航空主管部门申请领取型号认可证书。经审查合格的，发给型号认可证书。

译文：Holder of the certificates of model approval issued by foreign countries for civil aircraft and aircraft installations including engines, propellers which are to be produced in China for the first time should apply to CAA for certificates of model approval which will be issued after qualification examination and approval.

在该段的翻译中，原文共有两句，其内含行事上的一个先后顺序：即先向有关部门“申请领取型号认可证书”，然后在相关部门“审查合格后”，会发出“型号认可证书”。原文的第二句相对简短，并且在原句中省略了主语。译者在处理这一段的翻译时，利用前一句出现的名词“型号认可证书”，再用“which”引导一句从句来修饰这一名词，从表达出原文行事的先后顺序原则，明了且符合原文表意。在针对原文出现短句，且主语不明确的情况下，译者可以多考虑使用合译的手法，将短句附属在长句中。但是在使用该类翻译方法时，需要注意原文里句子间的内部逻辑关系，同时也需要找到适合的词语来进行衔接。如果忽略了这两点而盲目使用该翻译手段，则会导致译文的含义出现与原文不符的问题。

3.2 分　译

“分译”与“合译”相对，也是针对句子层面的调整。与合译相反，分译是将原文中的长句，拆分为两个或者两个以上的句子。在《中华人民共和国民用航空法》中，我们会发现有许多段落出现了分号。它是一种在层次上介于逗号和句号之间的标点符号，主要用以分隔存在一定关系的两句分句，如并列、转折、承接和因果等。从中文的语法意义上来看，分号并不意味着一句话的结束，其在句法层面上仍属于一句，并且在语句含义上仍存在关联。在翻译该类句子中，因为英文没有能够完全对应的标点符号，所以译者常常会采用分译的方式来进行处理：

例 11：民用航空器遇险时，机长有权采取一切必要措施，并指挥机组人员和航空器上其他人员采取抢救措施。在必须撤离遇险民用航空器的紧急情况下，机长必须采取措施，首先组织旅客安全离开民用航空器；未经机长允许，机组人员不得擅自离开民用航空器；机长应当最后离开民用航空器。

译文：When a civil aircraft is in distress, the captain has the right to take all necessary measures and command the crew members and other people on board to take rescue actions. In the emergency that the aircraft in distress has to be evacuated, the captain must take steps first to organize the safe evacuation of the passengers. Without the captain's permission, crew members shall not leave the aircraft on their own. The captain should be the last to leave.

这一段共有两个完整的句子。第二句里，原文使用了两个分号将一个长句断分为了三个并列的小短句。从句意方面来看，这三个短句分别表达了在紧急情况下，机长所拥有的权利与义务。原文通过分号，将其以并列的方式展现出来。观察译文则可发现，译者在处理这一类语句时，选择了分译的翻译手段。译者将其拆分为三个完整的句子，既符合了目的语的用语习惯与句法要求，还能明确传达原文含义。值得进一步注意的是，遇到此类相似的情况时，如果分号的前后具有因果、转折等关系，译者也可以灵活采用英文中的连接词和转折词等，以达到更好的翻译效果。

3.3 转　换

“转换”是指把原文的语言单位或结构转化为目的语中具有类似属性、或对应属性、或异质属性的语言单位或结构的过程。转换可涉及拼字法、语音/音韵、词汇、句法、语篇、修辞、语义、语用、文化各个层面(熊兵，2014：87)。在《中华人民共和国民用航空法》的文本翻译中，为了更好地贴合英语的语言特点，同时保留原文的内涵意义，常使用的转换方式为词汇转换和句法转换。

例 12：故意传递虚假情报，扰乱正常飞行秩序，使公私财产遭受重大损失的，依照刑法有关规定追究刑事责任。

译文：The intentional dissemination of false information to disrupt the normal order of air traffic entailing great losses to public and private properties shall be prosecuted for criminalliability according to provisions in the Criminal Law.

中文的一大特点是常常会省略语句中的主体对象。如本例中“故意传递虚假情报，扰乱正常飞行秩序，使公私财产遭受重大损失的”就省略了其所修饰的“行为”一词。在英语中，如果直接按照原文直译，则会出现语法问题。在该翻译实践中，译者将动词转换为名词，用名词行为来做整个句子的主语。原文中的“故意传递”本为副词＋动词的形式，在译文中转换为“The intentional dissemination”，以形容词＋名词的形式译出，既生动形象地展现了原文意思，也符合英文的用语习惯。另一个需要我们注意的是对“shall”一词的使用。在法律文本的翻译中，该类词的出现表示程度和警示，具有极强的功能作用，译者在翻译时需要善用。

例 13：为了维护国家的领空主权和民用航空权利，保障民用航空活动安全和有秩序地进行，保护民用航空活动当事人各方的合法权益，促进民用航空事业的发展，制定本法。

译文：This law has been formulated to safeguard the national sovereign right over the territorial sky and the right of civil aviation, ensure the safe and orderly operation of civil aviation, protect the legitimate rights and interests of the parties involved in civil aviation, and promote the development of civil aviation.

例 13 中则展现了语句转换的翻译技巧。原文里省略了主语，即“谁”制定了该条法律。本条的重点在于本法制定的目的，而不是谁制定的，因此在中文里会把重要且文字较多的目的放在文段的开头，而将最终结果——制定本法——放在文段的最后，并且省略了主语。这与英文的用语习惯就相反。在英语语言的使用中，主语是需要存在的。但是原文对主语的省略为译者造成了一定困难，我们并不知道是谁制定了该法条，并且也无法明确由谁作为主体比较合适，因此在这里，译者将原文的主动句转换为了被动句。把“This law has been formulated”放在句首，后面再加上由“to”引导的目的。这样的转换形式不仅能解决原文中主语不明确的问题，还能突出强调法律制定的目的，很好地企及了原文目标。

3.4 逐词翻译

"逐词翻译"指在翻译中不考虑两种语言在词法、句法及语义方面的差异，将原文语向一个词一个词地对照着译出。这在对准确度要求极高的科技类文本和法律类文本中使用较多。

例 14：融资租赁期间，出租人不得干扰承租人依法占有、使用民用航空器；承租人应当适当地保管民用航空器，使之处于原交付时的状态，但是合理损耗和经出租人同意的对民用航空器的改变除外。

译文：During the term of financial leasing, the lessor shall not interfere with the lessee's holding and use of the aircraft according to law. The lessee should take due care of the aircraft so as to keep it in the original condition at the time of delivery, excepting reasonable wear and tear and modifications of the aircraft with the lessor's consent.

在例 14 中，我们可以发现逐词翻译的重要性。在原文中"出租人不得干扰承租人依法占有、使用民用航空器"中的"占有"和"使用"似乎语义重复了，按照一般常识，如果我们使用一个物品，就意味着我们占有着这个物品。但是在从法律角度来看，占有和使用是两个完全不同的权利，如果我们选择合译的方式，在这个地方就会显得不妥帖，不够严谨。而在本例中，译者选择了"holding and use"两个词语来分别对原文的两个词语进行翻译，保留了原文的两个层次含义。法律文本的用语是严谨且完整的，所以译者在翻译该类文本时，应多使用逐词翻译的手段，避免出现意味不明的情况。

3.5 增　译

"增译"，顾名思义，就是要根据目的语词法、句法、语义、修辞或文体的需要，或因受制于目的语某些特定文化规范，在翻译中增添某些词、句或段落，以更好地表达原作思想内容，或更好地实现特定翻译目的。在航空航天类法律文本的翻译中，针对语义、修辞和文体的增译几乎不存在，因为该类文本对翻译的要求就是要保证忠实。增译的使用常常是为了达到语法完整：

例 15：盗窃或者故意损毁、移动使用中的航行设施，危及飞行安全，足以使民用航空器发生坠落、毁坏危险的，依照刑法有关规定追究刑事责任。

译文：Acts of theft or intentional damage or destruction or moving of aviation equipment in use which endangers air safety and is enough to cause a falling or wrecking of civil aircraft shall be prosecuted for criminal liability according to provisions in the Criminal Law if so serious consequences caused but shall be prosecuted according to provisions in Criminal Law if causing serious consequences.

该例中的中文句式与前文词汇转换部分的例子相同，都是以"……的"来作为整个句子的主语部分，但是却省略了主体的任务或行为。在前一个例子中，译者使用了词汇转换的方式解决两种语言的不同点。而在这里，译者通过增加词语"acts"来补充原文中省略的部分，达到了译文语法不出问题的目的。但是这里值得进一步讨论的是，使用该词是否准确。根据原文的内部逻辑，在"的"后面既可以接"行为"也可以接"人"，这里应该选择"acts"还是"people"就需要译者对法律条令进行更深的理解与挖掘。如果在把握不到位的时，就可能会出现翻译意思不准确的问题。因此，使用增译的翻译方式，还需译者多加谨慎。

3.6 减 译

"减译"与"增译"相对，就是要根据目的语词法、句法、语义、修辞或文体的需要，或因受制于目的语某些特定文化规范，在翻译中减少某些词、句或段落，以更好地表达原作思想内容，或更好地实现特定翻译目的。但在本研究的文本类型中，"减译"的含义应与"逐词翻译"相对。"减译"使用的领域多在对一些语气类词语、感情类词语的减少，虽然并没有将这些词汇逐个翻译出来，但是原文的语气与感情色彩却已包含在其他词汇中。

例 16：违反本法第七十四条的规定，民用航空器未经空中交通管制单位许可进行飞行活动的，由国务院民用航空主管部门责令停止飞行，对该民用航空器所有人或者承租人处以一万元以上十万元以下的罚款；对该民用航空器的机长给予警告或者吊扣执照一个月至六个月的处罚，情节较重的，可以给予吊销执照的处罚。

译文：CAA will stop the flights of civil aircraft which have not acquired permission from air traffic control unit in violation of provisions of Article 74 and a fine of more than RMB 10,000 or less than RMB 100,000 on the owner or lessee of the aircraft will be imposed. The captain of the aircraft will be penalized with a warning or suspension of the license concerned for one to six months, or if the case is serious enough, the license will be revoked.

例 14 中，"责令停止"是两个并列的词语，译者并没有选择逐个译出，而是选择了"stop"一词表达"停止"的含义，省略了"责令"的翻译。在原文文段中，责令更多强调的是态度和语气，译文选择"stop"其实也已经包含该意，所以省略了责令。在其他段落中我们可以看到译者也会选择"order a halt"来对原文进行逐词翻译。可是这样的译文并不完全符合英语的语言环境。所以在针对法律类文本的翻译中，减译有时反而能达到更好的效果。如果译者能够熟练且灵活地使用该类翻译方法，不仅能够精确表达原文含义，还能更加符合译文所处的语言环境。

4 结 论

本文以《中华人民共和国民用航空法》原文和译文为语料，分析整理其文本特点和译者所采取的翻译技巧。该类文本兼具科技类文本和法律类文本的特点，体现在其模糊性、精确性和规范性上。针对这样的文本特点，译者在翻译的过程中，也相应采取了合译、分译、转换、逐词翻译、增译和减译的翻译手段。合译和分译主要针对句子层面的翻译，译者可灵活采用这两类翻译手法，从而达到符合原文和译文语言习惯的要求。针对转换、逐词翻译、增译和减译，前两者使用频率较高，而后两者则较少使用。为了达到更好的翻译效果，译者在进行航空航天类法律文本翻译时，务必需注意保证忠实与准确，避免译文与原文的内涵出现差异。而在语言层面，适当增减词汇会更加符合译文的语言环境，但是否能添加以及是否能删，还需译者多做研究，谨慎使用该类翻译方法。对该类文本的翻译实践研究有助于读者了解其较多使用的翻译方法，在未来的翻译实践中，也可以为译者们的实践起到辅助作用。

参考文献

[1] DOORSLAER V. Risking conceptual maps[A]. In The Metalanguage of Translation [C]. Philadelphia: John Benjamins Pub. Company, 2007: 217-233.

[2] HE Jiahong. On the Unification and Standardization of Legal Language—Taking Evidence Jurisprudence as Corpus[J]. Journal of Renmin University of China, 2010(1): 72-81.

[3] JIA Yunqing. The Difference of the Accuracy and Fuzziness of Legal Language[J]. Journal of Beijing Administrative Cadre Institute of Political Science and Law, 2009 (3): 45-48.

[4] LIAN Shuneng. A Brief Discussion of the Characteristics of Chinese and English Grammar [J]. Journal of Xiamen University (Philosophy and Social Sciences), 1983(03): 113-125.

[5] LIAN Shuneng. On the Basic Features of English and Chinese Syntax[J]. Journal of Xiamen University (Philosophy and Social Sciences), 1992(03): 122-126.

[6] LU Qiufan. An Analysis of the Fuzziness of Legal Language[J]. Law Review, 2010 (2): 20-26.

[7] VINAR J, Darbelnet J. Comparative Stylistics of French and English: A Methodology for Translation[M]. Amsterdam / Philadelphia: John Benjamins, 1995.

[8] WANG Hui. The Normalness of Legal Language [J]. People's Tribune, 2010 (14): 102-103.

[9] WEN Jianping. Business English Translating[M]. Beijing: Foreign Language Teaching and Research Press, 2014.

[10] WU Tieping. Fuzzy Linguistics [M]. Shanghai: Shanghai Foreign Language Education Press, 1999.

[11] XIONG Bing. Conceptual Confusion in Translation Studies: A Case Study of Translation Strategies, Translation Methods and Translation Techniques [J]. Chinese Translation Journal, 2014 (3): 82-88.

[12] ZHANG Peiji. A Course in English-Chinese Translation[M]. Shanghai: Shanghai Foreign Language Education Press, 2018.

功能对等理论下科技英语汉译中增译法的运用

——以《环球科学》(*Scientific American* 中文版)为例[①]

张安琪[②] 胥国红[②]

摘 要: 本文基于奈达功能对等理论,选取6篇 *Scientific American* 刊登的科技英语文本及《环球科学》(*Scientific American* 中文版)中的对应译文,从词汇、句法和篇章三个层面对科技英语汉译中常用的增译法进行分析,并结合研究语料中选取的译例,总结出八种需要运用增译法的具体情况。研究发现,在科技英语汉译中,增译法的恰当运用可以最大限度减少语际转换过程中不可避免的信息丢失,并在不影响文本客观性的前提下,使译文体现出最佳"自然"状态。

关键词: 增译法;科技文本;功能对等理论;翻译策略

Amplification in EST Translation Based on Functional Equivalence Theory: A Case Study of *Scientific American* (Chinese Version)

Abstract: Guided by Nida's functional equivalence theory, this paper probes into amplification, the most frequently used method applied in EST translation from the lexical, syntactic, and textual aspects. Based on a comparison between examples selected from six EST texts from *Scientific American* and their corresponding translations published in the Chinese version, eight specific conditions requiring amplification are proposed. It is found that appropriate amplification applied in EST translation can minimize the unavoidable information loss occurred in the process of interlingual transfer and maximize "naturalness"

---

① 基金项目:北京市共建项目专项资助。

② 作者简介:张安琪,女,北京航空航天大学MTI在读研究生,研究方向:翻译理论与实践;胥国红,女,博士,北京航空航天大学教授,研究方向:英语教学法和翻译学。

without undermining the objectivity of the content.

Keywords: amplification; technical texts; functional equivalence theory; translation strtegies

1 引 言

得益于二战后科学技术的飞速发展，科技英语在短短二十年内便由萌芽初兴发展成为国际通用的实用性文体。进入21世纪，互联网时代的来临和国家间愈发频繁的学术交流使其进一步发展普及，催生了相应的翻译需求。科技英语常用于描述某种现象、性质、自然规律等，对于叙述的直白性、表述的准确性、立场的客观性及行文的逻辑性有着极高的要求，因此译者在进行翻译时不能仅依赖于直译，而是要采取恰当的翻译策略，保证译文的流畅性和可读性。

王秉钦(1998:56)在《语言与翻译新论》一书中指出："现代结构语言学研究显示，科技英语的译文中有将近百分之七十五的内容是经过了增补的。"这是由于科技英语十分重视表达的简洁，力求以最精简的字数传递最丰富的信息，但汉译时，一些隐含在原文字里行间的信息如果不通过增译补充出来，不仅会使译文读起来生涩拗口，还有损信息的传达，因此，增译法的应用在科技英语的汉译中比比皆是。

近些年不乏对于增译法的研究，但大多都是基于文学翻译，或仅就这一技巧泛泛而谈。有鉴于此，本文以 Eugene Nida 功能对等理论为依据，通过译例分析，对科技英语汉译中词汇、句法和语篇三个层面的增译现象进行研究，并总结归纳需要进行增译的具体情况，以证明增译法在科技英语汉译中使用的合理性和必要性。

2 相关研究

2.1 科技英语研究

作为专用英语的一种，科技英语用于传达科技方面的信息，在自然科学和社会科学界广泛使用，常见于研究论文、实验报告、操作手册、科普文章、科幻小说等多种文体。

20世纪60年代，美国语言学家 Larry Selinker 首创"科技英语(EST)"一词，并将其定义为"科学技术相关的英语书面语篇"，自此，科技英语成了学术研究的一大新主题(Trimble, 1985:2)。对科技英语的早期研究主要出于教学目的：通过分析高校课本及学生写作中使用的科技英语，Selinker 和 Trimble 首先提出了一种有别于传统中遵循自然或逻辑，转而依靠修辞和功能对科技英语文本进行解码的独特方式(Olsen，1986：92)。自此，相关研究从早期的仅关注语言特征和体裁，一步步发展到了覆盖科学引文(如 Bavelas，1978)、科技报告(如 Bazernr-m，1984)、技术用途描述(如 Lenze，1988)等众多领域。

海外学者对科技英语的研究主要着眼于其发展过程，而国内学者则多见于研究科技文本的独有特性及其在汉译中需要使用的翻译策略。刘宓庆(1998：72)曾指出："逻辑上的连贯和表达上的晓畅是科技文本的两大最显著特征。"韩琴(2007：15)提出，科技文本中常见专业术语、缩略词、名词化结构、被动结构、条件句，以及长难句。宋雅智(2008：7)认为，由于科技文本具有立场客观、时态多变、词汇复杂、语言规范、表述严谨等特点，在翻译时应在词汇、句法、语篇层面采取相应策略，以尽可能忠实地重现原文。

2.2 增译法研究

在源语和目标语间实现最为准确忠实的转换是翻译实践的基本要求，然而语言间的巨大差异使得"译文和源语文本永远无法实现完全等值"(Bell，1991：53)。由于不同语言结构体系不同，信息在语际间转换时难免有所丢损(Vinay 和 Darbelnet，1995：345)，为减少其对意义的影响，译者往往会在翻译过程中进行增译。

早在 1958 年，Vinay 和 Darbelnet 便提出了"增译"这一概念，不过直到 1992 年，Hervey 和 Higgins 才将其系统定义为一种"在目标文本中增添原文中没有的内容，填补原文中丢损的信息，重现原文表达效果"的技巧(同上，1992：35)。自此，"增译法"便成了一种独立的翻译策略，在许多早期翻译理论家的作品中都有提及。Nida(1993：34)曾提出一种基于同构理论的补偿策略以实现对等，Newmark(2001：102)则基于不同文本类型提出，采用增译法应该更加不拘于字面意义。

20 世纪 80 年代，柯平首开国内增译法研究先河，基于现代符号学和语言学构建了一套增译理论。在连续发表的三篇系列论文中，他将增译法定义为最常用的翻译策略，并将其细化为具体的八种方式进行讨论，即加注、增益、视点转换、具体化、概略化、释义、归化和回译(柯平，1991：23-26；1992：24-26；1993：23-27)。自此，"增译法"在国内成了一种公认的翻译策略，且因常用性和有效性而广受研究。张培基(2009：59)将增译定义为"为更加忠实流畅地传达原文意义而在翻译过程中对词汇(或短语)进行适当增补"；王恩冕(1988：14)指出，鉴于不同语言间存在语义空缺，增译法的使用不可避免；徐利娜(1997：18)认为，增译法在英汉互译中的具体应用取决于英语屈折形式的结构和表意功能；戈玲玲(2002：42-43)则从预设的角度对增译法的实用性进行了探讨。

2.3 科技英语汉译中的增译法研究

科技英语的文体特征使译文的"信、达、雅"更难实现，也更加需要增译进行补偿，然而对科技英语汉译中增译法的系统研究，国内外都鲜见。在现有的研究中，阎庆甲(1988:15-18)按目的将科技英语汉译中增译法的使用分为三类——明晰词汇意义、填补语法结构和贴合中文句法；李银芳(2007:19-22)提出统一性、具体性、完整性、准确性、合理性、解释性六项增译原则以避免过度翻译；李延林(2008:4-6)则探析了增译法在确保词汇衔接中实现的效果。

总体来看，针对科技英语汉译中增译法的研究多为概括性介绍或仅局限于词汇层面，缺少实现词汇、句法和语篇层面全面覆盖的系统性研究。

3 理论框架

3.1 功能对等理论

由著名语言学家 Eugene Nida 提出的“功能对等”源自“动态对等”。多年的《圣经》翻译实践使 Nida 于 1959 年总结形成“动态对等圣经翻译理论”，对当时流行的词汇意义固定、因而翻译方式一成不变的观点形成了挑战。1964 年，Nida 在《翻译科学探索》一书中首次提出“动态对等”和“形式对等”两大对立概念，其中动态对等更注重译文的流畅可读，意在实现“目的语读者在接收到信息后与源语读者产生的反应大致相同”(Nida,1969:112)。后来，为避免“动态”二字让人误解为只重意思、忽视形式的自由译法，Nida 将其改为“功能对等”，并进一步提出了其“最理想定义”，即“译文读者基本能以原文读者理解和欣赏原文的方式理解和欣赏译文文本”(Nida,1982:24)。

3.2 功能对等的四个方面

不同于形式对等的只注重词义形式准确，功能对等要实现的是读者反应上的对等，其关注点超越了语言特征层面。Nida 具体细化出了对等的四个方面，即词汇对等、句法对等、篇章对等及风格对等，并指出只有在这四个方面同时实现对等，才是真正实现了功能对等。

其中，词汇对等指的是在词汇的不同词义中选取最为恰当贴切、符合语境的填入译文，除字面意义外，潜藏的文化内涵也需纳入考量；句法对等指的是对语句表层含义和深层含义的完整诠释，以及在此基础上与原文句法结构的尽可能一致；篇章对等则着眼整体，基于语法单位在整个篇章中的作用对其进行调整，这一方面堪称译文质量的决定因素；风格对等则是要求译者选用与原文最为切近的语篇体裁及语言行文风格。

Nida 的功能对等理论不仅为本研究提供了理论指导，还证明了在科技英语汉译实践中，无论是词汇、句法还是篇章层面的增译，都是符合译界公认的翻译原则的。

4 科技英语汉译中实现不同方面对等的增译

4.1 实现词汇对等的增译

词汇是篇章中的最小语言单位，是构成其他语言单位的最基本要素，因而实现词汇层面的对等是实现其余层面对等的前提。英中双语截然不同的构词形态及科技英语简洁凝练的表达风格，使词汇的增译在科技英语汉译中不可避免。

4.1.1 增译量词

英中双语对于名词数量的表达略有不同，英语中仅“数词＋名词”即可，而汉语中还需根据所修饰名词的性质选用恰当的量词，形成“数词＋量词＋名词”结构。因此，在汉译中遇到数量的表达时，必须增译合适的量词。

例 1：Two advances would be crucial to solving Maxwell's demon. The first was by the American mathematician Claude Shannon, regarded as the founder of information theory.

译文：后来的两项研究进展对解决麦克斯韦妖的问题至关重要。第一项来自美国数学家克劳德·香农(Claude Shannon)，他被视作信息论之父。

例 2：In 2010, another team devised a way to use the energy produced by the demon's information to coax a bead uphill;

译文：2010 年，另一支团队设计出一种方法，可以利用麦克斯韦妖的信息具有的能量来“诱导”一颗珠子向高处滚动；

以上两例中，译者根据汉语表达习惯，在数字和中心词“研究进展”“团队”“方法”“珠子”间分别增译了不同量词“项”“支”“种”“颗”，使译文符合汉语中的数量表达范式。

科技文本中多见数字数据的表达，译者只有在汉译过程中增补恰当量词，才能使目标读者不至于产生异化感，实现读者反应的对等。

4.1.2 增译语用意义词

依据现代语言学的定义，词汇意义包括语义意义和语用意义。前者即词汇的字面释义，后者则指的是词汇在特定语境中并未明示的隐含义。语义意义相对固定、较好选择，而语用意义则要视语境情况而定，变化无常，因此仅直译出其字面意义往往是不够的，还需添加合适的词汇，使其语用意义更加明晰，以实现原文信息的完整传达。

例 3：The universe bets on disorder.

译文：宇宙钟情于无序状态。

例 4：Seen in this way, the inexorable rise in entropy, or disorder, as quantified by the second law of thermodynamics, takes on an almost mathematical certainty.

译文：如此看来，热力学第二定律所量化的不可避免的熵增，也就是无序度的增加，在数学上几乎是必然发生的。

上述两例出自同一篇章，但语境有别，例 3 中的"disorder"是对宇宙存在状态的描述，因而需要添加"状态"，使汉语表意更加明确；而例 4 中的"disorder"是对"熵"这一概念的解释，汉译时将其处理成术语形式，"无序度"更加妥当。

例 5：It assumes that during the formation of the sun, all of the planet's elements got vaporized, and as the disk cooled, some of these gases condensed and supplied chemical ingredients to solid bodies. But that doesn't work for carbon.

译文：该模型假设，太阳形成过程中，组成的所有行星元素得到蒸发，随着原行星盘冷却下来，一些气体凝聚起来，为固态天体提供化学成分。但这模型不适用于碳元素。

例 6：Much of carbon was delivered to the disk in the form of organic molecules.

译文：许多碳以有机分子的形式进入星盘。

上述两例对于"carbon"的不同翻译方式完全取决于语境。例 5 中主要在探讨"元素"问题，因此要在直译"carbon"字面意义的基础上增译"元素"二字，符合整体语境；而例 6 中对于"carbon"的形态在后文有明确的表述，因此无须增译进行明晰。

即便在同一篇章中，同一词汇在不同语境下的语用意义都不尽相同，且普通词汇在科技文本中可能还需处理成专业术语，这就需要通过增译语用意义词汇来进行细化明晰，确保译文的严谨性。

4.2 实现句法对等的增译

由于分属不同语系，英中句子在时态表达、语法严谨性等方面差异较大，且科技英语中还存在某些特殊句式，在汉语中找不到完全一致的对应，因此汉译过程中也需在句子层面进行适当增译，尽可能避免信息丢失。

4.2.1 增译时态

时态标定了所述事件的发生时间，在句子中至关重要，英文中的时态由动词变形或助动词体现，而中文动词则无此类变化，因此汉译中往往要增译适当表达，明晰时态。

例 7：This unique trait has led scientists to believe that some extreme physics might take place in their innards.

译文：一直以来，这一特性使科学家相信中子星内部有一些极端的物理过程发生。

例 8：Scientists searching for quasicrystals—so-called ‘impossible’ materials with unusual, non-repeating structures—have identified one in remnants of the world’s first nuclear bomb test.

译文：科学家一直在寻找准晶体——一种具有不寻常、不重复结构，被称为“不可能”存在的材料。如今，在世界上首个核试验的遗址中，他们终于发现了这种全新的准晶体。

例 7 中的一般完成时结构体现了所述事件从过去到现在一直在发生的持续性，为体现这种时间上的连贯，译文在句首增补了时间状语“一直以来”。例 8 中“动词 ing”形式构成的后置定语暗含“一直在做某事”之意，译文通过增译“一直在”这一体现连贯性的表达，准确传达出了隐于英文动词变形中的深层含义，实现了句子表层和深层含义的双重对等；而这一句中出现的另一个时态标志“have identified”实际意在使新发现和前文的长时间寻找形成对比，以彰显新成果的难能可贵，增译时间状语“如今”不仅标示了事件的发生时间，还对应了上文的“一直”，强化了句子的信息重点。

在汉译中增补出时态信息不仅是实现足额翻译的要求，更是分割句子意群、展现内在逻辑、明晰深层含义的有效方式。

4.2.2 增译行为主体

英中双语中皆存在无主句，出于简洁性、客观性等考量，事件的行为主体可能并不会明示于句中，而全凭语境推测。不过在科技文本这种对正式、严谨程度要求较高的文体中，为避免此类推测造成误解或歧义，常常会增译补充出行为主体。

例 9：Unfortunately, it is exceedingly difficult to measure the width of a city-size object that’s thousands of light-years away.

译文：不幸的是，要测量远在数千光年之外，只有城市大小的天体的直径，对于天文学家来说绝非易事。

例 10：The plutonium bomb had been detonated on top of a 30-metre-high tower, which was laden with sensors and their cables. As a result, some of the trinitite that formed had reddish inclusions.

译文：钚装药的原子弹被放置在一个 30 米高的塔顶上，塔身遍布传感器及其线缆。研究人员发现，一些玻璃石有红色的内含物。

上述两例的汉译依据常识对句子的行为主体进行了增译，即测量天体是天文学家的工作，实验结果是由研究人员得出。如此增补使得译文表达更符合汉语“重人称”的表达习惯，也使句内的逻辑承接更加顺畅。此外，增译行为主体还能起到调整句子结构的作用。

例 11：Previously, an elementary link of a quantum repeater has been realized in cold atomic ensembles and single quantum systems.

译文：此前，人们已在冷原子系统和单光子系统中成功进行了量子中继基本链路。

例 12：Similar materials have been synthesized in the laboratory and identified in meteorites.

译文：对于类似的材料，我们可以在实验室中合成，也能在陨石中发现。

以上两例是科技英语中十分常见的被动句，但汉语表达中倾向于避免使用“被”字，如直译为“链路被实现”“材料被合成”，则会使目标读者产生异化感，无法实现读者反应的对等。而增译行为主体“人们”“我们”，使句子由物称主语转换为人称主语，调整了句子结构，使译文更符合汉语语言习惯。

科技英语重事实的特点使无主句比比皆是，在译文中适当增补行为主体可以使句意更加完整，保证信息的足额传递，还能实现句式变换，使译文更贴近目标语读者的语言习惯。

4.2.3 增译固定搭配

英汉两种语言都存在某些独特的固定搭配及句型结构，为其使用者所常用，如英语中的名词化结构，汉语中的动宾结构、并列结构、偏正结构等，在翻译时，多使用译入语的固定结构必然会使得译文更加地道，更贴近目标语读者的语言习惯。因此在汉译过程中，译者常常会对句子进行增补，以形成此类固定搭配。

例 13：The fundamental task of a quantum network is to distribute quantum entanglement between two remote locations.

译文：量子网络的基本任务是在两个相距遥远的地点之间进行纠缠分发。

例 14：While approaches and specific questions of researchers differ across the fields, building a coherent story requires identifying topics of mutual interest and finding ways to bridge the intellectual gaps between them.

译文：虽然不同领域的研究人员所采用的方法以及要回答的专业问题不尽相同，但若想构建一段连贯的历史，必须首先确定共同感兴趣的话题，再找到方法弥补各自的知识鸿沟。

例 13 中的画线部分如直译为“分发量子纠缠”则极不通顺，因此将原文中的动词“distribute”转换为名词与后文的“entanglement”形成并列结构，并增译“进行”弥补句中的语法空缺。例 14 在划线的两个名词前分别增译了适当的动词“采用”和“所要回答”，形成汉语中常用的动宾结构，使译文主语(研究人员)和宾语(方法、问题)间的逻辑联系更加顺畅。

增译是在译文中形成地道的固定搭配，使目标读者产生和原文读者类似反应的最有效策略。

4.3 实现篇章对等的增译

所谓篇章，绝非是词句段落的简单堆叠，而是更重交际功能的有机语义实体，含有颇多隐于字面意义及句式结构背后的内在意义，因而单纯实现词汇和句法层面的对等并不意味着整个篇章都做到了对等，在篇章整体层面也不乏需增译之处。

4.3.1 增译连接词

作为正式程度极高的一种文体，科技文本十分强调句段间的逻辑性。由于英文"重形表意"，多数情况下，不同主体间的逻辑关系都会由明确的逻辑连接词表现出来，但也不乏逻辑关系晦暗不明，隐于语境的情况，这时就需要译者通过增译策略进行明晰，使译文条理清晰，说理晓畅。

例 15：Born from supernovas, these objects contain a star-size mass in a city-size space.

译文：中子星源于超新星爆发，其体积仅有一座城市大小，而质量却与恒星相当。

例 16：What has changed is our understanding of information in the universe, and with it our appreciation of Maxwell's demon, first a troublesome paradox, and now an invaluable concept—one that has helped to illuminate the remarkable link between the physical world and information.

译文：发生改变的是我们对于宇宙中信息的理解，以及与此相关的对麦克斯韦妖的理解：最初我们觉得它是一个麻烦的悖论，而如今却视之为一个非常重要的概念，可以帮助我们探明物质世界和信息之间的美妙联系。

上述两例皆是词汇中隐含了对比的逻辑。例 15 中的"城市大小"和"行星大小"在体量上形成了巨大的对比，为突显这一内在逻辑，译文中增译了一组关联词"仅……而……却……"。例 16 中的对比逻辑是由时间体现的，"最初"和"如今"显示了不同时期人们对麦克斯韦妖态度的转变，因此为强调这种变化，在后一个时间指示词后增译了连接词"却"。

例 17：Quantum repeaters can overcome this difficulty by dividing long-distance transmission into several short-distance elementary links.

译文：量子中继可以将长距离传输分解为多段短距离基本链路，从而解决这一难题。

例 18：Too much carbon, and the Earth's atmosphere would be like Venus, trapping heat from the sun and maintaining a temperature of about 880 degrees Fahrenheit. Too little carbon, and Earth would resemble Mars: an inhospitable place unable to support water-based life, with temperatures around minus 60.

译文：如果碳太多，地球大气层就会像金星一样，无法将来自太阳的热量扩散到外界，其温度高达 880 华氏度(约 471 摄氏度)左右。如果碳太少，地球就会像火星一样:无法支撑必须依靠水存活的生命体,温度只有零下60华氏度(零下51摄氏度),也不适宜生存。

除隐于字义外,篇章中的逻辑关系还常暗含于句段形成的语境中。例17中描述的两个步骤“分解链路”和“解决问题”间暗含顺承逻辑,增译关联词“从而”不仅明确了这一逻辑关系,还重塑了句子结构,使译文符合汉语“先因后果”的表述习惯。例18中的条件逻辑也是再明显不过,即便没有明确的关联词,源语读者也能直观感受到,因此为实现读者反应的对等,译者增译了关联词“如果……就……”,明晰这一逻辑关系。

句段间的逻辑关系是否顺畅是判断一篇译文质量高低的重要标准,因而当原文中逻辑不甚明晰时,多采用增译策略对关联词进行增补,以提高译文的逻辑性与可读性。

4.3.2 增译概括表述

一般说来,汉语篇章多采取“分—总”或“总—分”结构,在意群结尾或开篇常见总结性表述将前后文所述的冗长信息进行凝练表达。在科技文体这种多复杂概念的文体中,此类概括总结有助于增进理解,因而在汉译过程中常常会增译此类表述。

例19: This is the first strong evidence against a dramatic phase transition in the core of neutron stars.

译文:这是反对‘中子星核心发生剧烈相变’这一假说的第一个有力证据。

例20: Over the history of our galaxy alone, rocky planets like the Earth or a bit larger have been assembled hundreds of millions of times around stars like the Sun.

译文:仅就我们星系的历史而言,围绕类似太阳一样的恒星形成像地球一样或者更大一些的岩石行星,这一过程已经发生过数亿次。

上述两例分别增译了同位语“这一假说”和“这一过程”,形成“分—总”结构,高度凝练地总结了前文中较为专业的描述,这样一来,即便对天文学一无所知的普通读者也至少能明白这部分讲的是一种假说和一个过程,提升了可读性,力求读者反映的尽可能对等。

例21: Imagine, for example, dropping a thimbleful of red dye into a swimming pool.

译文:例如,想象这样的场景:将极少量红色染料倒进游泳池里。

例21通过增译“这样的场景”形成“总—分”结构,既在结构上对后文内容起到了提纲挈领的作用,又提前让读者产生了适当的心理预期,以便对后文的信息重点形成更为全面深刻的理解。

增译概括性表述不仅可以在篇章内形成清晰的“分—总”或“总—分”结构,使译文更加规整,逻辑明晰,还能实现对篇章信息重点的强调或解释,最大限度地实现读者反应的对等。

4.3.3 增译省略信息

在行文中对读者心照不宣或能从语境中直观感受到的内容省略不表的现象得见于每种语言，科技文本更是因其行文简洁的特性而省略颇多。然而，在专业人士看来是“常识”可省去不表的信息很可能会给普通读者造成理解上的障碍，因此为最大范围实现读者反应的对等，常常会在汉译中适当增译出隐含在语境中、并未明说的省略信息。

例 22： Like all gases, this one is made of individual particles. The average speed of the particles corresponds to the temperature of the gas—faster is hotter.

译文： 和所有气体一样，这里的气体也是由一个个粒子组成的。粒子运动的平均速度对应了气体的温度——粒子运动速度越快，气体温度越高。

例 23： We are made of stardust, the saying goes, and a pair of studies including University of Michigan research finds that may be more true than we previously thought.

译文： 天文学家卡尔·萨根有句名言：我们都是星尘。而包括美国密歇根大学在内的两个研究团队都发现，这句话可能比我们先前认为的更加正确。

以上两例均对原文作者省略未表的潜在信息进行了增译。虽然例 22 中“越快”和“温度越高”的主体可以从前一句中找到答案，但若直译为“越快就越高”不仅乍一看令人迷惑，在语法上也不甚完整，影响可读性，因此增译“粒子运动”和“气温”，虽然和前句略有重复，但这更符合汉语的表达习惯，实现了句子间的上下勾连，叙述也更为明晰易懂。例 23 增译了名言作者的名字和职业，不仅使语篇信息更加完整，让目标读者了解到了更多内容，还和后文对天文学内容的叙述形成照应，更显专业。

由于不同国家在自然环境、历史背景、生活习惯等方面大有不同，在某一读者群体看来不言而喻的内容于其他知识背景的读者而言可能就不那么不言自明了。在这种情况下，为确保更多拥有不同知识背景的目标读者能产生和原文读者类似的反应，尽可能全面完整地获取信息，往往会对原文中的省略信息进行增译。

5 结 语

随着科学技术的不断推广普及，前沿科技信息不再局限于学术界和专业圈，普通大众也逐步成了科技文本的重要目标读者群体，这对科技篇章的可读性和易懂性提出了新要求。科技英语以其简洁性和专业性著称，要使其汉译普及范围更广，尽可能让所有目标读者都对传递的信息形成全面深刻的理解，实现读者反应的对等，增译是最好的方式。

在 Nida 提出的四个方面对等理论的指导下，本文从词汇、句法、篇章三大方面对所选译例进行剖析，总结凝练出了需要进行增译的八种具体情况。在词汇层面，需在数量的表达中增补恰当量词，并根据具体语境增译语用意义词汇，使语义更为具体明确；在句法层面，首先要通过增译明晰整个句子的时态，还需补充行为主体，增译固定搭配形成汉语中常见的动宾结构、并列结构、偏正结构等会使译文更加地道；在篇章层面，增译关联词会使意群间的逻辑连接更加顺畅，补充概括性表述能凸显信息重点，促进理解，对于省略信息的增译是避免歧义误解的最有效方式。

基于对摘自权威科普杂志中的双语文本的分析，本文证明了增译法在科技英语文本汉译中必不可少。对于隐含信息的恰当增补不仅不会有损译文的准确性，还能提升可读性，使译文表达更加切近自然，最大限度与原文实现对等。

参考文献

[1] BELL, Roger T. *Translation and Translating : Theory and Practice* [M]. New York: Longman Inc, 1991.

[2] CATFORD J. C. *A Linguistic Theory of Translation* [M]. London: Oxford University Press, 1965.

[3] GE Lingling. Presupposition and translation techniques [J]. *Chinese Translators Journal*, 2002(3): 42-44 ..

[4] HAN Qin. Features and translation of EST [J]. *Chinese Science & Technology Translators Journal*, 2007(3): 12-17.

[5] HERVEY S, HIGGINS J. *Thinking Translation. A Course in Translation Method : French to English* [M]. London: Routledge, 1992.

[6] KE Ping. Annotation and contextual amplification—on accommodation and compensation methods [J]. *Chinese Translators Journal*, 199(1): 23-26.

[7] KE Ping. Shift of perspective, specification and generalization—on accommodation and compensation methods [J]. *Chinese Translators Journal*, 1992(1): 24-26.

[8] KE Ping. Paraphrase, adaptation and back translation—on accommodation and compensation methods [J]. *Chinese Translators Journal*, 1993(1): 23-27.

[9] LI Xiuhua, Li Li. Characteristics of English for science and technology [A]. Proceedings of the 2015 International Conference on Humanities and Social Science Research [C]. Paris: Atlantis Press, 2015.

[10] LI Yanlin, LIU Lianfang. New approaches to lexical cohesion and translation trategies of EST discourse [J]. Chinese Science & Technology Translators Journal, 2008(2): 4-6.

[11] LI Yinfang. Principles on amplification in EST [J]. Chinese Science & Technology Translators Journal, 2007 (2): 19-22.

[12] LIU Miqing. English Varieties and Translation [M]. Beijing: China Translation & Publishing Corporation, 1998.

[13] MUNDAY J. Introducing Translation Studies: Theories and Applications [M]. London and

New York: Routledge, 2012.
[14] NEWMARK P. Approaches to Translation [M]. Shanghai: Shanghai Foreign Language Education Press, 2001.
[15] NIDA E A. Toward a Science of Translating [M]. Leiden: E. J. Brill, 1964.
[16] NIDA E A. Language, Culture and Translation [M]. Shanghai: Shanghai Foreign Language Press, 1993.
[17] NIDA E A. The Theory and Practice of Translation [M]. Leiden: E. J. Brill, 1997.
[18] NIDA E A. Language and Culture—Contexts in Translating [M]. Shanghai: Shanghai Foreign Education Press, 2001.
[19] NIDA E A., Taber C R. The Theory and Practice of Translation [M]. Leiden: E. J. Brill, 1969.
[20] OLSEN L A. Review: English for science and technology: A discourse approach [J]. English for Specific Purposes, 1986,5(1): 92.
[21] ORR T. English for Science and Technology: Profiles and Perspectives [C]. Aizuwakamatsu: Aizu University, 1995.
[22] SONG Yazhi. Strategy of translation on the feature of scientific style [J]. Chinese Science & Technology Translators Journal, 2008 (3): 6-9.
[23] TRIMBLE L. English for Science and Technology: A Discourse Approach [M]. Cambridge: Cambridge University Press, 1985.
[24] VINAY J P, DARBELNET J. Comparative Stylistics of French and English: A methodology for Translation [M]. Amsterdam: Benjamins, 1995.
[25] WANG Bingqin. New Theories on Language and Translation [M]. Tianjin: Nankai University Press, 1998.
[26] EEMIAN W. A preliminary study on compensation in translation [J]. Chinese Translators Journal, 1988(2): 11-15.
[27] WILSS W. The Science of Translation: Problems and Method [M]. Shanghai: Shanghai Foreign Language Education Press, 2001.
[28] XU Lina. Inflected forms in English and semantic amplification [J]. Chinese Translators Journal,1997 (5): 17-20.
[29] YAN Qingjia. Amplification in EST translation [J]. Shanghai Journal of Translators for Science and Technology, 1988(6): 15-18.
[30] ZHANG Peiji. A Course in English-Chinese Translation [M]. Shanghai: Shanghai Foreign Language Education Press, 2009.

科技翻译伦理观再思及其对翻译人才培养的启示[①]

张　显[②]　方　红[②]

摘　要：翻译伦理观贯穿科技翻译活动始终，影响翻译在科技活动中的角色及其效力。科技翻译注重信息的传达，而译者作为翻译行为主体受到各种伦理规范的制约，译者翻译伦理观渗入科技翻译目的、译本选择、翻译策略应用等各方面，并反向对翻译人才培养提出了相应要求。本文聚焦科技翻译的伦理属性，通过梳理翻译伦理现状发展，审视科技翻译伦理观在当今科技翻译实践中的潜在影响和表现，并由此反思以此为导向的翻译人才培养标准。关注科技翻译伦理观不仅能够规范科技翻译工作中的译者行为，也对人工智能时代新文科背景下的翻译人才培养具有启示意义。

关键词：科技翻译；翻译伦理；翻译人才培养

Rethinking on Science and Technology Translation Ethics and Its Implications for the Cultivation of Potential Translators

Abstract: Translation ethics runs through the entire process of science and technology translation activities, influencing the role and effectiveness of translation in science and technology activities. Although transmission of information is emphasized in sci-tech translation, translators, as the subject of translation behavior, are restricted to their respective norms. The translator's translation ethics affects the purpose, the choice of translation texts, translation strategies and other aspects of sci-tech translation, and inversely puts forward corresponding requirements for the cultivation of potential translators. This paper

① 基金项目：北京市共建项目专项资助。

② 作者简介：张显，男，首都师范大学外国语学院2023级在读博士生，研究方向：翻译研究、跨文化翻译与传播；方红，女，北京航空航天大学外国语学院教授，博士生导师，研究方向：翻译理论与实践、翻译文化史。

focuses on the nature of science and technology translation ethics, by sorting out the theory development of translation ethics, examines its potential impact and performance in today's sci-tech translation practice and consequently reflects on the standards for cultivating translators. Rethinking on science and technology translation ethics can not only regulate the behavior of translators in the work of science and technology translation, but also shed light on the cultivation of translators in the context of the new liberal arts in the era of artificial intelligence.

Keywords: science and technology translation; translation ethics; cultivation of translators

1 引 言

2021 年 5 月，习近平总书记在两院院士大会、中国科协第十次全国代表大会上发表重要讲话时指出，科技是发展的利器，也可能成为风险的源头。要前瞻研判科技发展带来的规则冲突、社会风险、伦理挑战，完善相关法律法规、伦理审查规则及监管框架。2022 年 3 月，中办、国办印发《关于加强科技伦理治理的意见》，提出了完善科技伦理审查规则流程，健全科技伦理(审查)委员会设立标准、登记制度，建立科技伦理审查结果专家复核机制等具体要求。2023 年科技部会同教育部、工业和信息化部等十部门联合印发《科技伦理审查办法(试行)》，对科技伦理审查的基本程序、标准、条件等提出统一要求，为各地方和相关行业主管部门、创新主体等组织开展科技伦理审查提供了制度依据。

这一系列讲话文件凸显了当今科技发展中伦理意识和规范的重要性和必要性。新兴技术突破和应用给经济社会发展带来的影响日益深刻，伴随产生的伦理问题也逐渐成为全世界面临的共同挑战。科技翻译作为科技活动和交流中不可或缺的一环，既涉及外文科技文献译入国内，又包括中国科研成果经过外译推广至国外。正如张南峰(2004:39)所指出，翻译是一种社会活动，必定受到一定的道德制约，因此翻译学离不开应用伦理学。科技翻译同其他翻译活动一样，其外部价值必须置于更广阔的社会背景下进行研究。科技翻译伦理观贯穿科技翻译实践及对外交流活动始终，从当今科技翻译的现实情况出发，探讨翻译过程所发生的社会伦理，结合译者的伦理诉求，探究科技翻译的伦理属性是科技翻译研究的重要议题。

2 翻译伦理研究现状

“翻译作为一项跨语言、跨文化的人际交往活动,必然会受到社会规范的制约,并且要遵循相应的价值观念预设”(李晗佶、陈海庆,2020:112)。“翻译伦理是指如何对翻译行为和翻译行为主体进行规范的研究”(王大智,2009:62)。鉴于翻译与伦理学之间的密切联系,翻译伦理已经成为当今翻译研究中的重要课题,国内外学者对此展开了充分探讨。

西方翻译界普遍认为“翻译伦理”这一术语最早由法国翻译家和翻译理论家安托瓦纳·贝尔曼(Antoine Berman)提出,贝尔曼(1984:17)在 1984 年出版的《异的考验——德国浪漫主义时代的文化与翻译》一书中强调,翻译伦理应该与翻译历史和翻译分析一道,成为新时代翻译学所关注的领域,进而引发了继“文化转向”之后的翻译研究“伦理转向”。贝尔曼之后的翻译伦理研究者有美国翻译理论家劳伦斯·韦努蒂(Lawrence Venuti),他强调翻译中“存异伦理”的重要作用。“韦努蒂认为译者需要选取在本土被边缘化的文本,并用陌生化的语言进行表述,以消除译入语读者的熟悉感,从而与英语语言和欧美中心主义的文化霸权抗衡”(杨镇源,2013:60)。芬兰翻译理论家安德鲁·切斯特曼(Andrew Chesterman)(2001)从道义逻辑和价值哲学视角出发,基于清晰、真实、信任和理解四种基本价值,提出了译者需要遵循四项规范,即期待规范、关系规范、交往规范和责任规范,并在进一步研究中对翻译规范理论进行了修正,总结出了翻译伦理的五种模式,即再现的伦理、服务的伦理、交际的伦理、规范的伦理和专业责任的伦理。澳大利亚学者安东尼·皮姆(Anthony Pym 2012)不满足于翻译伦理研究中理论与实践脱节的现状,认为翻译是一种交际行为,是一种为客户所提供的专业服务。基于这种对翻译本质的认识,他指出应该从文化间性角度出发,以“译者伦理”来替代翻译伦理。

与西方翻译理论家相比,我国对翻译伦理问题的研究起步较晚。2001 年,吕俊首先在《跨越文化障碍——巴别塔的重建》一书中提出了利用交际行为理论来规范翻译行为的设想,从而拉开了国内翻译伦理研究的序幕。之后国内翻译伦理研究的关注点主要集中在四个方面:“构建翻译伦理学的设想;译介国外翻译伦理研究成果;运用国外翻译伦理研究成果研究翻译实践问题;翻译伦理问题的理论探讨与综述”(侯丽、许鲁之,2013:134)。

伦理作为个人或社会的行为准则或道德规范,每个翻译行为背后都隐藏着一定的翻译伦理准则。最开始,翻译理论家们对翻译伦理的探讨仅仅围绕在“忠实”的问题上,即翻译的规范性研究,从道安的“案本而传”到严复的“信达雅”,从泰特勒的“三原则”到纽马克的“语义翻译”,对译文“忠实”的追求贯穿始终。随着翻译界对翻译本质的认识日益加深,翻译研究的视野也从语言转换层面转向更加广阔的社会文化空间。“翻译的伦理研究不再停留在对译者翻译道德规范的理想化构建，而是转向对已然发生的翻译行为和呈现的译作中的伦理要素进行描写性研究”（刘书梅、张洁君，2023：93）。翻译伦理就是翻译行为的规律和翻译行为应该如何的规范。

尤其随着人工智能技术的发展，智能科技对翻译实践的颠覆性影响带来了翻译伦理研究的新一轮热议。科技不仅是翻译的对象，更是影响翻译行为的重要因素，科技发展对翻译伦理提出了新的要求，同时翻译伦理研究更注重科技辅助翻译实践背景下的译者伦理观，以及由此辐射的社会文化背景下的国家翻译实践及大翻译观。基于此，翻译伦理研究趋势与科技发展的密切关联奠定了科技翻译的伦理属性，对科技翻译伦理观的重新审视及探究对科技翻译研究及科技翻译人才培养均具有重要意义。

3 科技翻译的伦理属性

科技翻译作为一种社会活动，必然受到社会伦理道德的影响和制约；科技翻译作为一种文化活动，必然受到价值体系及意识形态等伦理内涵的导引和规约；科技翻译作为一种跨语际实践活动，必然融入实践主体及其外部伦理规范的渗入和融合。翻译伦理串联起翻译活动的各个环节，渗透到翻译的各个层面，影响翻译活动的各个方面。科技翻译过程中的各种行为，如确定翻译目的、选择翻译文本、确定翻译策略，以及翻译人才培养都受到主流社会伦理的影响。下面就从伦理视角分析科技翻译活动中翻译伦理对译者翻译目的、文本选择、翻译策略所发挥的作用，同时阐明翻译职业的道德准则与译员应遵守的职业操守。

3.1 翻译目的的伦理属性

翻译目的是翻译活动的起点，受翻译目的驱使，翻译活动才会发生。目前我国科技翻译活动主要分为两类：外文科技文本汉译与汉语科技文本外译。对于这两类译本的译者而言，源语文本和译本都承载着不同的伦理价值，两种文本译者持有各自的伦理价值观，肩负着各自的伦理使命，双方所遵从的伦理规范差异从根本上决定了不同的翻译目的。

3.1.1 科技文本汉译的翻译目的

对于科技文本汉译者来说，翻译科技文本不仅仅是为了传播知识，最终目的在于科技知识的实际应用，翻译活动带有强烈的突出实用的目的性，而其翻译目的恰恰是社会需求与发展规划在科技翻译活动中的投射。

科技文本资料的汉译是中国科技基础理论研究和前沿研究的重要基础，是科技发展中不可或缺的重要环节。虽然近些年中国在科学技术领域已经取得了很多进展，在电子商务、物流、传媒等领域已成为世界领先者，但在高端科技领域中仍面临问题和挑战。以美国为首的西方国家不断收紧对科研设备和原材料的管制政策，减少与我国在科技领域的合作。2020 年，中国科学院将包括光刻机、芯片在内的 35 项“卡脖子”技术清单，作为科研任务清单。习近平总书记多次指出：“我国面临的很多‘卡脖子’技术问题，根子是基础理论研究跟不上，源头和底层的东西没有搞清楚”。基础研究是科学创新的源头，是新技术、新发明的先导。基础理论研究离不开翻译活动，有着专业知识和责任意识的译者在“卡脖子”技术相关的理论上下足功夫，希望通过翻译外文科学文献掌握国外最新的理论和研究动态并引进先进科学技术以促进中国自身技术升级。科技文本汉译的翻译目的主要在于促进中国科研事业发展，提高科技生产力进而增强国力，改善民生。

3.1.2 科技文本外译的翻译目的

科技文本外译者在向国外译介中国的科技知识和科研成果时，并非仅为传播科技知识，同时也在彰显制度优势下的科技实力。“即便科技翻译活动往往容易实现语言转换层面的‘忠实’的伦理目标，其外部价值也在于实现译者在文化政治向度上的伦理目的”（刘书梅、张洁君，2023：93）。

科技文本外译也是中国对外国家形象建构的重要内容。科技翻译并非只是与信息转换和术语统一有关的意识形态“绝缘体”，而是深深植根于文化之中，通过将中国科技成果翻译成外语介绍中国科技进展传递中国的国家立场和态度，和政治、文学一样是国家形象构建中不可缺失的重要组成部分。“如果忽视了科技翻译在具体政治文化语境中的传播效果，那么科技翻译批评只能停留在具体翻译策略的总结和赏析层次”（雷璇、张威，2023：68）。中国在国际上始终是一个负责任大国的形象，致力于推动构建人类命运共同体。通过翻译中国科研成果为外国科研机构提供相关经验与指导，从而推进世界范围内科技与经济协同发展，这同样也符合中国社会的道德伦理准则。

两类科技文本的翻译目的由所遵循的伦理规范决定，即两者的翻译目的具有不同的伦理属性。从伦理规范的层面上来看，两者的翻译目的都顺应了中国社会主流的道德伦理，但区别在于希望通过翻译活动实现的效果不同。翻译目的一旦形成，就会直接影响翻译过程的各个层面，其中便包括文本选择和翻译策略选择。

3.2 文本选择的伦理属性

决定科技翻译价值的基本因素是科技翻译文本，在原文文本的基础上，译者实现科技文本翻译的社会价值。“一般而言，科技文献的原文文本价值与科技文献原文同时诞生，在传播科技知识的过程中，价值比较稳定，一般较少变化”（刘书梅、张洁君，2023：93）。但是在浩如烟海的科技文献中，选择哪些文本进行翻译，选择过程本身受到社会伦理、制度机构和译者自身伦理追求的影响和制约。

科技文本通常分为两类：专门科技体文本与通俗科技体文本，下文将分别探讨这两类科技文本选择的伦理属性。

3.2.1 专门科技文本译者的文本选择

不同于一般翻译，专门科技文本承载着明确的强国内涵与目的。一般而言，专门科技文本翻译要么由国家和政府委托而开展，要么由科技企业或高校自发组织。但无论哪种情况，专门科技文本的翻译都与社会伦理和制度机构伦理原则有关，都会对国家科技发展产生深远而重大的影响。

受国家委托的翻译活动实际上属于国家翻译实践，国家作为翻译高位主体自然凸显国家主流伦理原则的重要性和必要性，提醒处于翻译低位主体的机构或译者在翻译活动中必须受道德原则的制约，必须意识到自己的翻译行为对国家利益造成的潜在影响，要以积极正确的态度对待翻译任务。

由此可见，负责专门科技文本翻译工作的译者通常不会随意选择想要翻译的文本，而是根据上级部门的要求，了解翻译需求后进行翻译。在翻译过程中，译员需要对下发翻译任务的上级部门负责，并且翻译目的也应与科研机构及科技企业的目的相一致，即通过翻译专门科技文本进一步将其转化成科技成果，促进科技发展。为此，此类文本译者需要承担起自身责任，其需要遵循的核心伦理原则是服务国家战略、国家规划和国家大政方针，为国家科技事业做出贡献。

3.2.2 通俗科技文本译者的文本选择

如果译者个体选择某一类型的文本进行翻译只是译者个人行为的话，那么当译介一个特定类型的文本成为一种社会潮流，其背后必然有深层的社会文化需要，并受译者群体所遵循的伦理要求的影响和制约。

近年来越来越多科技题材的报道、影片、读物被译入和译出中国，其背后涉及的社会文化因素是社会对科技发展的关注度和期望值越来越高。翻译此类科技文本的译者大多是企业、机构甚至个人，他们将个人意愿与社会文化潮流相融合，不单纯以盈利为目的，更重要的是为了有效激发大众了解、参与、投身科研工作的热情。在翻译此类科技文本时译者的自由度更高，可以自由选择想要翻译的文本，并需要考察大众喜爱的文本题材，顺应社会的文化潮流。但是在翻译过程中，译者也需要具有道德意识，传播正确的科学知识，引导读者对科技发展秉持积极态度，树立强国形象。由此可见，通俗科技文本译者在选择文本时通常受自身伦理追求影响，但同时也应该遵循社会道德伦理原则。一方面，社会道德伦理原则通过译者选择在翻译活动中得到贯彻实践；另一方面，译者自身的伦理追求需要须由道德伦理这双“无形的手”来引导和操控，以提供价值引领和行动指南。

无论是专门科技文本翻译还是通俗科技文本翻译，都需要将社会道德伦理和译者自身伦理追求统一起来，形成有机合力，产出利国利民的翻译作品。只有在社会道德伦理的指引下，翻译活动才能坚持正确的价值观，同时坚守国家立场、阐明中国主张、展现中国价值。

3.3 翻译策略的伦理属性

译本造成的影响虽然与翻译接受过程中的诸多因素有关，但根本上还是取决于译者所运用的翻译策略。“作为翻译主体的译者完全可以根据自己的意志和伦理道德观以及更深远的政治文化目的采取其本人认为合适的翻译策略，也可以选择迎合、追逐主流意识形态和伦理思想的翻译策略，牺牲自己的主体性来达到与他人和整个社会的伦理相一致的目的”(彭萍，2008：12)。翻译策略是个体伦理与主流伦理、特定伦理与社会伦理互动互融的动态选择。

3.3.1 专门科技文本的翻译策略

专门科技文本的翻译通常是由国家和政府委托，无论是外国文献汉译还是中国科技成果外译，其主要翻译原则在于信息的准确传播。由于科学研究注重表达的准确性与严谨性，因此专门科技文本的呈现出术语性、单一性和符号性的主要特点，在翻译中常采用异化的翻译策略，尤其是在术语表达上。韦努蒂(1998：11)认为好的翻译是揭示真相的，在译入语中展现异域文本的异域性，即语言和文化的差异性，并在此基础之上进一步将翻译活动定位为不再是一种同化行为，而是一种对跨语言、跨文化差异性的承认。韦努蒂的翻译伦理观更注重不对等状态中语言与文本之间的权力关系。而专门科技文本的异化翻译伦理更注重确保信息准确的规范伦理与译者推动国家形象构建的社会伦理。

在外国科技文献汉译的过程中，译者采用异化的翻译策略是为了最大限度地保证科学知识的真实性，科研人员需要清楚察觉译本中的异质性成分，从而根据差异开展更深入的调查研究，最终分辨出造成知识与技术差异的根本原因，并在此基础上进行技术与理论创新。而在中国科技文献外译的过程中，异化翻译的例子更为常见，近年来，中国航空航天事业不断取得重大成果，“神舟”“天宫”“祝融”“羲和”等具有中国文化特色的意象被越来越广泛地应用到航天设备的命名中，在这些设备相关介绍的翻译中译者大都采用了异化的翻译策略，其目的不仅是为了信息的“保真”，更是为了在科技翻译中构建中国形象，增强中国国际影响力。而这也是国家和政府规定的专门科技文本译者的责任与义务，是每位胸怀空天报国志、捍卫国家荣誉感的译者的个人追求。由此可见，专门科技文本译者翻译策略的选择根本上由社会伦理和其服务单位的规范伦理所决定。

3.3.2 通俗科技文本的翻译策略

通俗科技文本翻译中，为译本传播的知识体系更容易被接受，译者通常采用归化的翻译策略，即顺应目标语文化的价值观，从而传播原文所承载的文化和思想。

通俗科技文本译者的翻译策略由其翻译目的决定。外国通俗科技文本汉译时,采用归化策略将不符合中国价值观的内容过滤,同时使用中国读者熟悉的表达。这样,既可以方便中国读者理解译本中传播的科学知识,提升对科技领域的兴趣,还可以确保主流文化不受损害,顺应社会伦理要求。译者在翻译中国通俗科技文本时采用归化策略,其目的是为了靠近外国读者,使外国读者以积极、亲切的态度接受中国科技成果,从而有利于吸引外商投资。

虽然不同译者在翻译外国通俗科技文本和中国通俗科技文本时都采用了归化的翻译策略,但是翻译策略的采用却是出于不同的伦理目的,因此翻译策略不仅是翻译过程中技巧的层面的选择,更彰显了译者所遵循的翻译规范。

4 科技翻译伦理观视角下的翻译人才培养

科技翻译人才的培养是科技翻译活动的主体保障,人才培养理念和模式关系到人才培养质量和科技翻译传播的效力。正如梅阳春和汤金霞(2018:53,58)指出,译者践行什么样的翻译伦理在很大程度上决定着他们翻译的成败;造就优秀科技文本译文的译者往往都带着强烈的时代使命感从事翻译。可以说,科技翻译伦理观对于科技翻译人才培养的定位及模式具有重要的指导和启示意义。

首先,科技翻译的定位决定了科技翻译人才的培养目标,并进而影响到了人才培养模式。科技翻译不只是翻译活动,准确来讲,科技翻译是科技发展和交流活动的一部分。从这个意义上看,科技翻译人才应该是一种科技技能人才。专业性的定位决定了对科技翻译人才的培养应重视专业知识和技能的积累培训。文军和穆雷(2009)较早关注到了翻译硕士课程设置中普遍缺乏科学通识课程的现象,这就使得培养的科技翻译人员由于缺乏必要的专业知识和科学常识,其译文往往既不准确也不专业。科技翻译人才除了掌握基础的语言技能及翻译知识外,还必须与时俱进了解最新的科技发展动态,具备翻译涉及的专业领域常识和科技逻辑。也就是说,在翻译人才培养上,要给予学生正确的专业定位及课程引导,让学生树立科技翻译伦理意识,秉承科学求真求实的态度,践行科技翻译使命。

其次,在科技翻译人才培养理念和培养模式上需紧密结合国家科技文化战略及翻译学科发展新势态。无论是“一带一路”发展战略还是国家科技强国形象建构,都要求培养高素养、精专业、具有跨文化意识的应用型翻译人才。同时,翻译学科发展逐渐摆脱语言转化层面的限制,在新文科背景下开始转向跨学科、产学研融合共建的人才培养模式。科技翻译人才培养是一个长时段且不断发展的专业人才培养活动,需要一个系统科学的培养模式。(李蓓蓓、吕娜、张军,2019:77)相关高校应结合自己的专业优势,探索实践具有专业领域特色的科技人才培养范式。也就是说,在翻译人才成长导向上,要树立学生宏观微观两方面的科技翻译伦理观,既有科技强国的责任感,也要有踏实的专业探索精神和伦理实践原则,提升科技翻译伦理实践能力。

最后,智能科技发展为科技翻译人才培养带来了新的契机和挑战,更应注重培养翻译人才的科技伦理观,才能有效保证科技翻译在翻译科技的带动下助力国家发展。无论技术如何发达,操控技术的人必须为其正义性和公正性负责。科技翻译伦理是科技翻译人才面对人机交互时维护翻译任务有效性的基本原则。在平时的课程操练及翻译项目完成过程中,必须培养学生客观评价机器翻译质量的能力,以及根据翻译目标进行译后编辑及定稿中的译者主体判断力。也就是说,在翻译人才的应用导向上,要培养学生以翻译伦理观的监督和引导作用贯穿其翻译实践,在科技发展不断带来科技伦理挑战的背景下,提升作为译者和科技文化交流者的伦理意识和伦理判断力。

从科技翻译伦理观视角培养科技翻译人才,即是顺应科技发展规律和科技交流动态的需求,也是信息科技时代新文科背景下的翻译人才培养新思路。

5 结 语

总之,科技翻译伦理观是跨语境、跨区域视阈下科技翻译实践及科技发展交流的重要因素。在科技文献翻译活动中,一方面,社会文化中的主流伦理思想会对译者产生影响,这也是对翻译活动产生制约作用的主要来源;另一方面,译者通过科技翻译实现其个人伦理追求,而其个人伦理的形成又是长期社会伦理影响的结果。科技翻译表面上是各国科技理论和科技成果有选择性地汇通交流,实则潜在隐含着译入语语境的社会发展需求和政策规划,是基于个体和组织翻译行为的国家科技实践。科技翻译伦理观是科技交流活动的政策、标准、底线,是译者科技翻译行为的起点、规范和保障,也是科技翻译人才培养的核心、主线和导向。科技翻译伦理观的有效建构是中国科技文化战略实施的基础和保障,这是一个有待深入研究和加强重视的领域。

参考文献

[1] BERAMN A. L'Epreuve de l'étranger [M]. Paris: Editions Gallimard, 1984.

[2] CHESTERMAN A. Proposal for a hieronymic oath [J]. The translator, 2001(2):139-154.

[3] PYM A. On Translator Ethics: Principles for Mediation Between Cultures [M]. Amsterdam: John Benjamins Publishing Company, 2012:165-168.

[4] VENUTI L. The Scandals of Translation: Towards an Ethics of Difference [M]. London: Routledge, 1998.

[5] 陈振东. 翻译的伦理:切斯特曼的五大伦理模式[J]. 国外理论动态,2010(3):85-88.

[6] 淳柳,韩淑芹. 理工类高校应用型人才培养对策——以科技翻译人才培养为例[J]. 中国高校科技,2016(10):53-55.

[7] 侯丽,许鲁之. 从 Andrew Chesterman 的五个翻译伦理模式谈译者主体对翻译伦理的坚守[J]. 外国语文,2013(6):133-136.

[8] 雷璇,张威. 中国国家形象在科技政策翻译中的再建构[J]. 外国语,2023(5):66-78.

[9] 李蓓蓓,吕娜,张军. “一带一路”背景下高校科技翻译人才培养模式探讨[J]. 上海翻译,2019(3):74-79.

[10] 李晗佶,陈海庆. 技术化时代的翻译伦理研究:挑战与拓展[J]. 东北大学学报(社会科学版),2020(1):112-119.

[11] 李先玉. 翻译伦理视角下的科技翻译——以《时间简史》和《万物理论》为例[J]. 中国科技翻译,2016(1):40-42+59.

[12] 刘书梅,张洁君. 明末清初科技典籍翻译的伦理研究[J]. 安徽开放大学学报,2023(2):92-96.

[13] 刘云虹. 翻译价值观与翻译批评伦理途径的建构——贝尔曼、韦努蒂、皮姆翻译伦理思想辨析[J]. 中国外语,2013(5):83-88+94.

[14] 梅阳春,汤金霞. 中国科技翻译伦理研究述评[J]. 江苏科技大学学报,2018(4):53-59.

[15] 彭萍. 伦理视角下的中国传统翻译活动研究[M]. 北京:外语教学与研究出版社,2008.

[16] 王大智. “翻译伦理 ”概念试析[J]. 外语与外语教学,2009(12):61-63.

[17] 文军,穆雷. 翻译硕士(MTI)课程设置研究[J]. 外语教学,2009(4):92-95.

[18] 杨镇源. 翻译伦理研究[M]. 上海:上海译文出版社,2013.

[19] 张南峰. 中西译学批评[M]. 北京:清华大学出版社,2004.

会通中西，以求超胜

——徐光启科技翻译思想探析①

邢　力②　俞瀚云②

摘　要：科技翻译是一项重要的翻译活动，其所译内容对国家科技发展、社会生产力进步都有重要意义。徐光启作为我国第一次科技翻译高潮开启的领军人，他的译本与翻译思想对当今社会仍具有重要意义。本文以明末科技翻译家徐光启为研究对象，梳理聚焦徐光启科技翻译经历及代表性译本《几何原本》，以此为基础研究徐光启的科技翻译思想。最后，本文结合当代翻译研究与实践的现状，阐释徐光启科技翻译思想对于当代翻译学界的意义和启示。

关键词：徐光启；科技翻译；会通；超胜

Integration of the Chinese and Western Learning for Surpassing: Reflections on Xu Guangqi's Science and Technology Translation

Abstract: Scientific and technological translation represents a crucial facet of translation activities, assuming substantial importance for the advancement of national scientific and technological endeavors and the progress of social productive forces. Xu Guangqi, a prominent figure at the forefront of the inaugural wave of scientific and technological translation in China, continues to wield significant relevance in the modern era. This study focuses on Xu Guangqi, a late Ming Dynasty translator specializing in science and technology, conducting an exhaustive

---

① 基金项目：本文系北航 2018 年"研究生教育与发展研究专项基金"项目"基于'读译模式'提升翻译专业硕士研究生语言文化素养和实践创新能力"的阶段性成果；本文获北京市共建项目专项资助。

② 作者简介：邢力，博士，北京航空航天大学外国语学院副教授，研究方向：典籍翻译研究、译论研究、翻译批评等；俞瀚云，北京航空航天大学外国语学院 2023 级英语笔译硕士生。

examination of his translation experience and his seminal translation work *Ji He Yuan Ben*. Furthermore, the research delves into an in-depth exploration of Xu Guangqi's philosophy and methodologies concerning science and technology translation. Ultimately, this research endeavors to integrate Xu Guangqi's insights into scientific translation with contemporary developments in translation research and practice, elucidating the inspiration and significance his thoughts have on the modern era.

Keywords: Xu Guangqi; science and technology translation; integration; surpassing

1 引　言

翻译作为一项复杂的社会活动，近年来受到了越来越多的学者关注。译者是翻译活动中不可缺失的一项，译者研究的复杂性也极大地影响了翻译研究的复杂性。关于译者的研究，翻译学者的研究视角多样，从不同的方面对译者进行探究。在中国上千年的历史中，有许多译者都为我国翻译事业的发展贡献了不可磨灭的力量，他们也成为翻译学者的研究对象，得到了极大的关注。其中，徐光启作为中国近代科学先驱、中国农业革命的先导、中国放眼看世界第一人，开启了我国明末科技翻译事业的大门。研究了解徐光启的翻译实践和翻译思想，也将有利于我国翻译研究的拓展，为以后的翻译活动提供借鉴意义。

2　徐光启科技翻译活动简介

晚明是中国由盛及衰的转折时期，西方新兴的科学技术伴随着传教士的东来传法开启了“西学东渐”的大潮。以徐光启为代表的有识之士投身于大量的科技翻译活动中，创造了我国明末清初的科技翻译高潮。

2.1　明末时代背景

明代以前，中国的科学技术一直处于世界领先地位，尤其是到了宋、元两代，更出现了许多杰出的科技人才，其中有的学术水平与技术发明属于世界领先地位（李亚舒、黎难秋，2000：101）。然而，从 17 世纪开始，欧洲各国因文艺复兴、工业革命与技术革命，在政治上结束了多年的封建主义制度，在科学技术方面挣脱了多年的宗教神权桎梏。在资本主义工商业发展的推动下，近代科学各个领域相继产生并迅速发展。

而明代的中国，受闭关锁国、朝廷腐败、唯心主义哲学体系等因素影响，其科学技术从该时期起远远落后于西方。

在该时期，随着西方资本主义的扩张以及传教士海外传教，西方的科学技术也传播到了中国，西方新兴科学与中国传统科学产生了第一次碰撞与交流。面对这股汹涌的西方文化浪潮，以徐光启为代表的先进知识分子敏锐地察觉到了科学对于国家发展的重要性。在中国历史上第一次中西科技文化交流的高潮中，徐光启率先打起了“学有所长，技术兴国”的大旗，先后与西方传教士利玛窦等人共同翻译了多部西方著名的科学著作，这些著作不仅涵盖数学、天文学，还包括历法和水利等诸多方面（张必胜，2022：95）。他们的翻译拉开了我国第一次科技翻译高潮的序幕，为中国近现代科学技术发展开启了一扇大门。

2.2 徐光启及其科技翻译

徐光启（1562—1633），字子先，号玄扈，谥文定，上海人，出生于社会动荡、政治混乱的明朝晚期。他心怀国家命运，希望发展科技、强国富民，但唯心的理学和八股取士让他始终未能入仕，直到 1597 年，徐光启才考中举人。1600 年，徐光启与传教士利玛窦在南京相识，二人的交流让徐光启折服于西方天文、历法、水利、地理等学科知识，深深意识到打破民族障壁、学习西方先进文明是推进中国科技发展的重要途径，并在与利氏的合作翻译中一步步成长为中国科技翻译的领头人。他是明末中国爱国科学家和科学文化运动的组织者，在介绍西洋自然科学和提高中国科学水平方面做出了卓越的成绩。

徐光启一生著述 60 余种，对数学、天文、历法、地理、水利、火器制造诸领域均有所研究。万历三十五年（1607）以后，他相继与利玛窦合作译出欧几里得的《几何原本》（1607）前六卷及《测量法义》（1607）、《简平仪说》（1611）、《泰西水法》（1612）等书。万历四十一年（1613）后转向农学，编著《农政全书》（1625～1628），对中国农学发展作出重大贡献。崇祯二年（1629）奉命修正历法，领导明代第一次重大的历法改革，编译《崇祯历书》。

3 《几何原本》翻译及其影响

在徐光启的诸多科技翻译著作中，《几何原本》是最具代表性的一部。他深刻意识到中国科学技术已落伍于世界，于是满怀经世致用之心、克服重重困难与利玛窦合译完成了这部数学经典的翻译。《几何原本》的翻译不仅为中国数学界、科学界带来了崭新的思维方法，也为晚明科技翻译确立了“洋译华述”的翻译模式，产生了巨大的影响。

3.1 怀经世致用之心译《几何原本》

《几何原本》于公元前300年左右由亚历山大数学家欧几里得所著，该书系统化地梳理了古希腊数学知识，逻辑严谨、理论完备，与同期中国强调数据运算、忽略数学原理逻辑分析、甚至融合了星占术等元素的数学形成了鲜明的对比。《几何原本》中包含了一系列几何学的基本公理、定义、命题和证明，构建了几何学的严密体系。其中，欧几里得提出了一些著名的公理，如平行公理、共边定理等，然后以这些公理为基础，逐步建立了一系列关于点、线、平面和几何形状的定理，包括诸如勾股定理、等腰三角形性质、平行线性质等众多几何学中的经典结果。它不仅在古代被广泛学习和传播，而且在中世纪和文艺复兴时期对数学和科学的发展也产生了深远的影响，被认为是西方数学史上最具影响力的著作之一，也为后来的数学家提供了坚实的理论基础，对数学和科学领域的发展产生了巨大的影响。

徐光启重视经世致用，认为学问当以实用为目的(卢晓容，2012:42)。他将数学放在科学的前沿地位，重视“由数达理”的逻辑，并且希望以数学为核心构建系统科学理论，这与西方注重逻辑推理的数学中蕴含的思想体系不谋而合。通过与利玛窦的接触，徐光启深刻认识到，《几何原本》代表了一种与中国传统思维方式不同的理性思考方法，这种通过数学达到理性的过程可能会对中国的科技发展发挥重要的作用。

因此，徐光启萌生了将《几何原本》翻译为中文的想法。起初，利玛窦并不支持徐光启的设想，毕竟在明代末期的中国，懂拉丁语的人寥寥无几，凭借利玛窦的讲解能让部分人理解书中抽象的原理已属不易，更何况将其翻译为可以传播的中文译本。凭借徐光启坚定的决心、充分的译前准备工作以及与利玛窦等传教士建立的良好关系，利玛窦最终同意了与徐光启共同翻译《几何原本》，二人从1606年开始正式合译此书。

徐光启与利玛窦翻译的版本是由16世纪欧洲数学家克拉维斯(1537-1612)注释的拉丁文本。全书十五卷，前六卷为平面几何，卷七至卷十为数论，卷十一至卷十五为立体几何。二人的翻译方式为由利玛窦通过掌握的中文逐字逐句进行口头翻译，徐光启进行记录并在每一段翻译完成后进行修订和润色，再交由利玛窦对照原文进行核对。在翻译过程中，由于中文和拉丁文的巨大差异以及数学原理本身的抽象性，许多原文的词语无法在中文找到对应的翻译，此时便需要徐光启经过深刻的学习理解后借用一些中文词语进行表示，甚至进行“再创造”。在这个文化“传播”和“再创造”的过程中，徐光启需要耗费旁人难以想象的心血。为使译文流畅、准确、易懂，徐光启在翻译时反复推敲修订，最终确定一个忠实且容易理解的译文。精诚所至，金石为开，徐光启和利玛窦二人以严谨的态度和渊博的学识通力合作，克服了一系列挑战，终于在1607年出版了《几何原本》前六卷。此书一经问世，立即引起中国各界轰动，成为明末知识分子数学学习的必读书目，在我国近代数学发展方面发挥了巨大的作用。梁启超先生曾盛赞此译文：“字字精金美玉，为千古不朽之作”（梁启超，2008：2）。

3.2 《几何原本》对中国近代的影响

徐光启和利玛窦合译的《几何原本》毫无疑问为中国数学界带来了许多积极影响。徐光启称此书为“举世无一人不当学”。事实上，清代许多数学工作者都学习过这部书，专门讨论有关《几何原本》内容的著作也很多，如方中通的《几何约》（公元1661年）、李子金的《几何易简录》（公元1679年）、杜知耕的《几何论约》（公元1700年）、梅文鼎的《几何通解》等。《几何原本》中逻辑推理的论证方法在徐光启的《测量异同》《勾股义》与杜知耕的《数学钥》等著作中都有所反映。《几何原本》给中国数学界、学术界吹进了一股新鲜的学术清风——数学和科学原来都是可以演绎的。广大学者认识到，演绎精神和算法精神在数学研究、科学研究中都是可以大力发扬的。

《几何原本》所引入的演绎逻辑的思维方法同样影响着其他学科。中国古代科学主要注重实用性，大部分流传下来的科技书籍都以记载生产经验为主，并没有理论性的总结概括，更没有推理与形成理论体系，这也是中国古代科学从未出现爆发性进步的重要原因。徐光启正是意识到这一点，翻译了西方逻辑演绎的代表性作品《几何原本》，为中国学界引入了这种思维方式。清代雍正乾隆年间的著名学者和思想家戴震是将演绎方法应用于经学研究的代表。他44岁时写成的《孟子字义疏证》，在章节结构方面，明显地受到了《几何原本》的影响，这种方法是此前中国哲学史上从来未有人用过的。戴震用几何学的推理方法即演绎方法，构建了自己的理论体系，足见戴震对演绎方法有比较深刻的理解和领悟，对数学基础理论的研究有很深的造诣。可以说，数学的演绎方法为戴震的治经明道立下了汗马功劳，《几何原本》的演绎精神在戴震手中得到了发扬。

除《几何原本》译文内容本身在明代后期中国传播带来的深远影响，徐光启和利玛窦合作翻译的《几何原本》在中国开启了第一次科技翻译高潮和第二次翻译高潮的序幕。从利玛窦来华到最后一位传教士在华去世，历经约200年时间，这期间涌现出了大量西方科学作品的汉译本翻译，内容包括数学、天文、物理、地理、医学、生物、军事等。在此期间，由于当时很少有中国士大夫掌握外语，而西方传教士的汉语水平又难以进行翻译，因此双方一般都会借鉴徐光启和利玛窦“洋译华述”的翻译模式来精确翻译书籍。正如徐光启描述他与西方传教士的合作翻译工作：“臣等藉诸臣之理与数，诸臣又藉臣等之言与笔。功力相倚，不可相无”（徐宗泽，2010：228）。此阶段科技翻译高潮期间，中西译者通过“洋译华述”的方法和文化适应的策略，翻译了大量西方科技作品，给中国科学带来了积极的影响。他们的科学译著不仅开阔了中国人的眼界，也因其“传播过程中的开创性”“经典术语的形成”和“广泛的影响力”，为之后中国人学习现代科学铺平了道路（王吉会，2013：50）。当然，《几何原本》以及此次科技翻译高潮中涌现出的其他译本也存在着翻译内容受限、翻译活动不成完整体系、未能总结出翻译理论等局限性。

4 徐光启的科技翻译思想

以《几何原本》为代表的翻译实践为明末科技翻译确立了模式和标准，同时，蕴含于丰富翻译实践中的徐氏科技翻译思想亦值得深入挖掘探讨。

4.1 “翻译”“会通”“超胜”的翻译思想

在“以实用为旨归，弥补儒学的弊病”的思想指导下，在引入西方数学著作和统领历法的改革中，徐光启提出了从“翻译”到“会通”，再从“会通”到“超胜”的科学思想。这一思想体系中，三个阶段层层递进，“翻译”是第一步骤，“会通”是必经途径，“超胜”是最终目的。徐光启希望通过翻译西方作品，帮助中国人民了解西方文化，取精去粕，融会贯通，最终能够超越西方。这一科学思想不仅具有重要的历史价值，即便是在今天也仍然具有积极的现实意义。

徐光启对于“翻译”引进科学新知、推动社会进步的功能极为看重，他的译文也力求准确、妥帖。他对于许多名词的翻译经过了再三推敲，既追求完全保留原文的含义，又希望易于读者理解。例如，他确定了研究图形的这一学科中文名称为“几何”，并确定了几何学中一些基本术语的译名。“几何”的原文是“geometria”，徐光启和利玛窦在翻译时，取“geo”的音为“几何”，而“几何”二字中文原意又有“衡量大小”的意思。用“几何”译“geometria”，音义兼顾，确是神来之笔。几何学中最基本的一些术语，如点、线、直线、平行线、角、三角形和四边形等中文译名，都是这个译本定下来的。这些译名一直流传到今天，且东渡日本等国，影响深远。

“会通”即领会、贯通，徐光启认为将西方的书籍翻译为中文后，需要进行理解和领悟，在继承我国本土的传统科技的基础上引入西学，吸收其长处，避免生搬硬套，而是有选择地进行吸收学习。“会通”是指超越民族，超越主体，超越偏见，将异域文化扬长避短，为我所吸收利用，并结合我国特殊的文化和背景，普适性与特殊性相结合，更好地促进自身发展(郭月娟，2017：34)。这一思想在徐光启与熊三拔合译《泰西水法》的过程中体现尤为明显。他并不照本直译，而是选择书中先进并且在中国适用的方法，边制造边试验边翻译，并且将制造和试验的数据进行了记录。徐光启所追求的并不是全盘吸收西方科技，是在理解的基础上选择性接受，兼收并蓄，在取他人之长的基础上有所取舍和创新。

“超胜”是徐光启翻译西方科技作品的最终目的。生于思想封闭、科技落后的明朝后期，徐光启胸怀远大抱负，希望能够通过翻译帮助中国人学习西方先进的科技思想，引进西方的科技理论，快速掌握西方的科学技术，并寻求超越。他以“科技兴国”为主要目的，希望中国的科技、军事实力能超越西方，因此翻译选取的大都为西方自然科学领域的书籍。而“超胜”同样需要让西方的科学理论、技术能够在中国广泛传播，让更多的人掌握知识以求突破，因此徐光启的翻译在力求忠实准确的同时，兼顾译文语言的流畅性，使其便于理解。

4.2 徐光启科技翻译中的国家意识

科技翻译是一项重要的翻译活动，其所译内容往往对促进国家社会生产力整体提高具有重要作用，也正因如此，最能凸显译者的国家意识(董保华、白连弟，2023：105)。徐光启所处年代，中国衰败落后，社会动荡，他的家乡上海更是频繁遭受倭寇侵扰。这种国内环境唤醒了徐光启这样的有识之士的国家意识，让他们开始探索救国救民之道。同时，徐光启自幼所受家庭影响和求学之路的艰辛，同样是激发他国家意识的重要因素。

徐光启科技翻译活动中的国家意识体现在译材的选择、译本受众和翻译理念取舍三个方面。首先，徐光启对译材选择的目标十分坚定且明确，即“裨益民用”，这也是他与利玛窦等西方传教士交往密切的重要因素。他专攻西方先进的科学类书籍，并且将以数学演绎推理为核心的《几何原本》作为自己翻译的第一本书。此后，徐光启翻译的《测量法义》《泰西水法》等同样以西方科学为主题。强烈的国家意识促使徐光启选择了国家最需要的西方科技书目进行翻译。考虑到八股盛行的时代背景，徐光启不仅将译文受众面向朝廷高官，同样重视普通百姓的阅读感受。他在历法、工程、农学等领域的翻译能够在指导劳苦大众的平时生活中发挥立竿见影的作用。他同样将翻译成果的受众定位于后人，为后人吸收学习西方先进的科学知识从而开拓创新准备了条件。在翻译理念上，徐光启更重视科技翻译实践，力图将更多的西方科技作品输入国内，帮助国家发展科技，“似乎无暇系统总结自己的翻译经验和理论见解”(陈福康，2000：55)。并且，为了提高理论的使用效率，徐光启在翻译科技作品时并不根据字面意思生搬硬套，而是会结合中西知识体系反复推敲用词，甚至在翻译一些实践性作品时边试验边翻译。可以看出，徐光启的翻译注重科学性和实效性，以“学以致用，振兴国家”为目标指导自己的翻译实践。

5 徐光启科技翻译思想对当代翻译启示

徐光启身处明朝后期西方科技兴起而中国落后的时期，同样也是中国科技、社会转型的变革年代。如今，世界呈现出多元化、复杂化、不稳定性的态势，科技创新和数字化经济的发展仍在不断加速，我国正在以中国式现代化全面推进中华民族伟大复兴。尽管中国目前在一些科技领域已走在世界前列，但在一些方面仍有待提高。科技翻译作为引入世界各国先进技术的有效手段，仍应引起重视。同处发展的关键时期，以史为鉴，研究第一次科技翻译高潮领军人物徐光启的科技翻译思想，对科技翻译发展乃至国家科技进步都有重要的借鉴价值。

徐光启的科技翻译首先体现了他严谨、忠实的态度，同时也重视发挥译者的主体性。从选择译本到完成翻译，徐光启始终保持着对待科学和翻译的严谨。他在选择《几何原本》《泰西水法》等译本时，会考虑该翻译是否对该时期的国家科技发展存在重要意义，同时会考虑自己对于该领域的熟悉程度，并在翻译前进行了翔实的准备工作。翻译过程中，他忠实于原文所表达的内容，重视译语的科学性和逻辑性，而非拘泥于逐字对应，遣词造句字字斟酌，徐光启创造的许多科技术语至今仍在沿用。一些可通过实践进行检验的理论，徐光启甚至会亲自试验，力求翻译准确、适用。可以说，在翻译过程中，徐光启对原文完成了“会通”，并在译文中实现了“超胜”。由于科技翻译的特性，当代译者在翻译科技类文本时，仍然需要学习徐光启严谨的态度，并且关注译文的科学和逻辑性。译者作为一个了解中西文化的中间人，不能如同机器只扮演“反映者”的角色，而要发挥主观能动性，根据具体情况，做翻译策略和风格的“选择者”。

其次，由于徐光启并不擅长外语，利玛窦等西方传教士是他能够实现“会通”中西文化的重要支持和保障。没有他们的帮助，仅凭徐光启实则无法出色地完成诸多科技文献的翻译。对于当代来讲，由于全民外语水平的提高以及越来越多多语人才出现，徐光启采取的“洋译华述”的方法或许已不再适用，但合作翻译仍是提高译本质量的有效方式。处于信息化时代，目前合作翻译不拘泥于中西方译者之间的合作，更多是通过翻译工具，实现译者与机器间的合作。在培养新时代的翻译人才方面，不仅要积极传承徐光启所倡导的协作翻译精神，还要充分利用翻译软件等工具，有效利用其在术语翻译等方面的优势，推动人工翻译与机器翻译的融合，使科技翻译更加准确、高效。

最后，译者的国家意识同样是徐光启给当代科技翻译发展带来的重要启示。习近平总书记说过：“科学无国界，科学家有祖国。”徐光启处于中国动荡、落后的年代，他以国家兴亡为己任，克服种种困难，以科技翻译推动国家的科技发展。宏观来看，徐光启所提出的“会通”“超胜”，也是将他的国家意识融入了科技翻译之中，通过“会通”西方先进的科技文化，帮助祖国实现“超胜”。身处和平年代，许多译者在与西方国家频繁的交往中渐渐忽略了译者的国家意识这一重要品质。我们要始终牢记，是祖国的繁荣强大为我们营造了优越、安宁的生活环境，但如今国际社会仍存在诸多动荡因素，作为中西方交流的桥梁，译者要学习徐光启等先辈的国家意识，以振兴国家为己任，助力民族复兴。

6 结 语

徐光启是明末伟大的科学家、翻译家，他与西方传教士的合译书籍为当时闭塞落后的中国开启了一扇了解西方先进科学的窗户，为中国近代科学的萌芽和发展发挥了重要的作用。他以《几何原本》为代表的科技翻译实践影响深远，他“翻译、会通、超胜”的翻译思想以及翻译中体现的国家意识，对于当代译者也有深刻的研究学习价值。作为中国近代科技翻译的先驱者，徐光启的翻译思想与国家意识将永远激励后人以赤心报国的精神潜心钻研，开拓创新。

参考文献

[1] CHEN Fukang. Historical manuscript of Chinese translation theory [M]. Shanghai: Shanghai Foreign Language Education Press, 2000.

[2] DONG Baohua, Bai Liandi. Towards Sci-Tech Translators' National Consciousness: A Case Study of Translator Xu Guangqi[J]. Foreign Languages in China 2023, 20(02): 105-111.

[3] GUO Yuejuan. Research on Xu Guangqi's thought of connecting China and the West [D]. Master Dissertation. Shandong Normal University, 2017.

[4] LI Yashu, Li Nanqiu. History of Chinese Sci-Tech Translation [M]. Hunan: Hunan Education Press, 2000.

[5] LIANG Qichao. History of Knowledge in Near 300 Year [M]. Beijing: People's Publishing House, 2008.

[6] LU Xiaorong,Xu Guangqi. The Pioneer of Connecting Chinese and Western Culture. [J]. China Religion, 2012(09): 40-43.

[7] WANG Jihui. Sci-tech Translation Upsurge in Late Ming and Early Qing Dynasties[J]. Chinese Science & Technology Translators Journal, 2013, 26(03): 49-51.

[8] WANG Zhongmin. Collected Works of Xu Guangqi [M]. Shanghai: Shanghai Chinese Classics Publishing House, 1984.

[9] XU Zongze. Summary of the Jesuit's Translations in Ming and Qing Dynasties [M]. Shanghai: Shanghai Bookstore Publishing House, 2010.

[10] ZHANG Bisheng. The Significance of the Ideological History of the Translation of Science and Technology in the Late Ming Dynasty: Taking the Chinese Translation of Geometric Elements as the Object of Investigation[J]. Foreign Languages in China, 2022, 19(03): 95-103.

汉语流行语英译在神经网络翻译技术中的优化研究[①]

赵羽湜[②]　蔡夏桓[②]　李　蒙[②]

摘　要：神经网络机器翻译(NMT)是一种基于深度学习的机器翻译技术，自2014年出现以来，已经获得了显著的性能提升。然而，NMT在处理流行语方面仍然面临很多挑战。目前，大多数NMT系统采用强制教学(Teacher forcing)的方法来训练解码器，这种方法的缺陷在于忽略了流行语的特殊性和多样性。此外，计算机流行语翻译的相关研究也十分匮乏。现有的少数研究也仅集中在对人工和计算机流行语翻译的质量评估，并没有深入探索翻译的优化策略。随着计算机技术的快速发展和流行语的广泛传播，提高计算机流行语翻译能力和质量的重要性日臻凸显。本文基于NMT的序列到序列(seq2seq)模型和关系型数据库技术，设计并对比了多种优化策略，包括利用长短时记忆网络(LSTM)直接补充流行语数据、利用实时反馈训练数据库动态更新流行语数据、利用门控循环单元(GRU)与关系型数据库相结合等，最终确定了实时数据库检索翻译(RDRT)策略，并开发了试验程序translang1.0，对策略的基本架构的可行性进行了初步验证并介绍了持续优化试验程序，期待未来完全实现本策略的全部功能。

关键词：神经网络翻译；计算机翻译；翻译技术；汉语流行语

Optimization Study of Chinese-English Buzzwords Translation in Neural Network Translation Technology

Abstract: Neural network translation technology (NMT) has made rapid progress since 2014. However, in terms of the translation of buzzwords, NMT still

---

① 基金项目：北京市共建项目专项资助。

② 作者简介：赵羽湜，男，北京航空航天大学翻译系在读本科生，英语笔译；蔡夏桓，男，北京航空航天大学翻译系在读本科生，英语笔译；李蒙，女，硕士，副教授，研究方向：翻译学。

has shortcomings. At present, the mainstream decoder training method is Teacher forcing, but this method rarely uses buzzwords as training samples. In addition, there is a lack of research on computer buzzword translation. In the few existing studies, most of them only compare the manual and computer translation of buzzwords and do not discuss the optimization scheme in depth. With the rapid development of computer technology, it is urgent to improve the translation ability of computer buzzwords. Based on NMT's seq2seq model and relational database technology, this paper designs a variety of optimization schemes, including the direct record of LSTM, real-time feedback training database, and the combination of gated loop unit (GRU) and relational database. After comparative analysis, the real-time database retrieval translation (RDRT) scheme is finally determined, and the experimental program translang1.0 is developed for preliminary verification.

Keywords: neural network translation; computer translation; translation technology

1 引 言

自语言产生,翻译就成了沟通与交流的重要工具。在 20 世纪前,世界范围内对翻译的需求大体呈现出需求总量低、需求主体少和时效要求低等特点。而自 20 世纪开始,跨国企业、国际组织、洲际交通相继出现,使得翻译需求量激增。近年来,国家间的文化交流与风险挑战也不断增长。在这种环境下,国际社会更加迫切地需要快速、有效的沟通。而当前国际社会的翻译需求特点已经演变为需求总量大、需求主体广、时效要求高。随着互联网技术和自媒体平台的发展,汉语流行语开始呈现出以网络流行语为主的新趋势。这些网络流行语大多具有很强的有时效性,其盛行时间一般不会超过一年。其中有些流行语由成词演变而来,在其盛行期采用了与原意不同的新释义,这些都增加了翻译难度。

在信息化大潮的冲击下,当代文学产生了众多新的体裁和写法,而众多文学作品都有使用当期流行语的情况。尤其是网络文学作品,更是含有数量极多的流行语,甚至有些还会出现自造词。这些都对当代文学作品的翻译提出了更高要求。

在当前环境下,计算机翻译对流行语的识别仍存在重大困境。目前常见的两种机器翻译是统计机器翻译和神经网络翻译。统计机器翻译的数据库大多无法与流行语同频更新,因而无法检索出对应的词汇。而神经网络翻译也没有聚焦流行语的翻译工作,难以识别流行语,更别说给出恰当的翻译。

本研究旨在对现行的神经网络翻译技术进行优化,提高其对流行语的识别能力,进而提升其流行语翻译能力,最终提高其翻译质量。本研究预期通过试验程序完成对部分流行语的识别优化，从而提升神经网络翻译对流行语的翻译能力。

2 翻译技术发展历程简述

翻译技术的发展可以划分为三个主要阶段：人工翻译、机器翻译和神经网络翻译。人工翻译指的是完全依赖人类的语言能力和知识进行翻译的过程。这一阶段从先秦时代开始，一直延续到20世纪30年代左右。机器翻译指利用计算机程序按照一定的规则或者统计方法进行翻译的过程。其早期阶段是基于规则的机器翻译(RBMT)，从20世纪30年代开始持续到20世纪80年代末。这时的机器翻译主要是按照语法规则逐词直译，不可避免地导致大部分译文缺乏流畅性和准确性。机器翻译的后期阶段是基于统计的机器翻译(SMT)，从20世纪90年代到2013年左右，这一时期主要通过统计大量语料库中的词频和短语对应关系进行翻译，虽然大部分译文仍然生硬，但基本通顺性，可读性有一定提升。2013年，神经网络翻译(NMT)的概念被提出。2014年，神经网络翻译的基本模型被构建。本文的研究集中在机器翻译和神经网络翻译这两个阶段。

2.1 基于语法规则的早期计算机翻译时期

机器翻译的想法在计算机诞生前就已经被提出。1933年，法国工程师阿尔楚尼(G. B. Artsouni)申请了一项早期翻译机的专利，称其为“机械脑”(mechanical brain)。1946年，计算机诞生。三年后，美国科学家沃伦·韦弗(Warren Weaver)发表《翻译备忘录》，正式提出机器翻译的思想。冷战开始后，美苏两个大国出于军事和情报的需要，开始着力研究机器翻译。1954年，美国乔治敦大学与IBM公司合作完成了英俄机器翻译试验，但直到1966年，双方的研究都没能取得突破性进展。同一年，美国科学院发表了一份名为《语言与机器》的报告，全面否定了机器翻译的可行性，并建议停止对机器翻译项目的资金支持。由于这份报告，各种机器翻译项目一落千丈，机器翻译研究出现了前所未有的低迷。20世纪70年代中后期，机器翻译开始复苏，并随着各种翻译系统的相继出现，很快发展起来。1976年，加拿大联邦政府翻译局和加拿大蒙特利尔大学联合开发了TAUM-METEO系统，成为机器翻译发展史上的一个里程碑，标志着其进入了繁荣期。

2.2 统计机器翻译(SMT)时期

统计机器翻译的诞生标志着现代计算机翻译的出现。早在1993年，IBM的布朗和德拉皮特拉等人就提出了一个基于单词对齐的翻译模型，但直到10年后，这种统计翻译模式才得到实际应用。2003年，弗朗茨·奥赫推出了基于短语的翻译模型并提出了最小错误率训练法和数线性模型及其权重训练法，大大提高了翻译效率和质量。同年，克恩等人开发了 Moses 系统，很快谷歌公司开始使用统计机器翻译技术。经过三年的发展，2006 年，谷歌翻译正式突出了免费服务，这很快引发了统计机器翻译的研究热潮。统计机器翻译在大多数语言上都超越了早期基于规则的机器翻译。2006 年至 2016 年，不断改进和创新的统计计算及翻译技术使得翻译的准确性和流畅性大大提高。2016 年，神经网络机器翻译开始兴起，统计机器翻译逐渐被取代或整合。

2.3 神经网络翻译(NMT)时期

2013 年，卡赫布伦纳等人提出了神经网络翻译方法。次年，瑟斯凯弗等人开发了序列到序列(seq2seq)，使用循环网络翻译(RNN)作为编码器和解码器，并引入长短期记忆(LSTM)来解决长距离的依赖问题。2014 年至 2016 年间，注意力机制诞生，并被加入了 NMT，解决了梯度问题。之后，谷歌大脑团队发布了谷歌神经机器翻译(GNMT)，其他科技巨头如 Facebook、亚马逊和微软也都采用谷歌的 GNMT 系统或开发了自己的 NMT 技术。2017 年，谷歌发布了基于 Transformer 的全新模型，摒弃了传统的 CNN 和 RNN，大大加快了训练过程，提高了翻译质量。

3 神经网络翻译(NMT)的基本原理与进阶模型

神经网络翻译的基本原理是基于序列到序列(seq2seq)结构的神经网络模型。这一结构将原文本转化为数学向量，并通过编码器和解码器进行非线性变换，最终生成目标文本。在此基础上，神经网络翻译技术主要发展出两种模型：卷积神经网络(CNN)和循环神经网络(RNN)。这两种模型都需要进行链式求导，但在处理长序列时容易出现梯度爆炸和梯度消失的问题，影响模型的稳定性和效果。为了解决这些问题，计算机科学家提出了注意力机制，并利用这一机制设计了长短时记忆网络(LSTM)和门控循环单元(GRU)。2017 年，谷歌提出了完全基于注意力机制的 Transformer 模型，这是神经网络翻译的进阶模型，它能够有效地捕捉序列之间的依赖关系，大大提高了翻译的质量和效率。

3.1 基本原理：序列到序列框架

序列到序列框架是 NMT 的基础结构，其基本原理就是把源语言转化为数学向量，通过处理向量而不是孤立地翻译意群或词语来完成翻译。具体而言，仿照人脑神经系统设计的 NMT 将原文拆解为神经元，再转换为数字向量，生成备选猜测，最终通过语境判断猜测组合，完成最终输出，即翻译。转化的过程由编码器和解码器完成，最常使用的是卷积神经网络（CNN）、循环神经网络（RNN）。在翻译过程中，这些网络一般会用链式求导来处理向量。在求导过程中，当层数增加时，如果每层的梯度值大于1，那么梯度将呈指数级增长，导致梯度爆炸；如果每层的梯度值小于1，那么梯度将呈指数级衰减，导致梯度消失。长短时记忆网络（LSTM）和门控循环单元（GRU）就是为了解决这个问题而产生的。长短时记忆网络（LSTM）和门控循环单元，以“注意力机制”为基本原理，是 RNN 和 CNN 的改进，能有效地提高翻译质量。

3.2 进阶模型：完全基于注意力机制的 Transformer

2017 年，谷歌发布了 Transformer 模型，它的诞生为 NMT 带来了革命性变化。它摒弃了前文提到的 CNN 和 RNN，完全基于注意力机制进行翻译。

Transformer 有以下核心组件：

① 多头自注意力机制，用于计算序列中每个元素与其他元素的相关性，并生成一个新的表示向量。简而言之，它筛选每个“神经元”之间的关系，并找出那些与原文含义无关的“神经元”。

② 位置编码，用于给序列的每个元素添加位置信息，以保留序列的顺序信息。

③ 点前馈网络，其输入和输出的维度都是隐藏层。点式前馈网络对输入序列中的每个位置进行相同的操作，所以可以并行计算。与普通卷积神经网络相比，点前馈网络可以减少参数数量和计算量，同时保留了输入序列的顺序信息。

④ 编码器-解码器注意机制，用来让解码器根据编码器的输出和自己的输出来生成下一个元素。

⑤ 参差连接，用于在每个子层之后添加输入本身，以防止梯度消失和表示退化。

⑥ 层归一化，用于在每个子层之后对输入进行归一化，以加快收敛速度并提高泛化能力。

4 计算机流行语翻译主要问题

目前，计算机翻译平台主要采用神经网络翻译技术，少数仍然使用统计机器翻译技术。无论是神经网络翻译还是统计机器翻译，在翻译流行语时都难以避免出现漏译和错译等问题。其根源在于计算机翻译系统对流行语的识别能力不强，以及训练数据库中流行语的更新速度不够快。

4.1 流行语的识别

流行语是一种特殊的语言现象，其通常具有时效性、创造性和隐喻性等特点，从而使计算机在翻译的过程中难以准确理解和表达其含义。而当前的主要翻译技术，无论是基于统计的机器翻译(SMT)还是基于神经网络的机器翻译(NMT),都没有有效的方法来直接识别流行语。对于 SMT,由于流行语往往不是数据库中的固有词语,没有对应的译文,就会被直接跳过或漏译。对于 NMT,由于流行语往往包含多个字或词,而 NMT 通常将其拆解为多个独立神经元,从而失去了整体的语义和语气。例如,流行语“甩锅”就会被拆解为 start、“甩”“锅”、end 四个神经元,从而输出“shake”“pan”两个神经元译文,并补充缺失词,最终得到“shake the pan”的翻译结果。这显然是完全偏离此流行语原义的。因此,流行语的识别是当前计算机流行语翻译面临的主要问题之一。

4.2 数据库中流行语的时效性

全球经济、科技和文化交流的日益频繁以及网络环境的快速变化使得流行语的扩充和更新速度惊人。复杂多变、形意不一的流行语词汇给计算机的词汇库的更新造成了巨大的困难。目前大部分翻译平台的流行语收录存在严重缺失,平台数据库存在时间滞后或数量不足的问题,有些平台甚至完全没有收录任何流行语。除此之外,流行语的使用场景也是一个重要问题。NMT 本身要依靠已有场景进行训练,而流行语的使用场景较少,很难为 NMT 提供足够的使用样例。因此,流行语的时效性是当前计算机流行语翻译面临的又一主要问题。

5 计算机流行语翻译优化策略

为有效解决计算机流行语识别问题,本文提出了四个优化策略,并对其进行对比,最终综合四种策略的优势,形成了实时数据库检索翻译方案。

5.1 优化策略简述

本文提出了四种基于神经网络机器翻译(NMT)的流行语翻译优化策略:利用长短时记忆网络(LSTM)直接补充流行语数据,提高解码器的流行语识别能力;利用实时反馈训练数据库动态更新流行语数据,增强解码器的流行语适应能力;利用门控循环单元(GRU)与关系型数据库相结合,实现解码器的流行语选择能力;利用实时数据库检索翻译(RDRT)策略,综合前三种策略的优点,实现解码器的流行语翻译能力。这四种策略分别采用了不同的 NMT 模型和数据库技术,在流行语翻译效率和翻译质量上有所差异。经过前期试验程序试验和 MQM 译文评测验证,发现 RDRT 策略是最优化的策略,具有最高的流行语翻译性能和兼容性。

5.1.1 长短时记忆网络(LSTM)直接补录

长短时记忆网络(LSTM)是一种特殊的循环神经网络(RNN),可以处理时间序列数据，并在神经网络机器翻译(NMT)中发挥重要作用。LSTM 通过引入三个门结构，即输入门、遗忘门和输出门，来解决 RNN 在训练过程中容易出现的梯度消失和梯度爆炸的问题。同时，LSTM 还具有记忆单元，可以存储和更新长期依赖的信息。因此，一种可能的优化方案是，在 LSTM 中直接补录互联网上实时收集的流行语数据，作为三个门的输入之一，从而使 LSTM 能够对流行语进行预测和翻译。这样，就可以实现流行语在不同语境中的准确翻译。

5.1.2 实时反馈训练数据库

序列到序列(seq2seq)模型是一种常用的神经网络机器翻译(NMT)模型，由编码器和解码器两部分组成，分别负责对源语言和目标语言进行编码和解码。解码器的性能对翻译质量有着重要的影响。传统的解码器训练方法是使用大量的候选翻译和例句作为输入，让解码器从中学习和选择最佳的翻译。例如，对于一个流行语，需要提供多种可能的翻译和使用场景，以增加解码器的泛化能力。然而，这种方法的缺点是需要大量的人工标注和数据处理，而且难以适应流行语的变化。目前，主流的解码器训练方法是强制教学(teacher forcing)，即直接将正确的翻译作为解码器的输入，让解码器根据正确的翻译生成预测。这种方法的优点是可以减少数据量和标注工作，而且可以提高解码器的准确性。这也为我们提供了一个优化方案的思路。由于现有的解码器训练数据中很少包含流行语，可以利用互联网平台实时收集和翻译流行语，并将其录入训练数据库，让解码器通过强制教学的方式自动学习流行语的上下文信息。这样，只需要提供流行语本身的翻译，就可以实现流行语在不同语境中的准确翻译。

5.1.3 门控循环单元(GRU)结合关系型数据库

门控循环单元(GRU)。GRU 是一种简化版的 LSTM，只有两个门结构，即更新门和重置门，分别用于控制信息的更新和重置。GRU 没有单独的记忆单元，而是将隐藏状态作为记忆来存储长期依赖的信息。因此，GRU 的结构更加简洁，计算效率更高，但是也牺牲了一定的灵活性和表达能力。针对流行语的优化方案，可以利用关系型数据库来存储流行语及其使用场景和翻译，然后将其作为 GRU 的输入之一，让 GRU 通过更新门和重置门来学习和生成流行语的翻译。这样可以实现对流行语快速和准确的翻译。

5.1.4 实时数据库检索翻译

为了提高神经网络机器翻译(NMT)对流行语的翻译质量，可以采用一种人机结合的方式，利用互联网平台的数据和人工翻译的优势。具体来说，首先从互联网平台上收集并统计出现频率较高的固定词汇，然后使用门控循环单元(GRU)对其进行识别和过滤，从而获得大部分的流行语。接着，对这些流行语进行人工转译，并将其与相应的语境信息一起保存在数据库中。最后,使用这些数据对解码器进行训练和优化,从而实现对流行语准确和高效的翻译。这种方式结合了计算机的速度和人工的灵活性,能够有效地提升 NMT 对流行语的处理能力。

5.2 优化策略对比

本研究探讨了神经网络机器翻译中如何处理网络流行语的问题,并通过对四种不同的优化方案的比较发现,直接在长短时记忆网络(LSTM)中补录流行语的策略是不可行的,因为这会干扰 LSTM 的内部机制,导致翻译质量下降。具体来说,强制改变输出门、输入门或遗忘门的状态,会影响 LSTM 对上下文信息的编码和解码,从而破坏原有的翻译模式。此外,LSTM 的结构复杂度高,流行语的含义可能随时间变化,这就增加了方案的维护成本和难度。相比之下,实时反馈训练数据库方案和实时数据库检索翻译方案在于收集和更新流行语的译文方面虽然也存在一定的挑战,但是可行性是存在的,因为大多数流行语都已经有了合适的译文。最后,比较分析显示门控循环单元(GRU)结合关系型数据库方案的可行性最高,因为它只需要简单地录入和更新数据库中的流行语和译文,而不需要对神经网络进行任何修改。但是,这种方案也有一定的局限性,主要在于它完全依赖于计算机生成的译文,缺乏人工干预和校对的可能性,因此译文准确性可能不如其他方案。

综合考虑各种方案的优缺点,数据库检索翻译方案无疑是最佳的选择。与 GRU 结合关系型数据库方案相比,它使用了人工翻译过的数据库,能够提供更高质量的译文。同时,由于神经网络机器翻译领域还没有形成统一的标准和模型,使用 LSTM 和 GRU 两种网络都有可能。如果只针对 GRU 进行优化,会降低平台的通用性和兼容性。与实时反馈训练数据库方案相比,数据库检索翻译方案可以直接从数据库中获取译文,而不需要额外地训练解码器,因此具有更高的时效性和效率。基于以上分析,我们认为数据库检索翻译方案是最理想的优化方案。

5.3 实时数据库检索翻译方案详解

本节提出了一种基于实时数据库检索翻译(RDRT)的流行语翻译优化策略,该策略由三个主要部分构成:流行语实时语料库,用于存储和更新流行语的相关数据,包括流行语的来源、含义、用法、翻译等;检索与生成结合机制,用于根据输入的源语言流行语,在流行语实时语料库中进行检索,并结合神经网络机器翻译(NMT)的生成能力,输出目标语言流行语;复核与实时反馈,用于对输出的目标语言流行语进行质量评估,并根据用户的反馈,对流行语实时语料库进行更新和优化。该策略基于循环神经网络(RNN)的序列到序列(seq2seq)模型设计,其中流行语实时语料库的部分结构可以与统计机器翻译(SMT)相兼容。该策略主要关注提升 NMT 对流行语的识别能力,以提高其翻译质量。

5.3.1 前端阶段:构建流行语实时语料库

可以根据流行语的不同类型和特点,采取以下方法来高效地收集和更新汉语流行语的数据。首先,可以与各互联网平台建立信息共享机制,通过统计分析获取当年的网络流行语和旧有流行语的使用频率和变化趋势,并建立网络流行语数据库。其次,对于成语、传统歇后语、传统方言流行语等时效性较低的流行语,可以直接从相关的词典或文献中进行收录,并定期进行更新。最后,对于外来语转译流行语,可以尽可能收集其全部翻译方式,并将旧有译本和新出现的流行语及其翻译方式都收录进相关数据库。

在建成流行语汉语数据库后,还需要对其中的数据进行翻译和标注。

对于非英语流行语,为了保证译文质量,推荐采用人工翻译和神经网络翻译相结合的方式。具体来说,先由专业的人工翻译人员翻译其中大部分数据,并标注其使用场景和上下文信息,然后由神经网络翻译系统根据已有数据完成剩余录入翻译工作和实时更新工作。而对于英语外来流行语,可以直接储备其原文,并在检索到其翻译方式后直接输出,以提高翻译效率。在处理成语和传统流行语时,可以直接从相关的词典或文献中获取其使用场景,并根据场景生成其使用样例。对于网络流行语,则需要利用互联网平台实时收集和分析其使用数据,并统计出其主要使用场景。然后将这些主要使用场景反馈到互联网平台进行验证和筛选,并将每一类使用场景的使用例尽可能多地存入使用场景库。

作为最新一代翻译技术,神经网络机器翻译(NMT)主要依赖于分析词汇的现有使用例来完成上下文识别。因此,应当将使用场景数据导入门控循环单元(GRU)中,在进行机器翻译时,由它判断文本上下文,以检索出对应的使用例,从而将使用例与其对应译文结合,产生足够的训练样本,以实时生成对应的语言模型。

5.3.2 翻译阶段:检索与生成结合机制

在获取翻译原文后,可以先由 RNN 进行识别,若识别为流行语,则将流行语作为一个神经元转换为向量,并产生与之相对应的预测,最终结合前文记忆生成结果。如发现数据库中没有该流行语相关数据,则进行标记并准备用语言模型进行转译。这些未收录的流行语将被存储系统收集到数据库中。随后再根据数据库统计数据,寻找与其重复字符最多、使用场景最相似的流行语,并根据这些流行语抽象出相应的语言模型,将未收录的流行语近似转化翻译。而如果发现几乎不存在与其相似的流行语,或发现前文记忆中存在该词组,且其中该词组与其他同类型非流行语词组相连接,则可判定其为固定词组,不标记为流行语。而如果发现该词组不符合任何使用场景且不是固定词组,则其可能为虚构名称、互联网未收录的名称、误写或缺失标点符号等情况。此时应将其拆解为单字进行识别,并判断情况,以直接音译、猜测可能的原词或补充标点符号。

5.3.3 维护与优化阶段:复核与实时反馈

在翻译完成后,还需要定期进行重复核验。可以每月抽取一部分输出样本,先由RNN进行核验,若机器核验失败,则再由人工核验。核验结束后,提取出错译率较高的原文和译文,以原文作为样本,重新输入训练数据库,从而提高翻译准确度。同时也要注意非流行语的固有词组。一般而言,对这类词组RNN的辨别能力较低,很容易出现误判。对于被错误收入数据库的词组要及时识别并尽快删除,以免降低流行语翻译准确率。

获得未收录样本后,可以将这些样本登录到各互联网平台进行统计,从而依据其使用频率确认其是否为流行语。若是流行语则补录进数据库,若非流行语则认定为固有词组。获得错误样本后,应统计其主要使用场景,并判断是否符合该流行语的使用场景。若使用场景正确,则将缺失的正确使用场景补录进数据库。若使用场景错误,则将其标记为常见错误使用样例,并提供正确的使用场景和翻译。

6 方案试验验证

为了验证构想的可行性,我们设计了Translang1.0程序作为验证。本程序以一个基于神经网络翻译模型和实时数据库系统的流行语翻译平台为目标。该平台包括以下几个部分:

① 一个从互联网上收集、筛选、标注和存储流行语及其英译的实时数据库;

② 一个利用实时数据库中的数据训练、优化和测试神经网络翻译模型的模块;

③ 一个提供用户输入、输出和反馈功能的交互界面。

受限于我们的现有资源,这一程序目前尚无神经翻译功能,其主要目的是验证语料库索引和复核方案的可行性。验证程序由一个汉语数据库、一个译文数据库和一个检索程序组成。

本研究使用了500条汉语流行语及其人工英译作为测试集,对比了本程序与其他三种常见的翻译平台(谷歌翻译、有道翻译和百度翻译)在准确性、自然性和风格保持方面的表现,对比测试结果见表1。本研究选择了MQM模型作为评估模式,经研究发现,本平台绝大部分赋分均高于其他三种方法,说明数据库检索翻译方案是一种有效且可靠的计算机汉语流行语英译方案。

表 1　对比测试结果(部分)

流行语原文	谷歌翻译(GNMT)	有道翻译(YNMT)	百度翻译(BNMT)	RDRT 方案	MQM
特种兵旅行	Special Forces Travel	Special Forces travel	Special Forces Travel	Military-style travel	最高:RDRT(97.5) 最低:G/Y/B(90)
显眼包	Conspicuous bag	Visible bag	Eye-catching bag	make a spectacle of	最高:RDRT(91.67) 最低:YNMT(50)
泰裤辣	Thai pants are spicy	Spicy Thai pants	Thai pants spicy	awesome	最高:RDRT(91.67) 最低:BNMT(33.33)
冤种	wronged	doormat	doormat	unlucky dog	最高:RDRT(87.5) 最低:GNMT(62.5)
针不戳	The needle does not poke	Do not poke a needle	Needle does not prick	awesome	最高:RDRT(91.67) 最低:BNMT(66.67)
干饭	cooked rice	Cooked rice	cooked rice	gobble down	最高:RDRT(100) 最低:YNMT(50)
内卷	involution	involution	involution	involution	持平

本验证程序仍存在一定的缺失。例如:由于数据库仅包含近 5 年的流行语,部分过旧或过新的流行语暂时无法查询。总体而言,试验验证了我们的构想是可行的。

7 结　论

本研究探讨了如何利用神经网络翻译和实时数据库技术来解决计算机汉语流行语英译的难题。汉语流行语是一种具有特定文化内涵和表达方式的语言现象,往往难以用传统的方法进行准确和自然的翻译。本研究聚焦于在中文互联网上广泛流传和使用的汉语流行语,旨在提出一种基于神经网络机器翻译(NMT)和关系型数据库技术的流行语翻译优化策略。该策略能够有效地捕捉流行语的语义、情感和风格,并且能够及时更新和适应新出现的流行语。本研究采用了实验法,为计算机汉语流行语英译领域提供了一种创新性的解决方案,并为未来相关领域地进一步探索奠定了基础。

本次研究结果显示未来计算机汉语流行语英译领域应着重流行语数据库的构建和更新。为优化数据库,关系数据库、实时数据库、爬虫技术、自然语言处理技术等可在未来的研究中发挥重要作用。持续优化 Translang 实验程序很有必要,希望这一想法能为汉语流行语英译领域做出贡献。

当前社会翻译需求不断变化,人们对翻译的时效性要求越发强烈。本次研究正是希望能够促进尚缺乏研究的流行语翻译领域的发展、增强其时效性，以满足社会需求。根据目前科学技术发展趋势，我们认为，未来计算机汉语流行语英译还可与人工智能和办公程序、社交软件等完成集成，以降低国际交流难度，提高交流效率。

本次研究还存在一些不足和局限性。我们的实验目前虽然已经验证了数据库和检索部分，但暂未完成对流行语识别部分的验证。在未来，我们将竭力改进并完善这一部分。

参考文献

[1] LIU Yuen. Analysis on the development and trend of computer translation [J]. *Computer Knowledge and Technology*, 2020(16): 212-213.

[2] CHEN Yongzhi. Comparative analysis of Machine Translation and computer-aided translation [J]. *Modern Communication*, 2016(18): 154-155.

[3] LIU Xiaochi, Du Yujiao. Research on Error Types in Machine translation of Online Literature from Chinese to English [J]. *Overseas English*, 2022(9): 15-17.

[4] WU Yonghui, MIKE S, CHEN Zhifeng, QUOC V L, MOHAMMAD N, WOLFGANG M, MAXIUM K, CAO Yuan, GAO Qin, KLAUS M, JEFF K, APURVA S, MWLVIN J, LIU Xiaobing, ŁUKASZ K, STEPHAN G, YOSHIKIYO K, TAKU K, HIDETO K, KEITH S, GEORGE K, NISHANT P, WANG Wei, CLIFF Y, JASON S, JASON R, ALEX R, ORIOL V, GERG C, MACDUFF H, JEFFREY D. Google's Neural Machine Translation System: Bridging the Gap between Human and Machine Translation [R]. Technical Report, 2016.

[5] JEAN S, CHO K, MEMISEVIC R. BENGIO Y. On using very large target vocabulary for neural machine translation[J]. 2015.

[6] CHUNG J, GULCEHRE C, CHO K, BENGIO Y. Empirical evaluation of gated recurrent neural networks on sequence modeling[J]. 2014.

“科教融合”视角下的英语课程改革：《中西交流概要》教学实践例析[①]

李　蒙[②]　刘巍巍[②]　邢　力[②]　顿　超[②]

摘　要：随着科技进步和教育体系的不断演变，科教融合作为一种新的教育范式得到了广泛的接受和应用。本文从“科教融合”的视角分析了英语课程改革在《中西交流概要》课程中的教学实践案例。论文重点探讨了“科教融合”理念的指导下，如何结合《中西交流概要》课程的特点进行教学设计和教学改革，并对该教学实践的优点和挑战进行了总结。

关键词：科教融合；英语课程改革；教学实践；教学理念

English Curriculum Reform from the Perspective of “Integration of Science and Education”：A Case Study of Teaching Practice in *Essentials of East-West Communications*

Abstract：With the advancement of science and technology and the continuous evolution of the education system，the integration of science and education，as a new educational paradigm，has gained widespread recognition and application. This paper analyzes practical cases of the English curriculum reform in the teaching of “*Essentials of East-West Communications*” from the perspective of the “Integration of Science and Education”. Guided by the concept of “Integration of Science and Education”，the study focuses on how to implement teaching design and teaching reform in conjunction with the distinctive features of the “Essentials of East-West

①　基金项目：北京市共建项目专项资助。

②　作者简介：李蒙，女，硕士，北京航空航天大学副教授，研究方向：翻译学；刘巍巍，女，硕士，北京航空航天大学副教授，研究方向：第二语言习得及英语教学法；邢力，女，博士，北京航空航天大学副教授，典籍翻译研究、译论研究、翻译批评等；顿超，女，博士，北京航空航天大学副教授，研究方向：语言教学。

Communications" curriculum, while also summarizing the advantages and challenges encountered in the teaching practice.

Keywords: integration of science and education; English curriculum reform; teaching practice; teaching philosophy

1 引 言

当今世界,国际竞争日益激烈,其主要表现为科技、教育和人才竞争。2010 年《国家中长期教育改革和发展规划纲要(2010—2020 年)》提出充分发挥高校在国家创新体系中的重要作用,支持学生参与科学研究,强化实践教学环节等议题。2012 年,中国教育部和中科院提出"科教融合,联合育人"的育人理念。2015 年,国务院印发了《统筹推进世界一流大学和一流学科建设总体方案》,指出培养具有创新精神和实践能力兼具的高级专门人才是高等教育的根本任务。2016 年 5 月,习近平总书记在全国科技创新大会、两院院士大会、中国科协第九次全国代表大会上的重要讲话中强调,要弘扬创新精神,培育符合创新发展要求的人才队伍。

将中国建设成世界科技强国,关键是要拥有一大批素质优良的创新人才,高校在其中起到了举足轻重。国内外教学的实践表明,将现代科技的最新成果融入课堂教学,引导学生参加科研训练,是培养型创新人才的有效途径。学生在丰富的科研和实践教学中能得到更全面的成长和发展,成为符合国家建设和社会发展需求的高级专门人才。

2 "科教融合"与创新人才培养

2.1 科教融合的定义和内涵

龚克最早提出了科教融合的概念。2010 年,他撰文提出大学文化应有"科教融合"之特色,并明确指出科教融合是科研与教学的融合,科教融合是一个整体概念,不应被拆分理解(龚克,2010)。

张飞龙等学者从学术领域、政策演变和实践探索多个视角对"科教融合"的概念及发展进行了阐述。他们进一步将这一概念分解成广义科教融合和狭义科教融合两个部分,认为狭义的科教融合指"在高校中实现科研与教学的融合,用一流的师资、一流的科研引领和培养一流的学生"(张飞龙,2020:33)。他们强调在整个知识创新、传授、传播和传承过程中,师生之间进行互动式学术探究,在学术共同体中取长补短、开拓进取。

2.2 “科教融合”对人才培养的意义

学科教育的目标不仅是为了培养学生扎实的学科基础，更重要的是要让他们具备发现和解决实际问题的能力。这种能力对于适应社会发展潮流、满足国家富强需求至关重要。在科教融合的新理念下，越来越重视培养学生的自主创新、科研能力。

布鲁姆将认知领域的学习分为知识、领会、运用、分析、综合、评价六个层次。他认为前两个层面属于浅层学习，只能产生低阶思维，而运用、分析、综合、评价这四个层面属于能产生高阶思维的深层学习，而批判思维和创新能力等都来源于高阶思维。传统的课堂教学仅仅着眼于知识和领会层面，这对创新人才培养来说，远远不够。而让本科生参与科研，人才培养模式将进入到运用、分析、综合、评价等深层学习层面，非常有利于培养学生的批判能力和创新能力，更有效地实现育人目标。

据联合国教科文组织的统计数据显示，全球范围内有超过 40 个国家已经将科教融合概念纳入其教育改革议程中，以提升学生的科学素养和创新能力。根据美国教育部的数据，自 2008 年以来，有 58％的学校推出了科教融合课程和项目。科教融合概念在美国的高等教育中逐渐流行起来。澳大利亚悉尼大学的研究表明，科教融合课程可以提高学生的创造力和问题解决能力。一项对 600 名学生进行的研究显示，参与科教融合课程的学生在创新思维方面比传统课程的学生有明显优势。根据德国柏林大学的研究，科教融合概念可以提高学生的创新能力，进而促进技术创新和社会经济发展。

传统的英语教学方式虽然可以帮助学生掌握基本的语言知识，但学生往往只是被动地接受知识，其创造力和实践能力的培养未得到重视，缺乏主动思考和创新的机会。以“科教融合”为视角进行英语课程改革，通过激发学生的创造力和思维能力，培养学生解决问题和创造性思考的能力，能够更好地满足现代教育的需要，成为高等学校外语教学改革的必然趋势。

3 基于“科教融合”理念的教学实践设计和实施

教育数据咨询和评估机构麦可思的一项调研数据显示，对于“本科母校需要在哪些方面改进教学”这一问题，在 2018 年毕业并进入国内研究生阶段的学生中，55％认为是“学术批判性思维能力”，其次是“研究方法”（51％）。作为人类知识生产的重要活动，科研对培养学生批判思维能力和理性气质具有得天独厚的优势（周光礼，2012）。

3.1 课程背景和介绍

为适应新形势下高等教育的新发展要求,近年来,北京航空航天大学(以下简称"北航")开始实施大类人才培养方略,强化学生在基础入学阶段的通识能力和全面素养。"中西交流概要"课程应运而生,是这一宏观教育理念变革下的新型专业通识类基础课程。该课程通过兼顾语言素养和通识视野,不仅帮助学生夯实专业基础,还注重构建学生的文化通识底蕴,服务于北航大类人才培养的宏观战略,为培养厚基础、强能力、高素质的人才奠定基础。

该课程围绕中西交流这一主题,建立起了以历史和文学知识为根基,以翻译能力构建为桥梁,以跨文化交流为目标的金字塔形课程体系。该课程的内容并非简单地叠加各学科及专业知识,而是重新组合整合了多种学科知识。课程采用"板块"和"主题"的形式构建具体教学内容,历史、翻译、文学和跨文化这四大板块中融入多个主题,每个主题包含有若干精读文章和补充阅读,引领学生从多角度、分层次地深入探讨各教学主题,实现了主题之间的相互指涉,触类旁通。

该课程的"科教融合"理念主要体现在两个方面。首先,课程设计旨在培养学生的科研素质,以课堂讨论、小组展示、学期论文等多种形式,引导学生发现问题、解决问题,了解科研规范,提高基础科研素养,为将来的学习甚至投身科研打下良好的基础。其次,鼓励教学团队成员结合个人经验进行特色教学,将教师科研的具体经验融入知识传授的过程中,使所讲授的内容更加生动有趣、深入浅出,有效激发学生的学科兴趣和求知欲望,提升教学质量和效果。

北航作为国内一流的研究型大学,非常重视学生的科研能力和科研兴趣的培养。为了激发学生对科研的兴趣,学校采取了多种措施,如提供丰富的科研平台,为学生提供进行科学研究的实践机会。学校设立了专门的科研课堂,为学生提供关于科研方法、技巧和论文写作等方面的培训。此外,学校还设立了科研竞赛"冯如杯",鼓励学生积极参与科研并展示自己研究成果。另外,学校还定期组织各类知识竞赛和学术交流活动,为学生提供展示才华的舞台,同时也加强了学生之间的交流和学术合作。这些举措为以"科教融合"为目标的课程改革提供了土壤和条件。

3.2 课程设计和实施

科教融合不仅意味着在课堂中加人科研元素,更强调调动学生自主性、能动性 、创新性、研究性,训练学生判断力、想象力、创造力等综合能力。为此,该课程严密围绕"科教融合"理念,建立了以科研实践为引导的"科教融合五步法"创新人才培养模式(见图 1),将课堂教学拓展至课前与课后、线上与线下,充分激发学生的学习主动性和积极性,使学生从被动的知识接受者转变为积极主动的知识探索者,通过系统的学习和训练,掌握科学的方法,养成科学的习惯,最终形成科学的态度与精神,成为全面发展的人才。

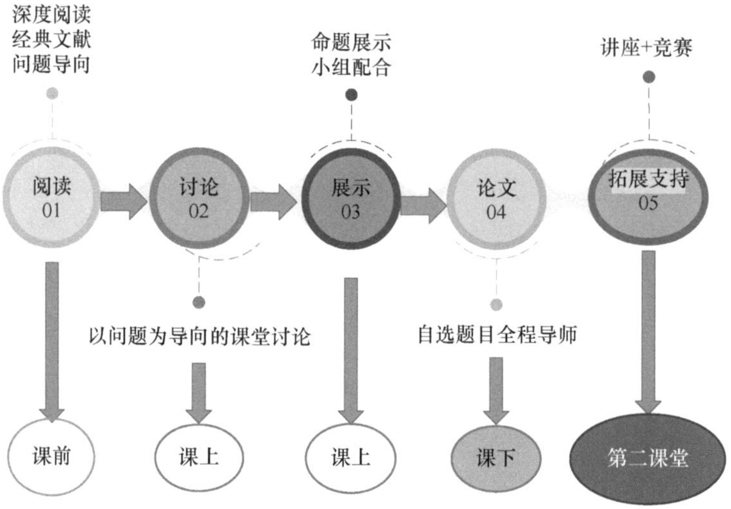

图 1 《中西交流概要》课程"科教融合五步法"教学流程图

本为了帮助学生深入了解科研的本质,启发科研思维,打开科研之门,该课程对教学流程进行了梳理和调整,并对教学内容和教学方法进行了完善和改进,以"阅读-讨论-写作"这三个英语课程的关键步骤为核心维度,在中间环节和最终环节,加入了"展示"和"拓展"两个步骤,确保达到学用结合、科教融合、检验创新的教学效果。同时,引入"全程导师"的概念,以便于学生在教学流程的各个环节都能得到关键性有效指导,为实现创新人才培养这个共同目标发挥作用。

3.2.1 文献阅读

课前部分的重点是文献阅读。文献阅读既是科研思路的重要来源,更是培养科研能力的重要途径。通过学校的线上课程中心、SPOC 在线教学平台和课程微信公众号"中西交流荟萃",将课堂教学所需要的文字和视频材料传达至网络空间,提前供学生学习,可以充分扩展课堂时空,让学生在课堂之外也能随时随地获取知识,实现即时学习。这样不仅能提高学生的自主性和灵活性,还能够满足个性化需求,同时,也为教师提供了更多的教学工具和资源,实现课堂内外无缝衔接。

对阅读效果的检查采取了两种方式。首先,借助课程阅读题库。题库包含多套题目,题型以客观题为主,重点检查学生对文献的掌握程度。学生在完成阅读后,通过测试题进行自我检查,达到合格标准才能获得相应的阅读分数。该分数计入课程总分。其次,要求学生以读书笔记和思维导图的形式反馈阅读效果,并在中选出优秀作品进行课堂展示和分享,以便学生相互取长补短,践行同伴学习、同伴检测的教学理念。

3.2.2 融合式课堂教学方法

由于大量阅读资料已经上载至网络,学生在课前实现了自主预习式阅读。课堂时间主要由教师进行引导性讲授,重点针对学生在课前阅读时遇到的问题进行讨论和分析。这种翻转课堂的教学模式,大大提高了教学效果,丰富了课堂含量,受到学生的好评。

考虑到该课程跨学科、涉及面广、实践性和研究对比性强等特点,课堂教学主要融合了以下方法:第一,广泛使用案例分析。美国高等教育研究学者伯顿·克拉克曾说过,"一个杰出的典型案例可以抵得上一千种遥远的理论。"案例教学法相对于传统的教学法,具有真实性、问题性、实践性等特性。该课程利用教学过程中积累的教学案例将学生引入真情实境,启发他们的学习兴趣和热情,提升学生的综合学习能力以及独立思考问题、分析问题和解决问题的能力。第二,对比讨论贯穿始终。从历史、翻译、文学和文化四个维度对中西交流这一命题进行对比,加深学生对世界的复杂性和相互关联性的理解,催化他们对跨文化交流进行进一步的思考,培养全球视野。第三,将社会热点问题融入教学,激发学生的学习兴趣,培养学生的思辨和批判能力。第四,灵活运用小组展示。每学期会穿插安排若干次小组展示,学生自愿组队报名参加,自选主题,自主分工。展示过程需要小组成员密切协作,共同完成任务,既提高了学生的合作意识和沟通协调能力,也培养了他们解决问题的能力。

与传统的直接灌输知识相比,讨论式和参与式等授课方式鼓励学生通过自主思考和探索来解决问题,更好地激发了学生的学习兴趣,使他们更加积极主动地参与到学习。此外,讨论式教学方式可以使学生之间互相启发,分享不同的见解和经验,进一步促进他们对问题的深入理解和分析,也是培养学生科研思维的有效途径。

3.2.3 论文写作及支撑系统

论文撰写训练是培养科研能力的关键环节。学会清晰地表达自己的研究目的、方法、结果和结论,培养书面表达和口头演讲的能力,有助于学生将研究成果有效地传递给他人,并在学术交流中展现出自己的成果。论文写作不单单是对研究过程和结果的归纳总结,而是创造性劳动价值的具体体现。传统的教学方法存在一定的局限性,过于注重论文写作的结果,而忽视了写作过程中创新能力的培养。事实上,完成论文研究只是科研训练的一部分,它应该与科研思维训练以及其他科研技巧和方法的培训相结合。科研思维训练主要是培养学生的逻辑思维能力以及创造性思维和解决问题的能力。科学合理的研究方法是培养科研能力的基础。选择合适的研究方法并加以正确运用直接影响到科研成果的质量和可信度。学生可以通过训练学会提出问题、寻找解决方案、分析和评估实施方案的可行性,并能在实践中不断调整和改进。

在论文写作过程中,教师主要鼓励学生进行自主深入的学习,同时提供支持系统、搭建桥梁和解决学生的困难。教师提供专业知识和经验，引导学生确定研究方向和问题，提供相关的文献资料和研究方法的指导，定期与学生进行讨论和交流，帮助他们解决在研究过程中遇到的困难和问题，推动研究的进展。同时，教师帮助学生改善论文的结构和语言表达，提供反馈和建议，以提高论文质量。虽然教师在论文写作过程中扮演了重要角色，但并不意味着教师独自掌控整个过程。相反，教师给予学生足够的空间和自由度来发展自己的研究兴趣和想法，鼓励他们主动思考、积极探索，培养他们的自主学习能力和解决问题的能力。

以上教学理念在具体操作层面体现在以下几个方面。

(1) 学期初公布教学计划

让学生对整个学期的学习内容和安排有清晰的了解，提前做好学习规划，了解自己需要掌握的知识和技能，为期末论文的写作做好准备。

(2) 中期自选研究课题

组织学生在课程内容框架内自选研究课题，让学生根据个人兴趣和志向进行深入研究。同时论文导师对学生的研究计划进行指导和评估，确保学生的研究课题具有一定的研究价值和可行性。通过制定研究计划书，学生可以更加系统地展开研究工作，提高论文质量和研究成果的可靠性。学生论文选题类型比例统计见表 1。

(3) 论文写作的支持系统

提供书籍、讲座和指导三方面支持，贯穿整个学期。在学期初，为学生提供二本论文写作书籍：*How to Write Research Paper* 和 *The Craft of Research*。前一本简明实用、操作性强，要求学生精读，帮助学生快速入门，了解论文写作的基本要求和步骤，引导他们进行系统的写作准备；后一本深入浅出地讲解研究的过程和步骤，供学生在课余时间进行泛读，拓宽对科研写作领域的认识。此外，还推荐学生使用 Academic Phrasebank，这是一个专门针对学术论文写作的词句模板库，可以帮助学生在写作中使用恰当的学术语言和表达方式。在学期中，邀请相关专家开设系列讲座，使学生能了解科研的基本程序和规范，培养科研素养和写作技巧，学习科研论文写作的基础知识。讲座以科研论文写作的自然过程为主线，涵盖选题、文献资料搜集和论文表达等方面的内容，帮助学生全面提升论文写作能力。同时，为学生配备论文写作导师，教学团队全员参与，全程指导，提供具体和全面的帮助。通过与导师的互动和指导，学生可以得到个性化的论文写作指导，解答疑惑，规范论文结构和写作风格，提高论文质量。

以上举措可以使学生得到系统全面的帮助和指导，有力促进他们的科研能力和写作水平的提升。

表1 学生论文选题类型比例统计

论文选题类型	2019—2022
历史	8.33%
翻译	10.83%
文学	20.83%
文化交流	54.16%
其他/综合	5.83%

3.2.4 加强和完善第二课堂

第二课堂作为课堂教学的延伸与扩展,旨在培养学生的综合能力和素质,包括学习和语言能力,组织、沟通合作和创新思维能力等。该课程组织的第二课堂活动主要集中在翻译大赛和跨文化交际比赛这两个方面。

翻译大赛旨在提升学生的翻译能力和语言表达能力。通过参与翻译大赛,学生可以锻炼自己的翻译技巧和语言运用能力,并在实践中提高对不同语言间的准确理解与转换能力。

跨文化交际比赛旨在培养学生的跨文化交际沟通能力。在全球化的背景下,跨文化交际能力被认为是一个重要的素养。通过参与跨文化交际比赛,学生可以学习不同文化背景下的沟通技巧和应对策略,增强他们与不同文化背景人士的交流与合作能力。

在翻译大赛和跨文化交际比赛活动中,学生可以通过与同学的互动、老师的指导和专家的评审等环节来提高自己的能力。此外,这些活动也为学生提供了展示自我的机会,并且激发了他们对学习和语言的热情,促进学生全面发展和成长。

例如,2023年5月,《中西交流概要》课程教学团队组织了校内的"用外语讲述中国故事短视频大赛",收到了三十多份校内参赛作品。最终选送两个学生作品,参加了由北京市教育委员会高等教育处主办的"用外语讲好中国故事"优秀短视频征集活动,两个作品均取得北京市一等奖的佳绩。这个活动旨在启发学生坚守中国文化立场,发掘中华大地的生动故事,提升中华文化的国际影响力。参赛过程中,教学团队为学生提供了系统和专业的深入指导,从题材选取到后期制作,提供了大量专业性和建设性的意见。在短视频的制作过程中,学生们不仅展示了对中国文化的深入理解,还展现了创新思维和技术能力。他们运用多种拍摄技巧和后期剪辑手法,将画面和音效巧妙结合,使得作品更具艺术性和感染力。同时,他们还积极运用外语进行配音和字幕翻译,更好地向世界传递了中华文化的博大精深和深刻内涵。

4 结 论

“科教融合”视角下的《中西交流概要》课程突破传统英语教学的束缚，通过优化教学流程，融合教学方法，提供支撑系统等方式，培养学生的创新思维和能力，使学生可以将所学知识融会贯通，从探索中养成问题意识和批判精神，提高分析问题和解决问题的能力。

该课程改革注重培养学生的科学素养。通过引入与课程教学内容相关的实际案例和问题，鼓励学生进行科学思维和探索，此外，通过科研论文写作和课外实践活动，让学生亲身参与科学研究和实际问题解决过程，有效激发他们的科研兴趣和潜能，培养他们的解决问题的能力和创新精神。同时，教师在课堂教学中注重激发学生的创新思维，采用启发式教学方法，引导学生从不同角度思考问题，培养他们的批判性思维和创造性思维。此外，通过组织小组讨论和展示等形式，让学生充分表达自己的观点并进行交流和合作，培养他们的团队合作能力和创新能力。

参考文献

[1] LIU Jingping. An Empirical Analysis of the Effect of Talent Training on the Integration of Science and Education: A Case Study of Foreign Language Majors in Tonghua Normal University:[J]. Chinese University Science & Technology, 2017(6): 76-77.

[2] NING Huixia. The Humanistic and General Orientation of English Education in Chinese Colleges and Universities[J]. Crazy English, 2011(2): 90-91+218.

[3] QUE Qingmin, WU Fengqi, Huang Dong. Exploration and Practice of General Education Curriculum under the Background of Science and Education Integration: Taking the General Education Courses of the Provincial Scientific Research Platform as an Example [J]. Education and Teaching Forum, 2022 (25): 86-89.

[4] TAN Jinhua, ZHANG Guoxiong. Architectural Workshop Teaching Practice at the Cangdong Heritage Education Center: Integration of Teaching and Academic Research, Cultivation of Different Abilities [J]. Journal of South China University of Technology (Social Science Edition), 2018(2): 119-124.

[5] WANG Rongming, CHEN Xuehui, NIU Heng, et al. Innovative Talent Training Under the Concept of Science and Education Integration [J]. China Higher Education, 2018(10): 49-51.

[6] XU Xiaojun, SHEN Jiayi. Brief Discussion on the Application of Case Teaching Method in the Teaching of Graduate Academic English Writing [J]. English on Campus, 2023 (7): 52-54.

[7] ZHANG Feilong, YU Miaomiao, Ma Yonghong. Reconstruction of the Concept of

Integration of Research and Education and the Governance of Graduate Education [J]. China Higher Education Research, 2020(11): 31-37.

[8] ZHEN Qi, LIANG Chenyue. Exploration on the Teaching Model in Academic Writing Course of Geology-related Majors [J]. Education and Teaching Forum, 2021 (2): 113-116.

[9] ZHOU Guangli, ZHOU Xiang, Qin Huimin, et al. Teaching and Researching Integration, Talents Cultivation in Scholarship——An Action Framework to Support High Quality Undergraduate Teaching with High-level Scientific Research [J]. China Higher Education Research, 2018(8): 11-16.

[10] ZU Daqin. Deepening the Reform of Foreign Language Education with the Concept of Humanities and General Education: Reform and Practice of Comprehensive English Curriculum for English Majors [J]. Shaanxi Jiaoyu. 2009 (7): 110.

翻译专业硕士培养路径的守正与创新
——基于对北京航空航天大学 MTI 学位论文选题及结构的分析[①]

邢春丽[②] 赵思琳[②] 张雯雯[②] 范卓怡[②]

摘　要： 本文从 MTI 专业学位论文选题范围及撰写规范的研究入手，探讨北京航空航天大学翻译专业硕士培养路径。研究共选取 2020—2023 四届学生 194 篇专业学位论文，对论文题目、中英文摘要、关键词、论文目录及部分章节内容进行了详细分析，总结北航的翻译专业硕士论文在选题和结构方面体现的主要特征，思考 MTI 专业培养路径在守正基础上如何创新，以应对当下新技术挑战，对接翻译专业博士(DTI)培养，满足国家战略需求。

关键词： MTI；论文选题；培养路径；新技术挑战；DTI

Integrity and Innovation in MTI Student Cultivation: Based on an Analysis of MTI Dissertation Topics and Structure at Beihang University

Abstract: This paper explores how to innovate the MTI training path in Beihang University, based on a case study of 194 professional master theses submitted by the MTI students from 2020 to 2023, focusing on the characteristics they share in thesis topic selection and writing standards. A detailed analysis was

---

① 基金项目：北京市共建项目专项资助。

② 作者简介：邢春丽，北京航空航天大学外国语学院，副教授，博士，翻译专业硕士生导师，文学硕士生导师，美国加利福尼亚大学伯克利分校访问学者，澳大利亚新南威尔士大学访问学者，研究方向：英美文学、英汉翻译、跨文化对比、学术写作等；赵思琳，北京航空航天大学外国语学院翻译专业硕士在读，研究方向：英汉翻译、科技翻译、跨文化交际等。张雯雯，北京航空航天大学外国语学院翻译专业硕士在读，研究方向：英汉翻译、科技翻译等；范卓怡，北京航空航天大学外国语学院助理研究员，博士，研究方向：课程思政、全球胜任力培养。

conducted on the thesis titles, Chinese and English abstracts, keywords, table of contents, and some chapters. The main characteristics demonstrated in the topic selection and chapter structuring of these MTI theses were summarized, and reflections on how to maintain the quality training of MTI students were made. Suggestions were offered to shed light on how to meet challenges posed by new technologies and lay a solid foundation for DTI program application, recently scheduled on the national strategic agenda.

Keywords: MTI; thesis topic selection; training path; new technological challenges; DTI

1 引 言

2007 年,国务院学位委员会发布《翻译硕士专业学位设置方案》之后,北京航空航天大学(以下简称"北航")于 2009 年获批翻译专业硕士点,形成了既有重科研创新的学术学位、也有重实践技能的专业学位的硕士培养体系。翻译专业硕士点经过十多年的建设,培养体系不断优化,已经形成了一定的特色,培养出一批应用型翻译人才。

随着"一带一路"和构建人类命运共同体等倡议的进一步推动,现有的翻译专业学位体系难以满足国家对高端翻译实践与管理人才的需求。翻译博士学位授权点(DTI)建设将是外语人今后一个阶段的重点工作之一,我们需提炼学位点的特色亮点,总结本学位点的建设经验,提前为北航 DTI 的申报和建设做好准备,打牢基础。

北航的本硕博一体化培养计划早在 2005 年"理科实验班高级工程学院"本硕博连读班首次面向社会公开招生时就已经开始实施。2023 年,本研一体教学改革在北航全面铺开,机构改革、培养方案调整、平台整合等多措并举。

在此背景下,现有的翻译专业硕士学位(MTI)点在加强学位论文质量把关的同时,怎样才能突出人才培养特色亮点?对标 DTI 专业博士学位建设点建设标准,在人才培养方面北航仍需做哪些布局?面对机器翻译、Chat GPT 等人工智能技术给翻译专业带来的挑战,MTI 专业硕士培养应如何应对才能让毕业生在竞争大潮中立于不败之地?

本研究立足人才培养,从 2020—2023 届 194 篇 MTI 学位论文入手,分析近几年 MTI 毕业生的论文选题范围及写作特点,并拟基于此探讨 MTI 专业硕士培养路径如何创新,才能与 DTI 专业博士点建设工作并轨,形成一体化培养机制。

2 北航的翻译专业硕士培养路径

北航的翻译专业硕士点自2009年获批建设以来，专业硕士培养就充分结合北航工科强校特色，立足于复合型高级科技英语笔译人才的培养。北航2012版翻译硕士研究生培养方案提出应"注重科技翻译与翻译科技的交叉融合"，"密切关注科技领域和社会其他领域发展中具有重大或深远意义的方向"（见表1）。

表1 北航2012版翻译（英语笔译）(055101)硕士研究生培养方案部分内容

培养目标	符合我国建设与发展需要，德、智、体全面发展及应用型、复合型高级英汉笔译人才
培养方向	根据学校和学院学科特点，培养面向科技的高级英语笔译人才，注重科技翻译与翻译科技的交叉融合，注重笔译相关基础能力的培养，密切关注科技领域和社会其他领域发展中具有重大或深远意义的方向，努力把握本学科专业的发展趋势，使研究生的培养立足于较高的起点和学科发展的前沿
培养模式	翻译硕士专业学位研究生主要按二级学科培养，鼓励开展国际联合培养
学习年限	实行两年学制
指导方式	实行导师或联合导师负责制，负责制订研究生个人培养计划、指导专业实践和学位论文

北航的翻译专业硕士培养路径清晰，体系比较完善。除培养方案以外，还编制了《MTI研究报告写作指导意见》《MTI论文开题、写作及指导管理办法》等指导性文件，明确论文撰写规范及格式要求，也便于指导教师和论文评阅老师统一评判标准。同时，制定翻译专业硕士导师考核标准，每年度对导师资格进行认定。《外国语学院硕士研究生导师招生资格审核及招生计划管理办法》(2021[5号])指出，专业型硕士研究生导师"应积极投入研究生培养相关的翻译实践、翻译教学研究、翻译教材编写"等工作，应针对职业翻译相关领域的需要，培养具有较强的翻译专业能力和职业素养、能够创造性地从事实际工作的高层次应用型翻译人才。

2016级翻译专业硕士入学后，培养路径做了一次比较大的调整。2009—2015级MTI学位论文均用中文撰写，自2016级开始要求论文全文用英文撰写，并提供中文题目和中文摘要。为规范学生英文学位论文撰写过程，2019年初对《MTI论文开题、写作及指导管理办法》和《MTI研究报告写作指导意见》进行了修订，并编制了英文版MTI Thesis Proposal Template，对论文格式、目录、章节标题、案例分析、参考文献等都给出了具体的写作参考范例。

根据MTI全国教育指导委员会制定的教学大纲及北航外国语学院MTI培养的实际情况，2019年7月修订的《北航外国语学院关于翻译专业硕士研究生(MTI)论文开题、写作及指导管理办法》（以下简称2019年修订版《管理办法》）规定了三种学位论文形式(见表 2)。

表 2　北航 2019 修订版管理办法规定的三种学位论文形式

论文形式	选题及字数要求(字数均以汉字计算)
翻译项目	学生在导师的指导下选择没有出版或发行过的中外科技类文本进行翻译,字数在 10 000 字到 12 000 字之间,可以英译汉,也可汉译英;翻译篇目内容要完整,若是章节或节选,内容要相对完整。并根据译文就翻译问题写出不少于 5 000 字的研究报告。
实验报告	学生在导师的指导下就科技笔译的某个环节展开实验,并就实验结果进行分析,写出不少于 10 000 字的实验报告;主要论述翻译过程中运用了什么翻译理论和原则,遇到了什么难题,是如何解决的,通过翻译得出了什么样的翻译理念(概念),有何经验和收获,对于今后从事实际翻译工作有何指导意义,等等
研究论文	学生在导师的指导下撰写有关科技翻译的研究性论文,字数不少于 15 000 字

本文选取近四年来(2020—2023 届)MTI 毕业生的 194 篇学位论文,分析其选题特点和写作规范,并思考翻译硕士培养路径如何对标北航人才培养“四强模式”(强情怀、强基础、强实践、强融通),在守正的基础上有所创新,以满足新时代新文科建设和人才培养需求。

3　2020—2023 翻译专业硕士论文选题特点及写作规范

就本文研究的 194 篇学位论文而言,绝大多数北航翻译硕士毕业生(约占总人数的 98%,见图 1)选择以翻译项目的形式撰写学位论文,选择写研究论文的仅为 4 人,无人选择写实验报告。

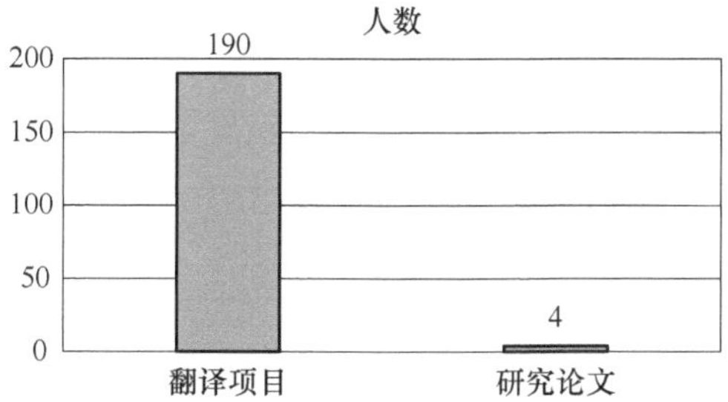

图 1　北航 2020—2023 届 MTI 学位论文形式

因此,本文所研究的问题主要基于对近四年北航 MTI 毕业生的 190 篇基于翻译项目的学位论文进行分析。翻译项目强调学生的翻译实践能力,学生在没有现有译文可参考的情况下独立进行翻译实践,翻译过程中聚焦重点和难点语言问题,并在相关翻译理论指导下,探讨所聚焦重点和难点语言问题的翻译策略和具体技巧。

3.1 论文标题写作分析

近四年的数据显示，基于翻译项目的论文标题写作已形成范式，基本结构由主副两个标题组成，主标题主要体现指导论文的翻译理论和论文主要研究的语法点，副标题主体为翻译源文本，以“a case study of”衔接，结构清晰，重点突出。学位论文中指导翻译项目的理论基本为传统的主流翻译理论，如功能对等理论、翻译转换理论等（具体数据见图 2)，反映出学生对传统理论把握较为熟练。

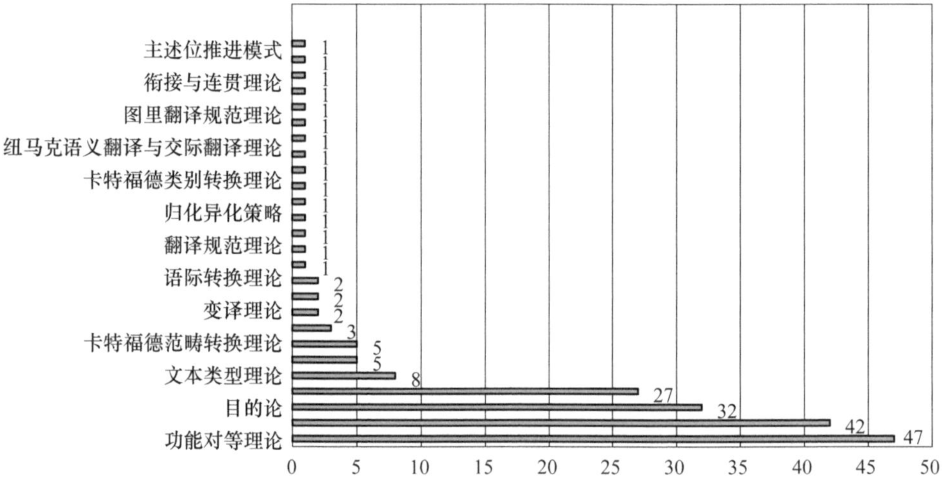

	功能对等理论	交际翻译理论	目的论	卡特福德翻译转换理论	文本类型理论	顺应论	卡特福德范畴转换理论	关联理论	变译理论	科勒等值理论	语际转换理论	翻译博弈论	翻译规范理论	功能翻译理论	归化异化策略	卡特福德层次转换理论	卡特福德类别转换理论	纽马克关联翻译理论	纽马克语义翻译与交际翻译理…	斯坦纳阐释学	图里翻译规范理论	维奈和达贝尔内翻译模式	衔接与连贯理论	语义翻译理论	主述位推进模式	最适度原则
■ 应用论文数	47	42	32	27	8	5	5	3	2	2	2	1	1	1	1	1	1	1	1	1	1	1	1	1	1	1

图 2 北航 2020—2023MTI 翻译项目的指导理论

2019 年修订版《管理办法》指出，基于翻译项目的论文标题需点明研究的语法点，且该语法点需具体准确，应避免笼统、模糊等情况。此次研究对象的 190 篇基于翻译项目的学位论文中，研究被动语态的报告数量最多（37 篇），之后依次为名词化结构（15 篇）、定语从句（14 篇）和插入语（14 篇）如图 3 所示。

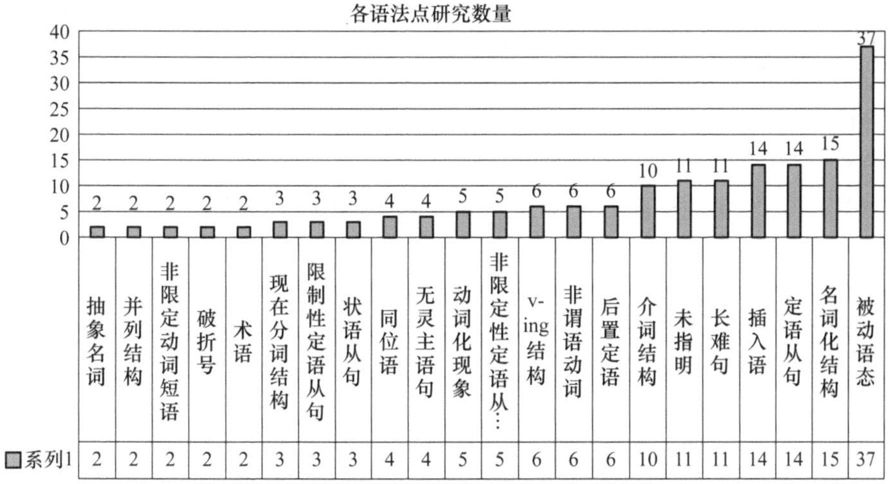

图 3　北航 2020—2022 届 MTI 学位论文题目所聚焦语法点

被动语态、名词化结构、定语从句和插入语在论文聚焦语法点中占比很大，与学生翻译项目选择的源文本类型密切相关。北航翻译专业以科技翻译为特色，翻译硕士培养也以此为亮点，所以硕士学位论文大多选择翻译科技类文本(占比高达 86.3%，见图 4)，而作为科技类文本中最常见的语法现象，被动语态、名词化结构、定语从句和插入语也因此成为学生倾向于选择研究的语法点。

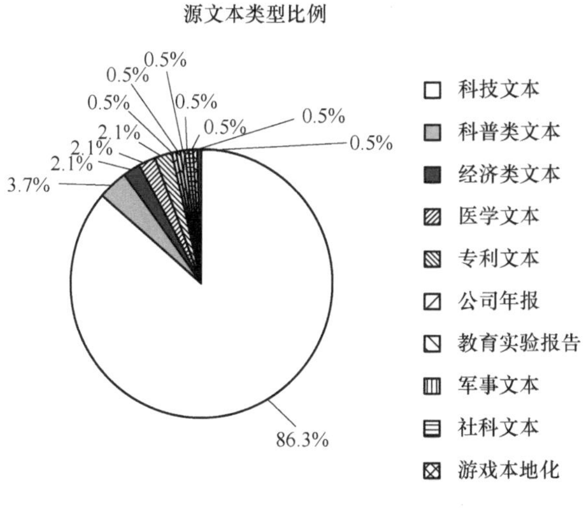

图 4　北航 2020—2022 届 MTI 翻译项目源文本类型

3.2　论文摘要写作分析

MTI 学位论文的摘要应大致包括研究目的、背景介绍、翻译理论综述、译例分析主要结果、研究结论和研究意义,各部分写作应达到基本的比例均衡。通过分析近四年北航翻译专业硕士的190篇基于翻译项目的学位论文,本文发现,在指导老师和评阅答辩组老师的认真指导下,MTI学位论文总体上质量较好,结构布局合理,各章节逻辑清晰,语言表述也比较流畅,符合学术写作规范。然而,部分摘要仍有进一步改进提升空间。

首先,部分论文摘要的要素不全。部分学位论文缺少摘要基本的写作部分,如在此次调查研究中,123篇报告的摘要缺少研究意义部分,而71篇报告中没有概述译例分析结果。此外,翻译理论应该是摘要中不可或缺的部分,但仍有48篇论文缺失理论综述部分(少数报告提到指导理论,但未具体说明如何指导翻译项目),如图5所示。

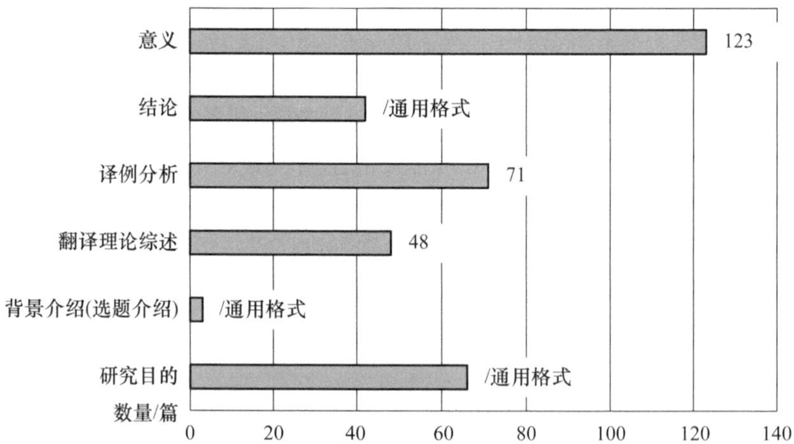

图5 摘要要素不全的论文数

其次,部分摘要比例不均衡。在190份学位论文中,部分论文的摘要各部分严重失衡,如用大篇幅介绍翻译项目源文本,忽略了译例分析的结果呈现和论文的结论及意义。这种学术写作的不规范更要求导师和相关课程任课教师尽早对学生进行个性化指导,在学位论文写作之前就规范学生的学术写作,以减少和避免此类问题。

事实上,摘要写作的情况可以反映学生整篇论文的框架构思是否清晰,进一步体现论文作者是否在翻译实践过程中获得有益的经验,并进行系统的总结,因此,提高翻译实践和总结能力,是提高论文写作能力的前提。

总而言之,北航多年来的翻译专业硕士培养路径在"守正"方面可圈可点,历届MTI毕业生得到用人单位的青睐和好评,很多已经成长为国家栋梁之材。

然而,随着机器翻译和Chat GPT等AI技术逐渐普及,翻译行业提供的语言服务也由传统的人工翻译为主向混合人机服务(如机器翻译+译后编辑)及纯机器翻译服务转变。根据2020《全球语言服务市场报告》(CSA Research),人力服务(传统书面语言服务,语言服务)呈下降趋势;人工+人工智能服务(译后编辑服务、增强翻译、内容扩充、机器口译和其他智能多语言服务)则呈强劲上升趋势。这种趋势意味着对传统书面语言服务的需求会大幅下降,这一点将直接影响高校 MTI 的人才培养定位。

4 关于创新 MTI 培养路径的几点思考

那么,在新技术赋能时代,如果积极应对挑战,创新 MTI 培养路径?

作者在授课前调研学生需求时发现,由于翻译专业硕士学制仅为两年,第一学年学生课程比较集中,来不及思考自己的论文选题,很难做出比较清晰的论文规划;第二学年秋季入学后 10 月份开题时仍比较迷茫,面临就业压力需要寻找实习机会,也面临备考翻译笔口译考试、备考选调生或公务员、准备招聘单位面试等压力。论文选题往往是匆忙做出决定,未能与自己的职业规划很好地结合起来。学生反映,其论文所要求的翻译项目大多自行开展,通过上网查阅资料寻找合适的源文本,然后进行翻译、书写翻译报告。目前为止,这仍是北航 MTI 学生主要的论文选题模式,虽然有利于提高学生的自主性,但从学校人才培养的整体布局来看,路径还有待整合和优化。

作者基于多年来指导 MTI 学生的经验,对于创新 MTI 培养路径有以下几点思考和建议。

(1) 突出北航空天特色,丰富 MTI 论文选题素材

MTI 专业的学生在未来应学习更多跨学科的知识,提升就业竞争力。北航的 MTI 培养应充分利用学校的工科强校优势,思考跨学科培养路径,在现有的《计算机辅助翻译》《翻译本地化》《译后编辑》等课程设置基础上,更加突出理工和空天特色,依托科教融通平台,科技赋能,建设具有北航空天特色的翻译语料库,针对不同学科群需求提供专门的语言服务。例如,外国语学院可以借助学校的科教融合平台,与理工科学院加强合作,调研其需求,提供一定的人工翻译或译后编辑服务,为 MTI 学生提供实践机会,可从中选择学位论文的翻译项目源文本,使学生翻译项目选题更有针对性和适用性,在翻译实践中聚焦具有重要现实意义和应用价值的关键问题,基于此开展学位论文写作。

(2) 服务国家战略需求,积极申报博士专业学位建设点

《关于高等学校加快"双一流"建设的指导意见》指出,"加快发展博士专业学位研究生教育是增强高等教育服务重大战略需求能力的重要手段之一"。北航作为"双一流"重点高校,建立了科教协同平台,以推动教育科技人才工作深度融合。基于国家的政治经济发展需求,北航应积极布局,在做好翻译专业硕士培养质量把控的基础上,积极筹备申报翻译专业博士(DTI)建设点,更有针对性地解决企事业单位缺少高

端应用型翻译人才的问题。DTI 导师组的构成需要以“翻译学导师＋相关学科导师＋业内导师”的模式进行组合，对每一类别的 DTI 学生量身定制课程模块（傅琳凌、穆雷 2021：104）。

北航申报 DTI 博士点有一定学科和地域优势。穆雷（2014：17）指出，“翻译博士专业学位的建设，是语言服务业的百年大计，不求数量，但求质量”。她建议从目前全国外国语言文学一级学科博士点以及翻译学专业/方向博士招生单位中优先筛选，综合考察院校的办学经验、政策支持、师资队伍、软硬件设施及实习基地建设等方面的资质。同时，他也指出，北京、上海、广东等地区的语言服务需求较大，DTI 学位点在设置时可将人才刚需这一因素纳入考量范围。

（3）加强校企合作，促进产教融合和行业协同

根据《专业学位研究生教育发展方案（2020-2025）》，“产教融合和行业协同是增设博士专业学位授权点的优先条件”。北航应与国际组织、外文局、翻译服务公司等企事业单位以及国际组织深度合作，共建实习实践基地，落地双导师制，在源头环节减少 MTI 学生的论文写作障碍，增加学生实战经验。校内导师和基地导师共同指导学生选题，合作培养更有行业意识、更具方向感的复合型、职业型的应用型人才，为 DTI 博士点建设奠定坚实的基础。

5 结 论

翻译不仅仅是简单的语言服务，而是要着眼于深化中外交流，增进各国人民友谊，推动构建人类命运共同体，讲好中国故事的时代需要，完成推动中国更好走向世界，世界更好了解中国的历史使命。

本文基于笔者多年指导 MTI 学生的经验和对近四年来 MTI 学位论文选题及写作规范的研究，探讨了翻译专业硕士培养路径在内涵式发展基础上如何积极应对 Chat GPT 等新技术挑战，以实现专业的守正与创新。在守正方面，翻译专业硕士培养应夯实学生语言基本功、把好论文写作质量关；在创新方面，应优化翻译人才培养体系，实现本硕博一体化，与国际组织、企事业单位深度合作，推动全国翻译专业学位研究生教育内涵式高质量发展，加快培养国家急需的高层次、应用型、专业性翻译人才，助力我国国际传播能力建设。

参考文献

[1] 傅琳凌，穆雷. 跨学科视域下的翻译博士专业学位（DTI）设置与发展. [J]. 外国语，2021，(2)：99-108.

[2] 国务院学位委员会，教育部. 关于印发《专业学位研究生教育发展方案（2020-2025）》的通知

[EB/OL]. (2020 - 09 - 30)[2020 - 10 - 09]. http://www.moe.gov.cn/sresite/A22/moe_826/202009/t20200930_492590.html.

[3] 穆雷.论语言服务业高层次人才培养[J].外国语,2014,(4):15-17.

理工科大学背景下翻译专业教学管理研究[①]

邬　丽[②]

摘　要：综合性大学背景下的翻译专业是一门综合性强、实践性强的学科。与其他专业相比，翻译专业更加注重语言能力、文化素养和实际操作能力的培养。翻译专业的教学管理机制和制度建设在很大程度上应该与其他专业有所不同。随着全球化的深入发展和对外交流的日益增加，翻译专业的需求越来越大。在这种情况下，翻译专业的教学管理机制和制度建设显得尤为重要。本文将从本科翻译专业的特点出发，探讨翻译专业教学管理机制和制度建设的重要性，分析存在的问题，并提出完善的建议。

关键词：教学管理；翻译专业；综合性大学

Research on Teaching Management of Translation Majors in the Context of Science-Technology Universities

Abstract: Translation major in comprehensive universities is a subject with strong comprehensiveness and practicality. Compared with other majors, the translation major places more emphasis on the cultivation of language ability, cultural literacy, and practical operation ability. The teaching management mechanism and institutional construction of translation majors should be largely different from other majors. With the deepening development of globalization and the increasing number of foreign exchanges, the demand for translation majors is increasing. In this situation, the teaching management mechanism and institutional construction of the translation profession are particularly important. This article will start from the characteristics of undergraduate translation majors, explore the importance of teaching management mechanisms and institutional construction in

---

① 基金项目：北京市共建项目专项资助。

② 作者简介：邬丽，北京航空航天大学博士研究生，研究方向：翻译学。

translation majors, analyze existing problems, and propose suggestions for improvement.

Keywords: teaching management; translation major; comprehensive university

受"一带一路"政策的推动，中外贸易愈加频繁，这对翻译人才的培养提出了更高的标准。随着翻译领域的发展，对于翻译教育方式和策略的探讨已经吸引了学术界的关注。下面本文尝试在培养方案管理、教材选编管理、教学过程管理、师资队伍管理方面分析教学管理等问题，论述如何依托理工科大学的优势和特色，提高翻译专业的教学管理质量，从而响应国家政策号召、积极服务于国家战略和社会发展需求，全面培养社会责任感和使命感强的翻译专业人才，培养具备一定跨学科知识结构和良好翻译技能的翻译专业人才，培养国际合作、沟通能力强的翻译专业人才，使我国传统文化得到发扬，让中国故事走向国际。

1 培养方案管理

培养方案的管理指培养方案的制定和动态调整。

首先要发挥理工科大学优势，围绕全员教育思想，加强对学生通识的重视。习近平总书记在 2021 年的第三十次政治局学习过程中指出，"将中国声音传递好，将中国故事讲好，使中国全面而真实地呈现出来，是有效构建中国国际传播力的关键一环"。"一带一路"背景下，翻译从业者、毕业生肩负发扬中华文化、传播中国故事的重要使命。利用理工科大学的优势，在必修课、导论课等的设置中加入人文科学、社会科学、自然科学等通识内容，丰富学生的知识储备，对高质量人才进行培养，扩展翻译专业学生视野，为其掌握更多专业知识提供帮助，提升学生的思考能力和品德品性。

其次是立足学院办学定位，兼顾翻译专业本身的特点，突出特色。北京航空航天大学(以下简称"北航")外语学院从 1988 年招收翻译方向硕士研究生，2009 年获批 MTI 学位点，2010 年开设翻译本科专业及 2012 年招收博士研究生，多年来形成了科技驱动专业发展、理论与实践相互融通、提升跨文化交际水平的高效专业特征。对于制定培养方案与动态调整，要以专业教育为基础，强调学生翻译理论，充分利用资源，彰显学院办学特色。

最后是要以学生为本，将学生置于核心位置，强化实践。在"人本"理念的推动下，以学生为中心，让他们有机会最大限度地展示个人的独立性，从而达到知识的积累与技能的增强。老师的角色是推动、引领以及协同的角色，翻译教学正在由以老师为主的传统模式转变为以交际模式为主的模式。根据学生的不同特点，从学生的学习需要出发，发展学生的自主学习能力。丰富实习实践环节。积极拓宽实习渠道，搭建校企联合培养基地，在翻译实践过程中，鼓励学生多收集材料，多思考，多探索。除此之外，制定方案时最大限度地对接市场需求、行业需求和实践内容。

2 教材选编管理

教材是提高教育质量的重要保障。2020年，教育部发布《普通高等学校教材管理办法》，提出“高等院校要将我国相关教材政策落到实处，组建专门的教材领导部门，合理分配教材工作，完善管理教材体系，做好教材遴选、审查、编制和规划等工作。”

在教材选用方面，我们需要清楚地理解翻译课程标准是一个不断变化的过程，教材的选用也不是一成不变的，教师和学生在使用教材的过程中，应当不断地给出反馈。教材编订完成，经过一段时间试行之后，基于对反馈意见的征求来加以修订。同时，尽管教材、新课程标准已实施和发布，但依然可以按照实际应用效果而被予以微调，并且教材内涵会随着教学内容、教育技术、翻译学科等的变化而不断充实发展，从而保证其科学性和系统性。作为教材选用的管理部门，学院应当规范教材选用流程，定期开展调研，组织一线教师队伍和学生参与进来，激发他们的热情，了解教材的编制依据、具体的运用方法、教材的内容等，提出意见和建议，通过吸纳多方意见，选用优质教材。

在教材编写方面，作为管理部门，一方面，应出台激励奖励政策，组织学科方向带头人牵头的学术骨干组建高水平教师队伍，在政策和经费上给予支持，依托学科特点，有针对性地开展教材建设研究，自主编写能够体现学校和专业特色的教材，避免同质化；另一方面，应加强教材的把关和审核，发挥高校职能部门的行政监督与指导职责，组织权威专家指导和审核教材，既包括政治性的审查，也包括专业性、科学性和适用性的审核。

3 教学过程管理

首先，围绕教学任务，倡导探究合作教学法的积极运用。这一教学方法注重围绕教学任务开展翻译教学活动，因为翻译实践性和跨学科性较强，以任务形式组织教学活动有助于增强教学效果。目前任务型教学理念已经比较普及，该方法应用范围较广，无论是翻译理论学习还是翻译实务演练，无论是知识建构还是技能操练，都可以进行任务型合作探究。具体说来，可以围绕某个学习主题，对特定教学目标加以制定，按照一定人数使学生划分为不同学习小组，带领学生遵循相应流程和规则，对各类学习策略、教学资源高效利用，使相应学习活动通过探究合作来完成，获取相应学习成果，符合对应评价要求。例如，在翻译理论课教学中，鉴于翻译理论纷繁庞杂，教师可以采用专题式或人物志式就相关理论问题展开归纳和解释，随后明确学习任务，制定学习要求，将对应学习资料提供给学生，将学生进行分组（4～5 人一组），要求他们在查找资料，咨询专家、互相研讨等的基础上，根据自身体验和思考结果，在一个月内撰写一篇 5 000 字左右的符合学术规范的论文，最后就论文质量如创新性、理论意义与实践意义、语言文字水平、学术规范程度等进行评定，统一记入小组成绩，并作为课堂评估的一部分。这样有助于培养他们的探究能力和合作精神，也在一定程度上提升了他们的科研意识，加深了他们对翻译理论的理解和感悟。

其次，重视互动式教学，营造民主氛围。该教学法适合与多媒体、网络技术等相结合，因为现代教育技术为交互作用提供了更加宽松适合的环境，可以进行双向或多向的师生、学生之间、人机等交流。特别是在讨论具体的翻译技能或者合作完成某项翻译任务时，互联网音频和电子邮件等载体将便捷沟通途径提供给学生的跨文化交流；搜索引擎所能搜到的国内外各学术网站、各大期刊、报纸文摘、引用数据库等提供了大量的资源。如开展口译教学时，要想加强学生间的学习互动，可对各种口译活动诸如商务谈判和国际会议等展开模拟，并借助计算机、教师、其他学生等各方的反馈，使学生找出自身存在的超额翻译和搭配不当等一系列学习问题，使学生能够加以改正。当然，在传统的翻译专题讨论或者讲解式课堂教学中，师生之间、学生之间的及时互动和反馈也有助于活跃翻译课堂气氛，避免理论阐释或技能分析的单一枯燥，促进教学成效。

最后，以学习者为本，倡导自主式教学。依据这一观点，在翻译专业教学中，无论课型（语言知识课、翻译知识课、语言技能课还是翻译技能课）如何，都应该针对学生个人需要，调动学生的学习积极性，与其学习方法、性格特征、年龄特点等因素相结合，结合课堂教学内容来进行学习任务的合理布置，深度融合个别化教学、整体性教学，确保教学目标顺利达成。除此之外，教师需要帮助学生提升个人评价观念，制定学习的首要目标，寻找适合自身的学习策略，让学生可以在力所能及的情况下展开学习控制，为个人学习活动提供科学指导。譬如进行口译技能训练时，教师一方面针对口译的特点对全体学生展开一系列培训诸如跨文化交际技巧、言语类型分析、误译处理对策、数字传译等；另一方面则按照学生认知策略、学习风格、技能知识把握水平等差异，采用同伴教学、分组讨论、角色扮演、翻译工作坊、学习档案袋、成果展示等不同方式激发其主观能动性，使学生乐于知、乐于学。从教学效果来看，在尊重学生学习风格的基础上展开引导，可以为其学习策略的选取提供有效帮助，使其学习成绩显著提升。同时，学生自己也可以在自我反思评价的基础上，选择学习资源（网络、教师、教材、同伴、专家、学术杂志等）或学习方式（讨论式、专题式、演讲式、任务式、探究式等），真正做到自主学习。

4　师资队伍管理

第一，营造良好的师资教育环境，这包括大小环境两个方面。就大的环境而言，从学校层面，要避免形成“只要学英语就能搞翻译，只要会教英语就能教翻译”的错误看法，切实认识到翻译的跨学科性和实践性，了解翻译专业的学科重要性和翻译专业教师的“杂家”性质，理解翻译人才和翻译专业师资的匮乏问题，明确翻译专业教师对翻译人才培养的重要作用，认可并鼓励翻译专业、翻译专业师资的发展，并在政策上给予积极的支持和扶持。就小的环境而言，从院系层面，要从翻译学科发展的高度引进、调整、培植翻译专业师资，并为翻译教师的学历提升和非学历教育提供各方面的支持。譬如，鼓励在职翻译专业教师通过报考博士研究生等方式提高学历，或为翻译教师彼此协作与沟通提供人力、物力、财力等方面的支持。人力方面，如支持相关教师构建教研梯队，老中青、传帮带；物力方面，如提供场地、购置翻译教学平台、翻译软件等设施，鼓励翻译学科和翻译专业师资的发展；财力方面，提供经费支持，鼓励教师参加全国翻译专业教师短期培训工作（包括翻译理论、教育理论、信息技术应用等方面的培训），提供更多翻译专业教师出国进修名额，定期举办翻译教学研讨会、翻译比赛、翻译教学研讨班等，组织观摩各种翻译教学，打造精品翻译教学课程等。全面推行翻译专业教师培训教育活动，坚持请进来走出去的先进思想，倡导翻译专业教师加入不同类型的学术会议中。

第二，健全教师评价制度，使翻译专业的教师得到合理评价，倡导其展开大量实践与科研活动。相对其他专业老师而言，翻译专业教师所面临的经济诱惑更大（譬如外出兼职兼课、笔译口译等），因此一方面要理解他们的困难，另一方面也要有一定的约束机制，建立学生、教师、行政领导、专家学者等管理机制，既不能仅以科研成果定量评析，忽视教学质量，也不能仅重视教学时数，忽视科研积累。一方面要考虑到科研成果（如项目、著作、论文等）的学术层次、质量和数量，另一方面要考虑到教学成果（如学生反馈、教学模式建构、教学改革项目等）的水平，同时综合翻译专业教师的教学态度、教学技能、教学内容、教学创新等各方面因素，结合专家、领导、学生等意见对教师进行客观评估。只有这样，才有助于增强教学效果，提升教师的整体教研能力。

参考文献

[1]　王华树，刘世界. 智慧翻译教育研究：理念、路径与趋势[J]. 上海翻译，2023(03)：47-51+95.

[2]　杨冬敏. MTI教育与翻译资格考试的衔接：现状与建议[J]. 北京第二外国语学院学报，2023，45(02)：48-59.

[3]　张琳萍. 河南省高校翻译人才培养模式研究[J]. 漯河职业技术学院学报，2022，21(01)：94-98.

[4] 欧阳晨曦.基于PBL模式的法语翻译教学研究[J].科教文汇,2021(35):190-192.
[5] 邵雷.人工智能背景下大学日语翻译管理系统实践研究[J].大众标准化,2021(14):174-175+178.
[6] 胡安江.翻译专业教学管理与人才培养:新趋势、新变局与新思路[J].中国翻译,2021,42(01):68-74+191.
[7] 刘和平.远程翻译专业教学管理的创新与发展[J].中国翻译,2020,41(06):66-68.
[8] 吴耀武.疫情背景下的翻译教学改革与学科创新发展[J].中国翻译,2020,41(06):61-65.
[9] 王斌华.疫情之下的英国利兹大学远程翻译教学管理[J].中国翻译,2020,41(06):75-76.
[10] 关晓薇.翻译专业学生"语言服务能力"培养体系的构建[J].西部素质教育,2020,6(07):188-189.
[11] 杨旭明,杜舸.生命化教育视角下的民办高校英语专业翻译课程PBL教学方法研究[J].湖北开放职业学院学报,2020,33(06):188-189.
[12] 刘岩.混合式学习模式下商务英语翻译智慧教学的建构与实践[J].高教学刊,2019(20):110-112.
[13] 康晓芸,甄艳华.基于"互联网+"的英语专业翻译课程教学管理模式研究[J].吉林省教育学院学报,2019,35(09):86-89.
[14] 史斌.浅谈如何提高高校英语翻译教学的有效性[J].现代交际,2019(13):188-189.
[15] 许娇.以茶故事翻译为例探究微组织教学模式在高职实用英语中的创新设计[J].福建茶叶,2018,40(12):372.

基于 PTS+DTS 的本科翻译课程思政教学研究[①]

胡　健[②]

摘　要：思政文本及其译文的可及性与丰富性要求本科翻译思政教学创新规定性翻译（PTS）模式，并融合描述性翻译（DTS）研究范式，形成 PTS+DTS 教学模式。本研究以本科翻译专业课程《英汉互译》为例，对接学生学业、毕业与就业，提出 DTS 导向的 PTS 教学创新与 PTS 面向的 DTS 教学探索两大路径：前者旨在树立检索为核心的创新 PTS 理念，分享原文译文检索来源、平行文本与检索方法，建立作业互评与分享体系；后者按教学、观察、描写与阐释四个阶段，通过研读相关文献，制作语料库，教师与学生小组可从不同理论视角分析原文译文背景因素与建构影响。

关键词：课程思政；本科翻译课程；PTS+DTS

PTS+DTS-Based Ideological and Political Education in Undergraduate Translation Teaching

Abstract: The accessibility and richness of ideological and political texts and their translations spur the innovation of prescriptive-translation-studies (PTS) teaching mode in undergraduate translation courses, to form PTS+DTS teaching mode by integrating the research paradigm of descriptive translation studies(DTS). With a case study of *The Translation between Chinese and English*, an undergraduate translation course, this paper, in the interests of students'

① 基金项目：北京市共建项目专项资助；中央财经大学“十四五”校级一流本科课程立项建设项目“英汉/汉英笔译（英汉互译）”、中央财经大学教育教学改革基金 2022 年度课题《理解与翻译当代中国经济：思政导向的本科翻译课程 PTS+DTS 融合教改路径研究》（2022XYJG68）阶段性研究成果。

② 作者简介：胡健，博士，中央财经大学外国语学院讲师，研究方向：语料库翻译学、外交翻译，电子邮箱：hujian2017@foxmail.com academy, graduation, and employment, proposes two paths: DTS-oriented PTS teaching innovation and PTS-oriented DTS teaching exploration. The former aims to establish the innovative PTS with online search as the core by sharing the search sources, parallel texts and skills for source texts and translations, with a peer review and sharing system of assignments; the latter, in four stages of teaching, observation, description, and interpretation, involves reading literature, creating a corpus, and analyzing the backgrounds and influences of source texts and translations from different theoretical perspectives by teacher and student groups.

Keywords: ideological and political education; undergraduate translation course; PTS+DTS

1 引 言

翻译研究可大致两分为规定性研究(Prescriptive Translation Studies,以下简称 PTS)与描述性研究(Descriptive Translation Studies,以下简称 DTS),前者侧重如何翻译(how to translate),后者关注从各种跨学科理论视角阐释翻译文本或现象,回答现实中翻译是怎样的、为什么是这样的翻译(what and why is this translation)。因此,如果从翻译研究看翻译教学,传统翻译教学主要可认为是 PTS 模式,即教师教授学生翻译方法策略,其中 DTS 部分较为局限于教师在文本文化层面单向地向学生讲解原文译文。

随着翻译课程思政理念提出与"三进"工作展开,并且思政文本基本能找到权威译文,打破了传统 PTS 翻译教学模式中教师知道参考答案、学生不知答案的"信息茧房",这就要求师生超越文本,深入原文产生的政治、经济、社会背景,借助不同理论视野双向阐释译文的形成与影响。换言之,翻译教学课程思政不能简单等同于翻译思政文本,应在创新 PTS 模式基础上融合 DTS 元素,即将现有权威译文作为客观现实,侧重探索语言文字转换后的政治、外交、经济、科技、社会等因素,从而让师生通过思政翻译深入理解当代中国。课程思政是引领翻译专业建设契机,有利于增强高层次翻译人才培养中的国家意识与研究性教学(查明建 2021:77-80)。

当前翻译课程思政教学研究关注翻译课程思政设计、思政元素挖掘与思政模式建构。司显柱(2021:97-103)区分了英译汉与汉译英教学课程思政异同,强调"润物无声"融思政教育于翻译技巧、策略和方法讲授;王田、童亚星(2021:27-31)探讨了《习近平谈治国理政》"三进"外宣翻译课程中的思政一体化,充分挖掘显性和隐性思政元素;张静(2023:106-112)探索了内容与语言融合式翻译课程思政教学模式。此外,基于本校本院的校情院情,学者们总结了北京外国语大学(贾文键,2021:65-69)、北京第二外国语大学(程维,2021:57-60)等实践模式,其特点均是翻译思政混合式教学。

以上研究体现出 PTS 与 DTS 结合,但探讨视角较为宏观,课程教学设计及个案模式具有院校特色,普适性略显不足。同时,研究一般以教师为主导主体,少有从学生角度,将思政元素关联学生专业、学业、毕业。因此,以下以某财经院校英语本科大三课程《英汉互译》为例,《理解当代中国》系列之《英汉翻译教程》为教材(以下简称教材),探索翻译课程思政的 PTS+DTS 融合模式。

2 PTS+DTS 对接本科学业、毕业、就业

在经过两年听说读写译基础训练后,大三英语或翻译本科生掌握了一定阅读、写作与翻译基础,但随即面临学业进阶、毕业论文、就业求职的需求与考验。

学业上,本科生学习逐步从习得向研究进阶,知识由教材内向教材外扩展,但当前学界理论研究学术话语门槛较高,如学业上升时期缺乏引导或抓手,可能拉大理论与实践的差距,造成本科翻译教学、教改与教研的脱节。

毕业上,本科即将面临毕业论文开题与写作,而不少本科生缺乏学术意识与写作经验,"科研"仅限于"百度搜索""百度百科""有道词典"等,盲目使用理论,而且无法区分翻译的规定与描写取向,出现理论无法指导实践、不同某理论也能得出某译文的"两张皮"现象。

就业上,本科生未来从事语言服务工作与非文学翻译居多,而传统 PTS 模式侧重文学翻译,这就需要学生逐步接触真实非文学翻译活动,尝试通过相关理论理解原文与译文,进而建构性了解当下社会,鼓励学生学术深造。

综上,《英汉互译》采用 PTS+DTS 教学模式以教材时政文本及其翻译为线索,鼓励师生挖掘教材外思政平行文本与课本外思政翻译资源,串联教材内外文本,技术性复用语料,共同分析原文,研究权威译文,对照权威译文,翻译时政文本,实现翻转课堂,提升翻译实践能力和科研素养。

① 提升学生学业:针对传统 PTS 下本科生习惯于被动接受教师传授,等待"标准"答案,利用学生网络化、碎片化的自学习惯,以教材思政文本为抓手,传授查询原文背景、译文来源、译文互证的渠道资源,创新 PTS 教学。同时,教授学生学用、研制单语或双语思政翻译术语库、语料库、记忆库,奠定本科翻译教学的机器翻译、自然语言处理、人工智能基础。

② 提质学生毕业:师生通过 DTS 途径开展话语分析、叙事方式、形象建构等跨学科研究,查找理论依据、平行文本,观察、描写、阐释思政翻译文本,提升 DTS 翻译研究向翻译教学转化落地,探索思政翻译的 DTS 教改路径,激发学生课程与毕业论文灵感,对于学有余力、有志学术的学生有所学术启蒙,助力 MTI(翻译硕士)、DTI

(翻译博士)或跨学科深造。

③ 提高学生就业:翻译本质是一种文本细读(close reading),而思政文本的语境往往超出文本层面,故对其解读势必延伸至文本外,分析翻译背后的政治、经济、外交、文化等社会因素。这也是理解当代中国的翻译路径。因此,PTS+DTS 有助学生将学界理论观点、党政报告一线专家实践经验与业界研发的各类工具、语料库、术语库,运用到未来求职、就业、工作之中,提高学生思政素养,熟悉内外宣话语与传播规律,掌握思政等非文学文本写作与翻译,扩宽管理、营销、教职、研发等就业方向。

3 PTS+DTS 融合的翻译课程思政教学路径

由于教材上思政文本(节选)基本都有对应权威译文,参与翻译课程思政教学的师生事实上处于同一 DTS 语境内,即思政原文(全文)与权威译文(比如"农村包围城市"等经典表述)已经成为客观事实,加之本科生缺乏翻译实践经验与思政素养,他们拿到思政原文或类似文本后不应盲目马上翻译前。思政翻译实践问题在于学生直接上手翻译,是否找到原文出处与权威译文。事实上,当前各大官媒在互联网上公布传播思政文本及翻译,而各类自媒体也在转发保存这些宝贵的双语语料资源,可谓当下大数据与信息时代对于 PTS 传统教学提出的挑战与机遇,因此 DTS 导向的 PTS 教学创新的核心是树立"翻译是查出来的"理念。

思政之于翻译教学的意义不应止于如何翻译实践(PTS),也需关注翻译实践的现实影响与建构意义(DTS)。围绕思政翻译的译前、中、后,现有大量学术文献、报道、访谈研究思政翻译的来龙去脉与影响建构,为思政翻译教学的 DTS 三阶段(观察、描写、阐释)提供了学术资源与正副文本。语料库翻译学则为观察分析思政文本及翻译提供了定量分析方法与工具。所以,本科翻译教学思政不应局限于字词句篇层面,而是关注字词句篇层面背后的社会、历史、文化、政治、外交、经济等因素。同时,关注思政译后的形象建构与传播影响也是翻译理论对于翻译实践的理论关照。因此,通过教师讲解和学生翻转课堂,采用启发式、研究性、多案例式等教学方法,学生以小组为单位,以政治、经济、外交等某一领域翻译入手,与话语、叙事、修辞、形象等学科结合,师生合作探索 PTS 面向的 DTS 教学,实现学生学研同步、练赛一体,教师教改融合、教研互哺。

3.1 DTS 导向的 PTS 教学创新

DTS 导向的 PTS 教学创新旨在树立"翻译是查出来的"理念,提高学生"搜商",掌握原文与译本挖掘、整理与分析,教师应该既要"授之以鱼",也要"授之以渔",更要

“授之于域”，实现“举一反三”与“个案体系”，培养学生信息素养，丰富 PTS 教学路径。

“授之以鱼”即分享权威思政文本及权威译文来源，如中央编译局、国务院新闻部、外交部、新华社等官方渠道以及英文巴士等自媒体，查证教材原文的全文，了解原文背景(作者、时间、地点、出处等信息)，加深原文理解。此外，推荐中国特色话语对外翻译标准化术语库、联合国多语言术语库(UNTERM)、术语在线(termonline)、中华思想文化术语库、中国关键词等术语库或平台，方便学生直接检索相关政经、科技、文化类表述。以“农村包围城市”为例，可以搜索中国特色话语对外翻译标准化术语库，得到权威译文 to encircle the city with the country。

“授之以渔”即传授翻译检索技巧。对于在上述平台中检索不到的情况，中译英时可使用 half-half 检索原则，即 half English(half you know)and half Chinese(half you do not know)，能够翻译的用英文表述，无法翻译保持原中文，形成半中半英的检索关键词。仍以“农村包围城市”为例，可知道(可译)的是“农村”与“城市”，分别是 country 和 city，不知道(或不好译)的是“包围”则保留，形成关键词“农村包围城市 country”或“农村包围城市 city”，可在百度或 bing 中检索到中国关键词和中国日报·英语点津等来源的译文。

“授之于域”即培养学生平行文本意识。《习近平谈治国理政》(四卷)、二十大报告、历年政府工作报告、领导人主旨演讲、新年贺词、国务院白皮书等原文及英译均可视作思政翻译的平行文本。研读平行文本及其翻译加深教材原文及其译文理解，提高学生思政认知，为翻译类似思政文本奠定基础。同时，检索研读过程中，批判性关照国外媒体、智库或政府等相关报道、报告或表述。

“举一反三”即教材内容配合平行文本，支持合作翻译。根据教材对于思政文本在字词句篇特点的总结，以国务院政府工作工作报告为平行文本与权威参考，学生以籍贯分组，合作翻译籍贯省份的地方政府工作报告。学生了解本地省市风土人情，故理论上更能理解原文。对于学生译文，采用师生共评模式，即学生同辈互评(peer review)在前，老师评价(teacher review)在后，既评价原译学生(student translator)的译文及检索过程，又反馈评价学生(student reviewer)的点评与 DTS 检索成果，形成学生、伙伴、老师的三方互评互动。同时，积极练赛结合。鼓励学生参与各类口笔译比赛(如“理解当代中国”多语种国际翻译大赛)以及 CATTI 二、三级口笔译考试，检验教学与训练成果，做到实操与模拟的实践融合。

“个案体系”即形成思政翻译作业个案体系。以往学生上交纸质作业(本)或每次作业提交一次的电子文档，两种作业不易保存且零散，我们要求学生的作业集中于一个文档(每次使用同一文档上交作业，标注上交时间，上交作业内容写在上次作业的下一页)，形成个人作业体系，方便回顾查看复习之前作业及批改，如同错题集。

学生在搜索查证过程中收集到术语、地道表达及权威原译文，采用中英对照形式，上传原文、译文(或自译)、出处至金山文档等在线编辑文档，即集中于同一个

excel 表格中，教师审核修订原文、译文，实现师生跨时空或同时空查看编辑，有利于树立学生语言资产意识，积累个人与集体语言资产。学生可查阅自己及同学的语言资产，给出批注建议，有利于学生之间信息互通、知识互助，实现作业增值，也供后辈学生学习并持续扩容。

3.2 PTS 面向的 DTS 教学探索

PTS 面向的 DTS 教学探索分为教学、观察、描写与阐释四个阶段。

教学阶段，教师依据教材，总结讲解中国时政文本句法（无主句、流水句、排比句、长句等）、修辞（比喻、反复、排比、对偶、用典）、语篇（隐性衔接和语义连贯）等特点，要求学生根据“授之以鱼”与“授之于域”，自行查找其他时政文本，比对观察教材上总结的文本特征。

观察阶段，师生以教材书面翻译为原点，辐射党政报告、时政演讲等不同时政文本，甚至图片、影视字幕等多模态文本或话语翻译。针对学生的碎片化学习习惯，鼓励学生下载使用学习强国、新华社、中国日报等客户端，关注外交部、CGTN 等官方融媒的微信公众号，微博及哔哩哔哩（Bilibili）等移动网络资源和网络社交平台，发挥学生主观能动性，阅读思政相关报告、白皮书、视频等平行文本。激发学生兴趣，分为若干小组，分别关注政治、经济、外交、军事等领域，或将学生分类为修辞、话语、形象、文化、传播、叙事、多模态等学术兴趣小组，进行多个案研究。

描写阶段，以语料库翻译研究方法为基底，教授学生把思政原文与官方译文、思政原文与学生自译，分别建立句级对齐的翻译记忆库：官译子库与自译子库，实现原文—官译—自译横纵向对比，后续可继续扩容两个子库的原文与译本，通过检索关键词与观察索引行，共时观察官译、自译译本异同，历时梳理译文变迁。比如，“小康社会”这个术语在同一或不同党政文件之间（如党的十八大、十九大和二十大报告）的概念更迭和译法异同。此外，两个子库还可衍生制作时政关键术语库、时政话语语料库、自译错译案例库。

阐释阶段，教师根据自身研究背景或专长，引入修辞学、话语分析、形象学、跨文化、传播学、叙事学、多模态话语分析、知识翻译学、译者行为批评等学界理论与分析方法。针对各小组的研究兴趣，教师指明研究方向与讲解理论原理，指导学生分析思政原文或译文。例如，思政图片翻译与宣传片字幕翻译，教师可引入多模态及多模态翻译理论与经典案例，分析图、文、音频、视频等多种模态之间搭配与交互关系对于视听翻译与字幕翻译的影响。

其次，教授学生在知网、万方、Web of Science、Google Scholar 等学术数据库下载研读相关权威期刊论文，关注思政文本翻译相关的译员采访、新闻报道，按照先中文再英文、先经典再前沿的文献研读顺序，熟悉所在小组的研究方向与相关理论。一方面，可引领学生初识当前翻译研究趋势。例如，翻译文本从单模态转向多模态文本、个人翻译实践转向国家翻译实践，文学与文化翻译到非文学翻译、学科知识的翻译加工传播、本地知识向世界知识翻译生产。另一方面，通过批判性研读相关文献资料，各小组结合上述语料库检索索引和文本细读原文所发现的原译文特征、规律，从不同理论视角分析原文与译文，溯因文本语境、历史国情，有助于定性定量结合地探究原文来龙去脉与官译翻译背景、阐释译文及其变化，反映当代中国社会变迁，验证支持小组观点。

最后，分析翻译后的思政话语如何讲述思政叙事，思政叙事如何建构国家与政党形象，叙事与形象如何跨文化转换与多模态传播，对比中外语言文化、社会历史差异，借助理论反观翻译实践。例如，我国提出“大国外交”，其中“大国”不能译为 power，因为该词暗指强势国家或军事力量，如采用该译法，相当于译文建构了中国强势国家形象。但按字面译为 major-country diplomacy，容易被理解为“大国之间的外交博弈”(diplomacy among major countries)，故可试译为 China's Diplomacy as a Major Country，(徐亚男，2022：1-2)，意为作为大国的中国的外交，中性译法建构中立客观的大国形象。

通过教师讲解、学生自学与小组展示(presentation)，启发学生科研兴趣，完善课程论文或投稿期刊论文，最终形成毕业论文，或与导师合作，参加国内外学术研讨会议，宣读论文，为硕博申请奠定学术基础。启发学生把小组 DTS 联系个人就业选择或职业发展。比如，上文提到的多模态思政文本，学生可引用大众传播学 7W 传播要素理论：谁、向谁、透过什么渠道、说了什么、有什么效果、在什么情况下、为了什么，探索视听翻译与字幕翻译的 7W 模式，对接政府、企业外宣等岗位，有助翻译科研在工作中得到用武之地。

通过学生反馈与小组展示，教师可深化理解、翻译和研究当代中国，促进思政与话语分析、修辞学、叙事学、形象学、传播学、翻译学等跨学科融合，鼓励教师将自身科研与教学思政建设的热点、重点、难点相结合，申报相关论著、教学、教材、译著等课题项目。

4 结 语

在当前大数据与信息时代，翻译课程思政文本、平行文本及其译本可及性和丰富性，对于传统教师主导的单向性知识传授型 PTS 教学模式既是挑战，也是机遇，要求本科翻译教学研改对接学生学业、毕业和就业，引入 DTS 科研流程，形成 PTD＋DTS 两大融合路径。

DTS 导向的 PTS 教学创新，树立“翻译是查出来的”理念，溯源教材原文，掌握相关语料库、术语库与检索技巧，搜索权威译文，阅读平行文本，学会“举一反三”将课程教材所学推广至其他思政平行文本翻译，培养学生信息检索能力。学生参考教材所学与平行文本，练习翻译类似思政材料，作业采用师生共评，形成个案体系，实现语言资产增值。

PTS 面向的 DTS 教学探索，按照教学、观察、描写与阐释四个阶段，首先依据教材总结，观察单、多模态平行思政文本字词句篇特点，借助语料库翻译学，制作双语平行思政语料库，而后观察描述译本异同、历时梳理译文变迁，同时根据多个学生小组的研究兴趣，引介话语分析、修辞学、传播学、叙事学、形象学等理论，师生共同分析原文译文，定性与定量阐释背景因素和建构影响，搭建"话语-修辞-叙事-传播-形象"的教研共同体。由此激发学生课程论文、毕业论文灵感，扩展学术视野、求学深造，融思政与科研、教学为一体，丰富师生教学与教研互动，实现教研融合、教学创新、教学相长，推进"三进"工作。

参考文献

[1] CHENG Wei. Principles and skills with knowledge and action: thinking and practice of ideological and political education in translation courses[J]. Chinese Translators Journal, 2021(4):57-60.

[2] JIA Wenjian. Plan the ideological and political education with the characteristics of the translation profession--a case study of BFSU's practices of the ideological and political education in the translation bachelor's and master's professional courses [J]. China Translators Journal, 2021(5):65-69.

[3] SI Xianzhu. Ideological and Political Education in Translation Teaching: Concept and Practice [J]. China Foreign Languages, 2021(2):97-103.

[4] WANG Tian, TONG Yaxing. Integration of Ideological and Political Education in the Courses Based on Xi Jinping: The Governance of China in Universities, Textbooks and Classrooms[J]. Foreign Languages and Literature, 2021(5):27-31.

[5] XU Yanan. Faithful to Source Text and Bridging China and the world: a case study of the English translation of Xi Jinping: The Governance of China [N]. Chinese Journal of Social Sciences. 2022-10-27.

[6] ZHA Mingjian. Guiding the connotation construction and innovative development of translation profession with curriculum ideology and politics[J]. Chinese Translators Journal, 2021 (5):77-80.

[7] ZHANG Jing. Constructing an integrated teaching mode of moral and political education in translation courses[J]. Contemporary Foreign Language Studies, 2023(2): 106-112.

基于FAR模型的机器翻译字幕质量评估研究

——以北京航空航天大学公开课"航空航天概论"的字幕翻译为例[①]

陈科迅[②]　王晨爽[②]

摘　要：随着视听翻译产品数量的激增和翻译技术的飞速发展，智能协同翻译平台应运而生。其中，"人人译视界"云视频译制平台已被广泛应用于字幕翻译。本文基于FAR语际字幕质量评估模型，以北京航空航天大学公开课"航空航天概论"的机翻字幕为研究对象，从功能对等、接受程度、阅读体验三个方面评估"人人译视界"的机翻质量。进而提出四点优化建议，包括增强机翻系统稳定性、提高语境理解能力、增加网络翻译搜索引擎接口和强化语义切分技术，以期提高机器字幕翻译的质量。

关键词：人人译视界；FAR模型；质量评估

A Study on the Quality Assessment of Machine Translated Subtitles Based on the FAR Model: Taking the Subtitle Translation of "Introduction to Aeronautics and Astronautics" Public Course of Beihang University as an Example

Abstract: With the proliferation of audiovisual translation products and the rapid advancement of translation technology, intelligent collaborative translation platforms have come to the forefront. Among these, the "Renren Yishijie" translation platform has gained widespread popularity for subtitle translation. This

---

① 基金项目：北京市共建项目专项资助。

② 作者简介：陈科迅、女、北京航空航天大学研究生在读，研究方向：计算机辅修翻译、视听翻译，zy2312101@buaa.edu.cn；王晨爽、女、北京航空航天大学副教授，研究方向：文学翻译，符际翻译 chenshuangwang@buaa.edu.cn paper focuses on evaluating the quality of machine-translated subtitles on the "Introduction to Aeronautics and Astronautics" public course of Beihang University. Adopting the FAR model, this evaluation covers three perspectives: functional equivalence, acceptability, and readability. In light of the evaluation results, four optimization recommendations are presented, including enhancing the stability of the machine translation system, bolstering contextual understanding capabilities, integrating interfaces with online translation engines, and reinforcing semantic segmentation technology.

Keywords: "Renren Yishijie" translation platform; FAR; translation quality assessment

1 引 言

随着互联网技术的进步和移动设备的普及,大量的视听材料迅速在全球范围内传播。人们对视听材料的需求与日俱增,这不仅加速了国外视听材料的引进,同时也对视听文本的翻译速度和翻译质量提出了新的要求。在信息化时代,AI听译和神经网络机器翻译等技术取得了巨大进展,提高了字幕翻译的效率,为国际传播提供了便利。随着全球数字化媒体的快速增长和跨国交流的增加,视频译制平台成为满足多语言需求的重要工具。在线视频平台如YouTube、Netflix、TED等,已经能够利用机器字幕翻译为视频内容生成多语言字幕。一些优秀的译制软件,如Aegisub、ArcTime、Adobe Premiere Pro等,也推出了机器字幕翻译功能,大大提高了字幕翻译的效率。作为国内领先的视听翻译工具,"人人译视界"是一款结合了AI技术的智能协同译制软件。本研究以北京航空航天大学"航空航天概论"公开课的机翻字幕为研究对象,利用FAR语际字幕质量评估模型(以下简称FAR模型),构建机翻字幕质量评估模型(以下简称FAR机翻模型)对"人人译视界"软件的机翻质量进行评估,以期对译制平台研究有所帮助。

2 机器翻译字幕质量评估研究现状

近年来,神经机器翻译(NMT)已成为主流的机器翻译方法,其使用神经网络模型进行自动翻译,能够更好地处理翻译问题。研究者们通过改进神经网络模型的结构和训练方法,提高了机器翻译字幕的质量和效率,如通过改进注意力机制和增加神经网络的层数,大幅度提升了神经机器翻译的性能。随着多模态数据的广泛应用,研究者们开始将图像、视频等多模态信息纳入机器翻译字幕的研究范围。多模态方法不仅能够提供更丰富的上下文信息，还能够产生更准确、更形象的翻译效果。

与机器字幕翻译技术和研究的蓬勃发展相比，关于机器字幕翻译质量的学术研究相对滞后。视听翻译强调信息载体的多样性和信息传播的多渠道化，翻译人员需要处理来自视觉和听觉双通道的信息，并同时处理语言和非语言信息。视听翻译的独特性使得其质量评估变得更加复杂和困难（王建华、李静，2020）。由于量化评估模型在客观性和可操作性方面具有一定的优势，视听翻译质量评估已成为国外翻译研究的一个热点，近年来相关研究数量大幅增加。翻译质量标准早在21世纪初就已成为国内翻译学界研究的重要内容之一（许钧，穆雷，2009：86），但国内视听翻译质量评估研究主要以定性评估为主，量化评估研究的数量尚显不足。

当前视听翻译量化评估的研究主要集中在翻译产品上，现有评估模型多采用错误扣分制，即识别、归类、权重设定和扣分来评估译文质量（王建华、李静，2020）。瑞士本地化行业标准协会（LISA）于1995年在其官网发布了质量评价标准（LISA QA model），该模型提供了一套标准和度量标准，用于评估翻译的质量。基于该模型，学者继续构建产品导向的视听翻译量化评估模型。为评估语内实时字幕的准确度，罗梅罗·弗雷斯科（Romero-Fresco）于2015年提出了NER模型。在此基础上，简·佩德森（Jan Pedersen）于2017年提出了更适用于语际字幕质量评估的FAR模型，认为字幕翻译的评估应关注非实时语际字幕。FAR模型创造性地将字幕翻译的技术规范设定为可读性参数，并纳入量化评估指标中，同时也为模型应用于机器翻译质量评估提供了可能（王建华、李静，2020）。总体来看，在机翻字幕的理论研究方面，国外学者对量化评估理论进行了多方面的探索，但评估对象主要是人工生成的字幕，未能针对人工翻译和机器翻译设定不同的参数，目前专门针对机翻字幕质量的评估模型并不多见。因此，如何构建机翻字幕质量评估模型是一个值得思考的课题。本文拟采用FAR模型，基于机器字幕翻译的特点，对模型的维度进行新的构建，用以评估"人人译视界"平台机器字幕翻译质量。

3　FAR字幕质量评估模型的介绍

3.1　FAR模型

佩德森创建的FAR模型，将翻译错误归为三个维度：功能对等（functional equivalence）、可接受性（acceptability）、可读性（readability）。三个维度中的错误分类共计八个，其中功能对等层面主要包括语义错误（semantic errors）和文体错误（stylistic errors）；可接受性层面评测译文符合目的语语言规范的程度，包括语法错误（grammar errors）、拼写错误（spelling errors）和表达错误（idiomaticity）；可读性层面涉及字幕翻译的技术规范，考察分段与呈现（segmentation and spotting）、标点与字体（punctuation and graphics）、阅读速度与字幕字数（reading speed and line length）。佩德森将质量评估的最小单位设定为字幕本身（1～2 行），这样不仅能保证意群的完整性和相对独立性，还能提高评估模型的可操作性（Pedersen 2017：216-217）。FAR 模型详细介绍了轻微错误、严重错误和重大错误的判断依据和主要表现形式。轻微错误（minor errors）是可以忽略不计但会让“完美主义者”烦恼的小错误；严重错误（standard errors）会阻碍但不会影响观众对字幕的理解；重大错误（serious errors）则会使观众不知所云，影响观众对一两行字幕乃至整个视频内容的理解。在八个错误分类中，语义类错误影响较大，扣分比其他类错误要多。语义错误的判罚分分别为 0.5 分、1 分、2 分三个等级；而其他类型错误的判罚分则为 0.25 分、0.5 分、1 分。字幕质量的计算公式为：FAR＝（N-F-A-R）/N×100％，其中 N 指字幕数量，F、A、R 为三大错误类型的总扣分。

3.2 FAR 机翻模型的构建

FAR 模型的优势在于将字幕翻译技术规范设定为可读性参数，并界定了错误的判断依据和主要表现形式。但是由于错误判断存在一定的模糊性，在判断错误程度及扣分过程中评分人的主观性将会影响最终得分。因此，本研究在 FAR 模型的基础上进一步明晰错误判定，同时考虑到机器翻译自动化和规范化的特点，对 FAR 机翻模型给予重构，如图 1 所示。

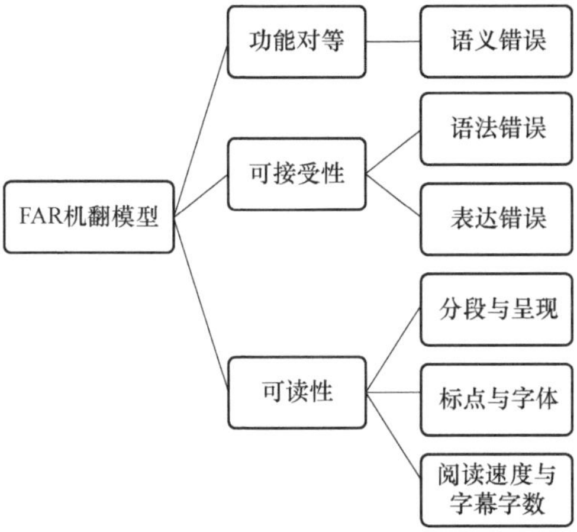

图 1　FAR 机翻模型

在功能对等层面，语义错误是 FAR 机翻字幕评估的重点。轻微的语义错误是词汇选择错误，如术语错误，这种错误不会影响理解，没有特定知识背景的观众可能不会发现此类错误。严重错误是指字幕语义不准确，但观众仍然能够根据上下文推断其正确的释义，因此不会影响观众对整体内容的理解。重大错误是指观众完全无法理解该字幕，且该错误可能会误导观众，并影响到整体的观影体验。需要提及的是，本研究建构的FAR机翻模型只考察语义错误，不考察文体错误。从文体角度来看，公开课视频中的语言表达自然、流畅，没有明显的口音或方言。教师授课语言保持中性，没有明显的情感色彩或偏见。视频内容与现代社会和文化息息相关，基本不存在古代或历史性元素。而且，相对于德语、法语和俄语等其他语种，中文不存在变格。综上原因，本研究涉及的字幕翻译不需要特别区分文体，因此对文体错误不予考察。

在可接受性层面，FAR模型考察语法错误、拼写错误和表达错误，而FAR机翻模型只考察语法错误和表达错误。语法错误可分为两类：明显的语法错误和轻微的语法错误。前者能够被绝大多数观众立刻发现，如主谓不一致、时态不一致等。后者有时可以忽略不计，比如混用whom和who、混用less和fewer等。人工智能生成内容（AIGC）在拼写方面表现非常好，拼写错误极少，且在本研究中出现的拼写错误为零。因此，FAR机翻模型不考虑拼写错误。佩德森认为惯用表达（idiomaticity）不仅指代习语或惯用语，更是指语言的自然运用，即翻译应该选择合适的词汇和表达方式，让母语者感到自然，文本的可接受更高。因此，佩德森指出“表达错误”应对所有不地道、生硬的语言表达扣分（2017:221）。佩德森未对表达错误的错误程度进行定义，本研究认为普通词汇的表达错误可视为轻微错误，习语或修辞的表达错误可视为严重错误。

在可读性层面，FAR机翻模型同样考察分段与呈现、标点与字体、阅读速度与字幕字数。分段与呈现错误是指翻译过程中信息的语义或句法结构被错误拆分，导致翻译输出的连贯性出现问题。在字幕翻译中，源语文本通常是一段未加标点的连续句段，机器需要将其分割为更小的单元，如短语或句子进行处理。机器在进行文本拆分时可能无法正确识别出句子之间的语义或句法关系，进行错误拆分从而导致翻译输出不准确或不连贯，影响了观众的阅读体验。佩德森并未明确界定错误严重程度的评判标准，因此在本研究中笔者界定轻微错误为单行字幕内的错误拆分，严重错误和重大错误分别为两行和多行字幕内的错误拆分。关于标点与字体错误，本研究将轻微、严重和重大错误分别界定为单行字幕里出现一处、两处或多处错误。在阅读速度与字数设定错误中，佩德森建议字幕速度标准为15字符/秒，随着字符/秒（cps）的增加，错误程度逐渐加重，当字幕的速度达到20字符/秒时，大多数人可能会全部注意力都放在阅读字幕上。因此，本研究界定20～25字符/秒为严重错误，而超过25字符/秒则视为重大错误。

4 FAR机器翻译模型下的字幕质量评估过程

4.1 平台简介与文本介绍

“人人译视界”由武汉译满天下科技有限公司研发，是国内领先的智能协同翻译平台，拥有丰富的视频译制经验与亿级语料资源。该平台实现了智能听译、智能识别画面字幕、机器翻译、直播翻译、字幕编辑等功能。本研究使用到的平台功能依次为：智能识别画面字幕、智能打轴、机器翻译。将下载后的视频导入“人人译视界”平台，选择智能识别画面字幕功能，平台将利用光学字符识别技术（OCR），自动提取视频画面的文字并生成字幕。然后，选择智能打轴功能，将字幕文稿与视频语音时间自动对其，并生成时间轴，最后使用一键翻译功能，将中文字幕通过机器翻译生成对应的英文字幕，并导出ASS格式字幕。

“航空航天概论”是北京航空航天大学最具历史底蕴和航空航天特色的课程之一，2004年该课程先后被评为北京市精品课、国家级精品课、国家级精品视频公开课，教学质量和学术水平均处于国内领先水平。课程主讲教师为北航航空科学与工程学院的杨超教授。该课程以介绍航空航天的基本知识为主，内容丰富，知识难度适中，科技术语丰富。本研究选取公开课前五节（《航空航天的概念及其作用》《世界航空发展》《世界航天发展》《中国航空发展》《中国航天发展》）作为研究对象，其视频时长为156分14秒，字幕总计2 587条，授课语言为标准普通话，语速适中、语法规范，音质清晰无杂音。

4.2 字幕质量评估

本研究以FAR机翻模型为基础，利用“人人译视界”对航空航天概论课公开课的机翻字幕进行了测评，统计机翻字幕的扣分情况并根据计算公式得出“人人译视界”机翻字幕得分为67.5分（见表1）。

表1 “航空航天概论”课程字幕机翻错误统计

<table>
<tr><th colspan="2">错误类别</th><th>错误程度</th><th>错误个数(扣分)</th><th>错误占比/%</th></tr>
<tr><td rowspan="4">功能对等</td><td rowspan="3">语义错误</td><td>轻微</td><td>69(34.5)</td><td rowspan="4">26</td></tr>
<tr><td>严重</td><td>63(63)</td></tr>
<tr><td>重大</td><td>59(118)</td></tr>
<tr><td colspan="2">总　计</td><td>191(215.5)</td></tr>
</table>

续表 1

错误类别		错误程度	错误个数(扣分)	错误占比/%
可接受性	语法错误	轻微	37(9.25)	4
		严重	21(10.5)	
	表达错误	轻微	57(14.25)	
		严重	9(4.5)	
	总　计		124(38.5)	
可读性	分段与呈现	轻微	43(10.75)	70
		严重	35(17.5)	
		重大	72(72)	
	标点与字体	轻微	25(6.25)	
	阅读速度与字幕字数	轻微	137(34.25)	
		严重	232(116)	
		重大	329(329)	
	总　计		873(585.75)	

由表 1 可知,可读性层面是机翻字幕的主要失分维度,扣分个数近 900 个,扣分量近 600 分,约占扣分总数的 70%;其次是功能对等层面的错误,扣分个数约为 200 个,扣分量为 215.5 分,扣分占比为 26%;最后,可接受性层面失分最少,扣分个数为 124 个,且由于错误程度较低,因此扣分量为 38.5 分,仅占总扣分量的 4%。下面拟详细分析"人人译视界"在 FAR 机翻模型下的得分情况及扣分原因。

4.2.1 功能对等

FAR 模型认为功能对等是最好的对等形式,在字幕翻译过程中,源语信息的准确传达尤为重要。"人人译视界"的机翻字幕出现了较多的语义错误,说明机翻字幕的准确度有待进一步提升。本研究中出现的语义错误可归纳为以下三种。

第一、漏译现象。有时机器翻译未能全部翻译源语文本,出现类似翻译系统"失灵"的明显漏译或者乱译情况。如将"阿帕奇直升机显神威"译为"Apache helicopters";将"科曼奇在研制过程当中"译为"Comanche"。这种漏译约占所有语义错误的三分之一,导致源语文本的信息丢失,造成重大的语义错误。

第二、术语翻译错误及术语不一致。《航天航空概论》课程中有大量涉及航天航空工程、飞行器设计的专业术语,也包含国内外自 20 世纪以来各类飞机机型的介绍,给机翻字幕带来了一定的难度。在处理这些术语时,机器偏向于使用"字对字"的机械翻译方法。例如,在介绍中国发射的不同系列的卫星时,机器将"资源"系列卫星(官方译名 Ziyuan satellites)译为"Resource series satellites",将"实践"系列卫星(官方译名 Sijian satellites)译为"Practice series satellites"。从机器对卫星名称的翻译可见,机器在处理术语时多使用直译的方法,这一方法在大多数情况下不会对观众的理解造成影响,但是具备特定知识背景的观众依然能察觉到此类错误。除了因为机械翻译导致的术语翻译错误,本研究发现机器翻译还出现术语翻译不一致的情况,如下所示。

例1:-在第一次(世界)大战当中
-发明了机枪的射击调节协调器
-我们看到 这是荷兰人福克
-发明的机枪射击调节协调器

译文:-In the First World War
-The machine gunfiring coordinator was invented
-As we can see
-This is the Dutchman Falk ' s invention of the machine gun firing regulator

《世界航空发展》

分析:此处是对第一次世界大战期间荷兰设计师安东尼·福克(Anthony·Fokker)发明的射击调节协调器的讲解。其原理是当螺旋桨的桨叶旋转到机枪前方时,协调器会暂时中止机枪的射击,确保在机枪开火时不会损坏螺旋桨的桨叶。在该术语第一次出现时,机器首先将其"字对字"地译为"firing coordinator",正确的术语翻译应为"synchronization gear"。然而在两行之后,当同一术语再次出现时,机器则将其译为"firing regulator",术语翻译前后不一致,给观众造成困惑。因此,本例既存在术语翻译不准确的错误,又有术语翻译不一致的错误,叠加造成重大的语义错误。

第三、主语识别错误。机器翻译往往根据上下文语境,判断出源语文本的主语,在翻译无主句时容易出现主语识别错误。为了适应屏幕有限的空间和提高观众的阅读速度,字幕往往以多行呈现,以确保观众能够在短时间内理解文本,并保持排版整洁。然而,分行后的文本可能失去了完整的语境,导致机器翻译系统难以正确识别句子的主语。本研究发现,在缺乏明确语境的情形下,机器翻译经常错将第一人称复数"we"作为主语。

例2:-后来知道中国的市场非常巨大
-所以就把飞机叫作波音787
-希望中国客户能够光顾他们并大量购买

译文:-Later, we realized that the Chinese market is huge
-Sowe called the airplane 787
-We hope that Chinese customers will patronize them and buy them in large quantities

《世界航空发展》

分析:此处讲解了美国波音 787 飞机命名的由来。该类机型在设计之初将名称暂定为波音 7X7 飞机,中间的数字有待确定。后来波音公司了解到中国市场巨大,而且中国人喜欢数字“8”,因此将其命名为波音 787。在句子缺少明显的主语时,机器翻译不能根据前文正确添加主语,该句的主语应为“they”,而机翻错误地使用“we”作为主语并延续了三行字幕。这类对第一人称复数的使用偏好,可能源于该机器翻译的训练语料中多使用第一人称,训练数据中可能存在某些固定句式,导致系统在缺乏语境时自动选择通用而普遍的主语。针对此类情况,可以通过多样化的训练数据,引入并优化注意力机制,使翻译模型能够更好地理解上下文信息,从而能够更准确、更适当地选择主语。

4.2.2 可接受性

可接受性层面旨在考察译文是否符合目标语言规范,对错误的标点符号和不地道的表达进行扣分。统计结果显示“人人译视界”机翻字幕在可接受性层面表现良好,错误较少。对语法错误进行分析可知,机翻字幕出现的语法错误主要可以分为以下类型:主谓一致、时态不一致、单复数误用、冠词误用、成分缺失。其中,前四种语法错误往往不会对观众的理解造成任何困难,属于轻微错误;最后一种语法错误会阻碍观众在第一时间内理解字幕,但是观众仍能根据语境理解字幕,属于严重错误。对表达错误进行分析可知,在处理俚语、隐喻或文化特定的表达时,机器翻译系统往往不能识别此类表达的隐含含义,经常使用直译的方法,导致翻译结果显得生硬、不自然,失去了原文的表达深度。

例 3:-这个导弹是现代大型火箭的鼻祖

译文:-This missile is the granddaddy of modern large rockets

《世界航天发展》

例 4:-国外的航空公司看中了这块大蛋糕

译文:-Foreign airlines see this big cake

《中国航空发展》

分析:例 3 讲述了二战期间纳粹德国研发出的“V-2 rocket”为后来的导弹技术奠定了基础,由此被称为现代大型火箭的“鼻祖”。鼻祖原义为始祖,有世系可考的最初的祖先,用来比喻最早出现的某一事物。在处理这一俗语时机器选择将其译为“granddaddy”。这一处理虽然能在语义上能够实现对等,但是在描述技术或科学领域时,应使用更正式的表达方式,例如“precursor”等。同样,例 4 中“大蛋糕”的比喻,用于描述 2030 年国内大飞机将是一个有利可图、回报丰厚的市场。这个比喻的背后暗示着某个领域或行业具有丰富的资源或潜在的回报,就像蛋糕一样吸引人。很显然,“big cake”是机器进行机械翻译的结果。虽然在商业、投资的上下文中“big cake”不失为一种合理的翻译选择,但是翻译时应该考虑到目标语言的文化和表达习惯,选择其他更贴切的表达方式。短语“a piece of the pie”指参与某个利润可观的经济或商业活动，该短语在有效传达语义的基础上保留了相似的修辞格，明显更胜一筹。

4.2.3 可读性

根据数据结果，“人人译视界”机翻字幕在可读性层面扣分最多，占总扣分的70%。其中，因字幕字数过多而导致的阅读速度与字幕字数扣分最多，占可读性层面总扣分的80%。本研究在统计字幕数据时发现，机翻字幕字数过多往往是由于机器的错误拆分引起的。机器翻译多次出现意群切分不当、将多行字幕短句合并且重复翻译的情况，不但会造成机翻字幕字数严重超标，而且会使字幕分段紊乱，影响观众阅读体验。

例 5：-同学们 大家好 我是杨超

-是北京航空航天大学

-航空科学与工程学院的老师

译文：-Hello, classmates, I'm Yang Chao

-I' m Yang Chao, a teacher at Beijing University of Aeronautics and Astronautics

-I'm an instructor at the School of Aeronautical Science and Engineering at Beijing University of Aeronautics and Astronautics

分析：在例5中，公开课原字幕根据主讲人话语的停顿，将一句完整的话拆成了三行字幕，进而避免单行字幕字数过多的弊端。然而如图2所示，机器翻译在翻译第二、三两条字幕时，分别将前一条字幕的信息进行合并翻译，导致单行字幕字数过多，后两句机翻字幕的字符/秒(cps)分别高达38和70，分别是理想阅读速度(15 cps)的2.5和4.6倍，对观众观影造成了极大的影响。除阅读速度的影响之外，译文字幕行数是原文字幕的两至三倍，导致字幕在画面上的占比接近三分之一。大面积的字幕会分散观众的注意力，造成视觉上的干扰且降低画面的美观度，导致字幕的可读性大打折扣。此类错误在本研究中出现次数较多，这种由于意群切分不当、将多行字幕短句合并且重复翻译的机器处理方式，往往会导致分段与呈现、阅读速度与字幕字数类的重大错误，造成加倍的扣分。

5 结 语

本研究以北京航空航天大学“航空航天概论”公开课的机翻字幕为研究对象，对FAR质量评估模型进行调整，构建FAR机翻模型分析译制平台机翻字幕质量。从对“人人译视界”机翻字幕的测评来看，当前机器翻译字幕的效率高、功能强大，特别是在某些字幕技术规范方面表现出色，如零错误率的拼写以及智能声画同步功能，为字幕制作带来极大的便利。然而，机翻字幕在功能对等层面和可接受性层面存在些

图 2　分行错误

许不足，在可读性层面存在较为严重的问题。针对功能对等层面出现的语义错误，本研究认为译制平台应该加强机翻系统稳定性，以减少乱译或漏译情况。译制平台可以定期对系统进行调优和更新，以提高稳定性和翻译质量，尽量减少因系统故障而导致的错误。针对可接受性层面出现的错误，译制平台应加大语料训练，联通多种网络翻译搜索引擎，使译文更加符合译入语语言习惯，避免字对字的直译；同时译制平台可以引入更为先进的神经网络模型，如 ChatGPT 系列，提高机器的上下文理解能力，保证译文语法完整，提升观众对机翻字幕的接受度。针对本研究出现问题最为严重的可读性层面，译制平台应增强意群切分练习，降低机器切分与合并的错误率，避免出现意群切分不当和短句重复翻译的情况。

参考文献

[1] DONG Haiya. Studies on interlingual live subtitling: Current state and future prospects [J]. East Journal of Translation, 2019(6): 25-31.

[2] PEDERSEN J. The FAR model: Assessing quality in interlingual subtitling [J]. Journal of Specialised Translation, 2017 (28): 210-229.

[3] ROMERO-FRESCO P, PEREZ J M. Accuracy rate in live subtitling: The NER model. In: Piñero, R. B., Cintas, J. D. (eds). Audiovisual Translation in a Global Context [C]. Palgrave Macmillan, London. 2015: 28-50.

[4] WANG Huashu, Xi Wentao. Research on subtitle translation from the perspective of computer-aided translation technology [J]. English Teachers, 2014 (14): 32-38.

[5] WANG Jianhua, Li Jing. A quantitative assessment of audiovisual translation abroad: Progress, limitations and implications [J]. Journal of Foreign Languages, 2021, 44(3): 110-119.

[6] XU Jun, MU Lei. Translation studies in China in the past three decades (1978-2007) [J]. Journal of Foreign Languages, 2009 (1): 77-87.

[7] XIAO Weiqing, GAO Jiahui. Assessing quality in machine-generated subtitles: A case study of "Netease Sight" [J]. Foreign Languages and Cultures, 2020, 4(3): 95-105.

守正创新、与时俱进：一部理论性与实践性兼具的翻译教材

——《航空航天汉英翻译教程》述评[①]

赵丽华[②]　刘锦晖[②]

摘　要：随着航空航天技术的飞速发展，我国的航空航天事业不断攀升、成就卓著。一方面我国需要加强航空航天领域对外交流、与国际接轨，另一方面我国所取得的航空航天领域研究成果、实践经验、贡献成就，也需要为世界各国所了解、甚至所借鉴。这使得航空航天领域汉译英教材的编写成为时代必然。在此背景下，北京航空航天大学的文军教授主编出版了一部理论性与实践性兼具的实用汉译英教材——《航空航天汉英翻译教程》，正是顺应时代需求，恰逢其时。本文试图从教材编写的时代背景、主编身份、教材内容概要及各章评述、教材编写的设计思路和突出特色、教材出版的意义等多个层面，对《航空航天汉英翻译教程》这部教材进行引介与述评，以便尽量客观地梳理主题内容、聚焦典型特征，抛砖引玉，与更多业内同行或感兴趣人士一道，共同关注航空航天汉英翻译这一领域，探究相关领域教材更为多元的编写思路及更为突出的设计特色，为助力我国航空航天翻译人才培养献上一份绵薄之力。

关键词：航空航天；汉英翻译；科技

① 基金项目：2024年河北师范大学研究生教育教学改革研究项目：国家翻译能力视域下河北省MTI应用人才培养提质研究的阶段性成果；河北师范大学2016年度人文社会科学研究基金一般项目：元功能视角下古诗英译策略研究(S2016Y07)的阶段性成果。

② 作者简介：赵丽华，女，文学硕士，河北师范大学外国语学院，讲师，研究方向：功能语言学研究，翻译理论与实践；刘锦晖，女，文学博士，河北师范大学外国语学院，副教授，研究方向：典籍英译，翻译理论与实践。

Adhering to Principles and Innovating, Keeping Abreast with the Times: A Practical Chinese-English Translation Course that Excells in Both Theory and Practice
—Book Review on *Chinese-English Translation Course for Aeronautics and Astronautics*

Abstract: With the rapid development of aerospace technology, China's aerospace industry has made outstanding achievements. On the one hand, China needs to strengthen foreign exchanges in the aerospace field and integrate with international standards. On the other hand, involved with the aerospace technology, China's research achievements, practical experience, and contributions, as well as accomplishments, need to be known and noted as well. This makes the compilation of Chinese-to-English textbooks in the field of aerospace an inevitable occurrence. In this context, Professor Wen Jun of Beihang University led the compilation and publication of a practical Chinese-English translation textbook *An Aerospace Chinese-English Translation Course*, with both theoretical guidance and practical instructions. Being in line with the needs of the times, this textbook has come into being at the right time. This paper attempts to make an introduction to and then some comments on the textbook from the following aspects——the background of the textbook compilation, the identity of the editor-in-chief, the summary of the textbook content and the comments of each chapter, the leading design ideas and outstanding characteristics of the textbook compilation, and also the significance of the textbook publication, so as to sort out its subject contents and highlight its typical characteristics, in the hope of drawing more attention from peers or interested people for further exploration in the field of aerospace Chinese-English translation, hence working out more diversified compilation ideas and more prominent design features of textbooks in areospace-relevant fields, to help promote the cultivation of aerospace translation talents in China.

Keywords: areospace; Chinese-English translation; science and technology

1 引 言

教材建设事关人才培养。《“十四五”普通高等教育本科国家级规划教材建设实施方案》[①]中就提出要“加快推进自主知识体系、学科专业体系、教材教学体系建设，全面加强教材建设和管理，系统构建中国特色、世界水平的高等教育本科规划教材体系”。在过去十几年间我国航空航天技术突飞猛进，站在了新时代载人航天技术研发和实践的最前沿，取得了令世界瞩目的成就。科学技术的发展离不开交流与合作，航空航天的发展亦是如此。在中国航空航天发展史上，这种交流与合作与翻译息息相关。随着我国航空航天事业的飞速发展，及时的信息输出以及话语空间拓展成为了当务之急。鉴于航空航天领域知识的专业性，此类翻译实践应该具备与时俱进的翻译理念和切实有效的翻译策略、翻译方法、翻译技巧的指引。因此，编著系统科学的航空航天汉英翻译教材、培养可担当汉英翻译与传播大任的翻译专业人才，乃是响应时代召唤。在此背景下，北京航空航天大学文军教授主编的这部《航空航天汉英翻译教程》应时而生。该教程聚焦航空航天语料的汉译英，隶属于“文类中心型”教材（王树槐，2023：62），此类教材的编写需要编写者熟谙领域实务，难度较大，因此“此类教材也处于低位状态”（同上）。这一本教材的出现弥补了航空航天类翻译教材缺失这一短板，力求满足中外科技交流需求，为向世界讲述中国航空航天故事、传递中国科技声音、提升民族科技自信而服务。

2 教材编写理念与特色

(1) 主题鲜明

《航空航天汉英翻译教程》是《航空航天翻译系列教材》之一，着力培养译者讲好中国航空航天科技故事的翻译能力。既如此，教材便有两个主要焦点，一是翻译，二是航空航天。编者将这一特点归纳为“入主流”与“显特色”并举（文军，李蒙，2024：总序）。“入主流”主要指这一系列各种教材的编排都体现了“翻译”这一基本核心，其内容的设计，都以如何恰当翻译为焦点；而“显特色”则体现在教材内容、案例的选择上，无论是例句还是练习，都择选了与航空航天密切相关的语料，力求解决航空航天翻译中的实际问题。

① 该《实施方案》由教育部办公厅于2023年11月20日发布。

(2) 理论与实践相融合

该书是航空航天汉译英教材,书中突出理论与实践相结合的编写理念,对理论的讲解恰到好处,不做大篇幅的阐释,而将翻译策略、翻译方法等融于对例句和语篇的解释之中。教材的整体结构也体现了这一理念,第一章便是系统阐述汉英语言同异,做好理论铺垫,而后面章节则着力介绍航空航天汉英翻译的特点及其翻译策略与方法,并结合实例,具体阐述术语的英译、数字、公式和图表的英译、词组的英译、句子的英译和篇章的翻译。使学生对翻译的理解既有章可循,又实际生动。

(3) 讲练结合、案例新颖

该教材包含有丰富的航空航天翻译案例及练习。教材按照“章”“节”的结构布局,在章内小节结束后便设有相应练习题,整章结束后会再有总练习。此外,在第 8 章还精选了 15 篇航空航天文本作为“航空航天英译实践”的材料。练习设置用意在于着力加强练习与教材正文的关联性,以方便学生的学习和操练。在每节之后设计的相关练习,便于使用者掌握相关方法及技巧。练习题的题型也是多元化的,有思考、分析题,有翻译练习题,有拓展练习题,由浅入深,启发学习者思考、锻炼学习者的翻译能力。

本教材案例和练习的语料大多选自真实的航空航天文本,选材注重不同风格的文本,例如政府白皮书、产品说明书、学术论文、科技新闻等。而且为了呈现航空航天领域的最新发展,所选语料皆为近几年的新内容,故此读者可以看到“北斗”“空间交会”“嫦娥五号”等航天术语。这样既可以让学生接触到真实语料、熟悉相关文体,又可以吸引对航空航天翻译感兴趣的读者使用,有助于航空航天工作者和其他感兴趣人士学习翻译和提高外语水平。

3 章节内容评述

第 1 章“汉英语言对比”寻根溯源、总领全篇。该章扼要地对汉语和英语进行了较为系统的语言对比。基于其所分属汉藏语系和印欧语系的不同,该章列举了汉语和英语两种语言在文化背景 、形态结构和表现手段三个层面上所存在的巨大差异,分列为语言类型对比、语义对比和句法对比三个小节,这为翻译学习者(甚至翻译工作者)在翻译实践中如何对译文进行调整,提供了必要的文化意识引领、明确的语言结构分析和实用的翻译方法启发。众所周知,在翻译过程中,译者能够直接进行对等转换的情况实为少数,译者需要首先精准把握住两种语言之间的差异,再按照译入语的思维方式和语言习惯对原文的表述 进行转换和适当调整,才能做到既忠实于原文,又不会出现硬译、死译或翻译腔等表达方面的问题。因此,第 1 章的汉英语言对比,也为后面各章与航空航天文本汉英翻译相关的论述、分析、举例、实践,奠定了语言学基础和文化考量的基调,凸显了这套《航空航天翻译系列教材》编写着力于“翻译”的“入主流”设计。

第 2 章“航空航天英译概论”直奔主题,明确航空航天文本汉译英的教材特色。该章对与航空航天领域知识和应用相关的科技文本特点及其汉英翻译进行了概括性介绍,包括一般科技文本的特点、航空航天文本的特点、航空航天文本汉英翻译原则、航空航天文本的翻译策略与方法四个小节。该章首先概述了科技文本的概念、分类和基本特点、以及汉英科技文本表达差异;然后阐明了航空航天文本作为科技文本的一种,具备表述客观严谨、大量使用非专业术语和非语言符号等共性特征,还具备航空航天文本自身的一些特点,如专业跨学科性、专业术语多、问题类型丰富、独特的文化因素;最后指出了航空航天文本汉译英的准确、通顺、恰当三原则和翻译策略与方法,如直译和意译、语义转换、语序调整、结构调整、逻辑重组、语态转换。这凸显了本套教材以航空航天文本汉英翻译为主旨的 “显特色”的设计。

第 3 章“术语的英译”突出关键点,攻克术语关。该章重点阐释了航空航天科学技术名词(即科技术语)的汉英翻译问题:分 3 个小节,论述了术语的定义 、原则 、翻译方法 、误译类型 、传播路径,以及航空航天术语的构成类型及其英译方法。首先,明确了术语的概念,概述了术语的现状和专业性、科学性、系统性、简洁性、单义性等共 12 个翻译原则,并总结了直译法、意译法、音译法、象译法、形译法等共 10 种翻译方法,还指出了术语误译类型和翻译传播的路径。随后,依据研究领域、术语形式、术语语义、术语翻译、术语性质五个不同标准,对于航空航天术语的构成进行了多层次、多视角的细致分类;最后,结合航空航天术语的特色,提炼了九种主要的航空航天术语汉英翻译的方法,全面实用,可令译者思路开阔、对应选择恰当的术语英译途径。

该章紧密结合航天航空文本专业术语多的语言特点,较为系统深入地探究了术语的相关知识体系和翻译方法,对于翻译学习者而言,等同于排除了航空航天汉英翻译道路上的第一个障碍,便于进一步对原文文本的正确理解、阐释和表达。因此,术语的英译这一章对于航空航天文本的翻译具有至关重要的作用。

第 4 章“数字、公式和图表的英译”凸显领域专业性。该章分别详细地讲解了数字、公式和图表的英译,并列举了丰富具体的译例,供翻译学习者参考。在数字英译方面,指出数字是科技文本中的重要元素之一,在翻译数字元素时,要充分考虑汉英语言数字表达方式的差异, 如汉语和英语中对于倍数的表达迥异,翻译时需要依照相应的规则,对译文中的数字含义或形式,进行调整和转换,以确保数字翻译的准确性, 保障翻译质量,实现顺利沟通;对于公式的翻译,指明科技文体中常用公式和相关语句的重要性,即表示专业的运算和转换过程:译者在翻译基本运算时要必须注意使用准确的词句进行表达,而科技文本中表述运算过程时,要按照各学科的规范使用一些固定的表达词句和符号;在图表英译方面,明确了图表对于表达思想、观点、数据等更加直观、更加简洁、更加清晰的呈现功能,及其在科技文本中发挥的重要作用,总结了二维表、数据图、图形等常见的图表类型，分析了对应的图题表题翻译、图表内容翻译、图表描述语句翻译等图表相关的翻译方法。

综上，数字、公式和图表是科技文本中的重要元素。只有准确和规范地翻译了这些重要元素，才能真正准确、客观、专业地传达原文的信息，并且也能符合科技领域的表达和行文规范。这也是科技文体不同于文学类翻译的一个显著特征，此章的内容对于培养学习者的科学思维能力、提升科学素养、夯实科技翻译能力有着重要的促进作用。

第5章“词组的英译”立足微观语言层面。该章结合传统语法视角、结构主义语言学视角、认知语言研究学视角中分别对汉语词组的研究，探究了航空航天汉语词组的概念、类别、特点，并聚焦汉语词组的英译准则、方法。航空航天类文本属于科技类文本，带有科技翻译自身在文本文体、功能和服务对象三个方面的一般特点，同一汉语词组分别作为科技语言与文学语言时，其内涵和功能具有重要区别，因此在对航空航天类文本进行翻译时必须把握准确、灵活和行文风格恰当的三原则。该章第3节以案例分析的方式，进一步剖析译者在词组翻译时可以选择的不同翻译手段。总之，该章以理论指导加案例分析的方式，从作为语言基本单位的汉语词组入手，探究翻译准则和方法，对于翻译学习者和翻译工作者都有极大助益。

第6章“句子的英译”注重中观结构和多角度分析。该章层次分明地阐释了无主句、存现句、否定句和长句共四类典型句子的汉英翻译分析思路及翻译方法，并附以丰富的例句以供参考。在航空航天汉英翻译实践中，除了术语和词组的英译值得关注，更要虑及下一个更高的语言层级，即在汉语和英语中都可被当作“语言基本使用单位”(潘文国，1997:189)的句子。从意义层面、功能层面、结构层面、形态层面上讲，句子都有其独立鲜明的特征、作用和表达方式。诚如编者所言：词或者短语在意义表达层面不够完整，段落存在复杂的句子或句间复杂的逻辑关系、以及篇幅长度的不易操作性，因此句子是语言层级中较理想的翻译单位(文军，2024:167)。该章对航空航天文本中各类型句子英译进行分析探究，总结了正译法、反译法、顺序译法、逆序译法、合句译法和分句译法等实用具体的翻译方法，深入浅出，为翻译学习者和翻译工作者提供了有力的理论和案例支撑。

第7章“篇章的翻译”着眼全局，注重整体风格。该章集中探讨航空航天汉英篇章的翻译。相较于字、词、词组、句和段而言，篇章是一个范围更大的语言概念，传递的是一个完整的、连贯的语义整体。虽然汉英两种语言具有一定的相通性，但与此同时，汉英篇章在思维逻辑、结构承接和展开方式等诸多方面仍存在着较大的差别，这些也成了航空航天汉英篇章翻译实践中的重点和难点。

该章重点围绕航空航天汉英篇章翻译的相关问题予以详细介绍，共分为4节：第1节为篇章的定义与特征，指出航空航天汉英篇章翻译同样带有科技文本汉英篇章翻译的诸多特点。在英译航空航天篇章时，首先要熟知航空航天类专业术语，做到术语的表达准确无误，同时还要掌握一定的航空航天专业领域知识，译文表达要明确、通畅，没有歧义；第 2 节为汉英篇章对比与文体翻译，旨在从思维方式和组织结构两个相对宏观的方面对比汉英篇章的差异，借以突出航空航天科技文本汉英篇章翻译的特点以及应注意的方面；第 3 节为航空航天汉英篇章翻译的衔接与连贯，须根据英语的表达习惯和特点，运用一定的翻译方法，确保词语之间、句与句之间、句段之间的衔接和连贯；第 4 节为航空航天汉英篇章翻译的重构，应结合语境在必要时对原文的信息、结构和逻辑等进行整合重构，以使译文篇章整体的表达规范流畅、简洁明了。

该章各节内容从宏观到具体、从理论再到方法，较为全面、系统地介绍和阐释了航空航天汉英篇章翻译的相关问题，值得翻译学习者认真研读、学习借鉴，并用以指导自己的航空航天文本汉英翻译实践。

第 8 章“航空航天英译实践”寓教于练。该章提供了 15 个体裁各异的航空航天类题材的语篇，要求综合运用前述七章的技巧与方法，进行汉英翻译的练习。相关的题材、多样的文本内容，有助于学生拓展航空航天领域的知识视野、区分不同的文体特征及翻译原则、夯实航空航天专业领域的科技翻译能力。

教材的最后还附上了各章节课后练习题目中基本练习部分的参考答案，以鼓励学生做题训练的积极性和参照答案后对译文做进一步的订正、改进。

4 结　语

本教材是一部以航空航天汉英翻译为主题、实践性兼具理论性的综合性实用教程。该教材适用于翻译专业本科生及翻译硕士，进行理论学习和实践练习，并可供汉英翻译工作相关人士作为参考使用。

《航空航天汉英翻译教程》紧扣行业领域发展新动态，着力于引领翻译能力培养，是一部将实践技巧与理论指引相结合的航空航天类翻译教程：它富含理论、策略、方法、技巧的总结及大量实例分析；它介绍航空航天知识，辨析中西法律航空航天科学概念，探讨航空航天领域专业术语译法等；它润物细无声，课程思政悄然融入，倡导科学态度和大工匠精神，培养学生爱国情操和民族自豪感，激励学生自强奋进、力争上游、建设祖国、为国家科技进步贡献力量；它为普通学习者普及科学知识，训练科学思维，提高科技意识；它助力航空航天专业工作者提高翻译水平，为翻译工作者提供翻译实践的理论指导和策略方法借鉴。

参考文献

[1]　潘文国. 汉英语对比纲要[M]. 北京：北京语言大学出版社，1997.
[2]　王树槐. 中国汉英翻译教材：发展、编制及展望[J]. 上海翻译，2023(5)：58-63.
[3]　文军. 航空航天汉英翻译教程[M]. 北京：北京航空航天大学出版社，2024.